高等学校电子信息类专业平台课系列教材

▶ 湖北省线上线下混合式一流本科课程配套教材

电子技术基础
——理论、案例及仿真分析

主 编 朱旭芳 马知远 彭 丹

副主编 王肖君 宋子轩 胡秋月

Fundamentals of
Electronics
——Theory, Case and Simulation Analysis

WUHAN UNIVERSITY PRESS
武汉大学出版社

图书在版编目(CIP)数据

电子技术基础:理论、案例及仿真/朱旭芳,马知远,彭丹主编.—武汉：
武汉大学出版社,2023.1(2024.2 重印)
ISBN 978-7-307-23571-7

Ⅰ.电… Ⅱ.①朱… ②马… ③彭… Ⅲ.电子技术 Ⅳ.TN

中国版本图书馆 CIP 数据核字(2023)第 008954 号

责任编辑:胡 艳   责任校对:汪欣怡   版式设计:马 佳

出版发行:**武汉大学出版社** (430072 武昌 珞珈山)
(电子邮箱:cbs22@ whu.edu.cn 网址:www.wdp.com.cn)
印刷:武汉中科兴业印务有限公司
开本:787×1092 1/16 印张:18.25 字数:430 千字 插页:1
版次:2023 年 1 月第 1 版 2024 年 2 月第 2 次印刷
ISBN 978-7-307-23571-7 定价:50.00 元

前　　言

　　电子技术基础是电子科学与技术、电子信息工程、计算机科学与技术、通信工程、机械工程、电气工程和自动化等专业的学科基础课程。课程的任务是使学生掌握电子技术的基本理论、单元电路的分析计算及电子系统的设计调试，为深入学习后续专业课程和从事有关电子技术方面的实际工作打下基础。由于电子技术基础理论概念较多、原理复杂、功能抽象，且与工程实践结合紧密，对初学者而言难度偏大。编写本教材的主要指导思想是：厚基础、宽口径、强能力，按照基础知识储量和专业应用增量统筹考虑的原则构建知识体系，结合多年来编者的教学研究成果和实践经验，注重学科新技术的引入，深入浅出地解读电子技术基本原理，力求做到读得懂、看得见、用得会。本教材特色如下：

　　（1）教学目标明确。依据"器件—电路—系统"思路编排内容，精简元器件内部工作机理，强调对经典单元电路结构性能的理解，展示单元电路在系统中的应用。

　　（2）融入实际案例。书中加入了大量电子技术实际应用实例，并结合章节知识点对应用电路进行详细解析，以期达成理实一体化的目标。

　　（3）线上资源丰富。每章节都有典型电路的实际应用介绍，同时将电路的仿真和实验以视频形式嵌入，读者可扫描二维码观看。

　　（4）配套习题多样。本书对习题配有详细解答，方便读者强化的对理论知识点的理解。

　　全书共十一章，分为模拟电子技术和数字电子技术两部分。第一章到第五章为模拟部分，主要介绍半导体器件及其构成电子电路的基本概念、基本原理和分析方法，包括半导体二极管及应用电路、半导体三极管及放大电路、反馈电路、波形产生及变换电路，以及直流稳压源。第六章到第十一章为数字部分，主要介绍基本逻辑单元的工作原理以及组合逻辑电路、时序逻辑电路的分析和设计方法，包括数字逻辑基础、逻辑门电路、组合逻辑电路、时序逻辑电路、555 集成定时器、模数和数模转换电路。

　　参加本书编写的人员均为海军工程大学的教师，具体编写分工为：朱旭芳编写第二、三、四、六章，马知远编写第一、五、十一章，彭丹编写第七、八、九、十章，王肖君编写附录和思政拓展，宋子轩编写习题指导，胡秋月负责插图和表格。

　　本书的编写得到教育部电子科学课程群虚拟教研室及各兄弟院校的大力支持，在此表示衷心的感谢。

　　本书为海军院校重点立项教材，可作为高等院校理工科专业学历或职业培训教材，也可供从事电子技术相关领域研究的科技人员参考。

　　由于编者的学识有限，书中疏漏和错误在所难免，敬请广大读者批评指正。

编者

2023 年 1 月于武汉

目　　录

第一章　半导体二极管及应用电路

半导体器件是构成电子系统的基本单元。常用的半导体器件包括二极管、三极管和场效应管等。了解半导体器件通常从基本结构、工作原理和特性参数入手。本章主要介绍半导体二极管。

第一节　半导体的基础知识

半导体是一种具有晶体结构，导电能力介于导体和绝缘体之间的材料。半导体器件的特性与半导体材料的导电特性密切有关。

一、本征半导体

经过高度提纯(99.9%以上)，几乎不含有任何杂质的半导体，称为本征半导体。用于制作半导体器件的材料主要包括元素半导体，例如硅(Si)、锗(Ge)元素、化合半导体砷化镓(GaAs)等，其中硅的应用最为广泛。它们的共同特点是：导电能力随温度、光照和掺杂的变化而显著变化，即热敏特性、光敏特性和杂敏特性。

(1)热敏特性：半导体对温度很敏感，其电阻率随温度升高而显著减小。该特性对半导体器件的工作性能有不利影响，但利用这一特性可制成自动控制中有用的热敏元件，如热敏电阻等。

(2)光敏特性：半导体对光照很敏感，受光照时，其电阻率会显著减小。利用这一特性可制成自动控制中用的光电二极管、光敏电阻等。

(3)掺杂特性：在本征半导体里掺入某种微量杂质，其电阻率会显著减小，如在半导体硅中只要掺入亿分之一的硼，电阻率就会下降到原来的几万分之一。正因为半导体具有这种特性，于是人们就用控制掺杂方法，制造出各种不同性能、不同用途的半导体器件。

半导体之所以具有上述独特导电特性的根本原因在于半导体的共价键结构。

晶体中的共价键具有较强的结合力，若无外界能量的激发，在热力学温度零度(-273℃)时，价电子无力挣脱共价键的束缚，晶体中不存在自由电子，其导电能力相当于绝缘体。

在室温或光的照射下，因热或光的激发，少数价电子可以获得足够的能量而挣脱共价键的束缚成为自由电子，同时在原来共价键上，留下相同数量的空穴，这种现象称为本征激发。

可见，自由电子和空穴总是相伴而生，成对出现，称为自由电子-空穴对，如图 1.1.1

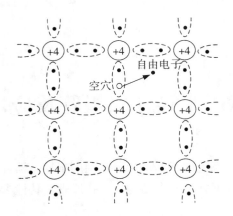

图 1.1.1　本征激发产生自由电子-空穴对

所示。自由电子带负电荷，空穴因原子失去电子而产生，故带正电荷。由于它们都是携带电荷的粒子，又简称为载流子。

二、杂质半导体

在本征半导体中，由于本征激发产生的载流子数量极少，导电能力很弱，故其实用价值不大。如果在其中掺入某些微量杂质元素，就可以大大提高其导电能力，这种掺入了杂质元素的半导体，称为杂质半导体。按掺入的杂质不同，杂质半导体可分为两类：N 型半导体和 P 型半导体。

在本征半导体硅（或锗）中掺入微量五价元素（如磷、砷、锑等），就形成了 N 型半导体。在 N 型半导体中自由电子是多数载流子，简称多子；空穴是少数载流子，简称少子。

在本征半导体硅（或锗）中掺入微量三价元素（如硼、铝、铟），就形成了 P 型半导体。在 P 型半导体中空穴是多数载流子，自由电子是少子。

应该指出，在杂质半导体中，本征激发所产生的载流子浓度远小于掺杂所带来的载流子浓度。但是掺杂并没有破坏半导体内正、负电荷的平衡状态，它既没有失去电子，也没有获得电子，仍呈电中性，对外是不带电的。

第二节　半导体二极管的结构及特性

一、PN 结

在已形成的 N 型或 P 型半导体基片上，再掺入相反性质的杂质原子，且浓度超过原基片杂质原子的浓度，则原 N 型或 P 型半导体就会转变为 P 型或 N 型半导体，这种转换杂质半导体类型的方法，称为杂质补偿。采用这种方法将 N 型（或 P 型）半导体基片上的一部分转变为 P 型（或 N 型），这两部分半导体分别称为 P 区和 N 区，它们的交界面将形成一个特殊的带电薄层，称为 PN 结。PN 结是构成半导体二极管、三极管、集成电路等多种半导体器件的基础。

(一)PN 结的形成过程

为了便于分析,将 P 区和 N 区画成如图 1.2.1(a)所示,交界面两侧两种载流子浓度有很大的差异,N 区中电子很多而空穴很少,P 区则相反,空穴很多而电子很少。这样,电子和空穴都要从浓度高的地方向浓度低的地方扩散,称为扩散运动。因此,一些电子要从 N 区向 P 区扩散;也有一些空穴要从 P 区向 N 区扩散。当 P 区中空穴扩散到 N 区后,便会与该区自由电子复合,并在交界面附近的 P 区留下一些带负电的杂质离子。同样,当 N 区中自由电子扩散到 P 区后,便会与该区空穴复合,而在交界面附近的 N 区留下一些带正电的杂质离子。结果是在交界面两侧形成一个带异性电荷的薄层,称为空间电荷区。这种空间电荷区称为 PN 结。空间电荷区中的正、负离子形成一个空间电场,称它为内电场,如图 1.2.1(b)所示。

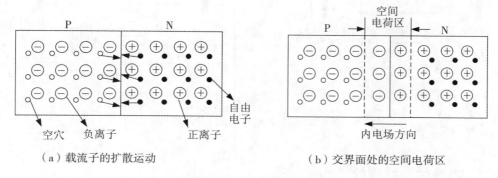

（a）载流子的扩散运动　　　　　　（b）交界面处的空间电荷区

图 1.2.1　PN 结的形成

内电场形成后,一方面其电场会阻碍多数载流子的扩散运动,把 P 区向 N 区扩散的空穴推回 P 区,把 N 区向 P 区扩散的自由电子推回 N 区;另一方面,其电场将推动 P 区少数载流子自由电子向 N 区漂移,推动 N 区少数载流子空穴向 P 区漂移,形成了少数载流子在电场作用下的漂移运动,漂移运动的方向正好与扩散运动的方向相反。

由上面分析知道,内电场有两个作用:阻碍多数载流子的扩散运动;有利于少数载流子的漂移运动。而当漂移运动和扩散运动处于动态平衡状态时,空间电荷区宽度、内电场强度不再变化,PN 结形成。

(二)PN 结的特性

在 PN 结两端外加电压,称为给 PN 结以偏置,如果使 P 区接电源正极,N 区接电源负极,则称为加正向电压,或称为正向偏置,简称正偏,如图 1.2.2(a)所示。这时外加电压对 PN 结产生的电场,称为外电场,其方向与内电场方向相反,从而使空间电荷区变窄、内电场减弱,破坏了扩散运动与漂移运动的动态平衡,扩散运动占了优势,电路中产

3

生了由多数载流子扩散运动形成的较大电流，称为扩散电流或正向电流 I_F，这时 PN 结呈现的电阻很低，呈导通状态。

　　如果使 P 区接电源负极，N 区接电源正极，称为加反向电压，或称为反向偏置，简称反偏，如图 1.2.2(b)所示。这时外加电压对 PN 结产生的外电场与内电场方向相同，从而使空间电荷区变宽，内电场加强，破坏了扩散运动与漂移运动的动态平衡，漂移运动占了优势，电路中产生了由少数载流子漂移运动形成的极小电流，称之为漂移电流或反向电流 I_R，这时 PN 结的电阻很高，呈截止状态。

　　PN 结加正向电压时导通，产生较大正向电流；加反向电压时截止，产生极小反向电流(可忽略不计)。这就是 PN 结的单向导电性。

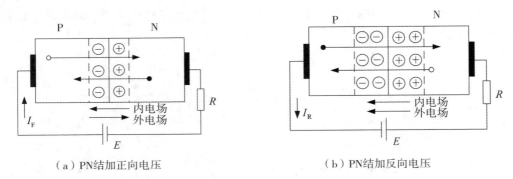

（a）PN结加正向电压　　　　　　　　（b）PN结加反向电压

图 1.2.2　外加电压时的 PN 结特性

二、半导体二极管的结构

　　半导体二极管也叫晶体二极管，简称二极管。其内部就是一个 PN 结，其中 P 型半导体引出的电极为阳极，N 型半导体引出的电极为阴极。电路符号如图 1.2.3 所示。常见的二极管外形如图 1.2.4 所示。

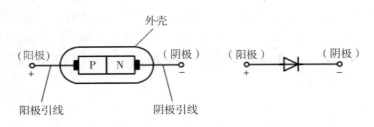

图 1.2.3　二极管的电路符号

　　晶体二极管的分类：

　　(1)按封装和外观可分为：玻璃壳二极管、塑料封二极管、金属壳二极管、大功率螺栓状金属壳二极管、微型二极管和片状二极管。

图 1.2.4　二极管的外形

（2）按制造材料可分为：锗管和硅管两大类，每一类又分成 N 型和 P 型管。

（3）按制造工艺可分为：点接触型二极管和面接触型二极管。

（4）按功能和用途可分为：一般二极管和特殊二极管两大类。

一般二极管包括检波二极管、整流二极管和开关二极管等。特殊二极管主要有稳压二极管、变容二极管、发光二极管、光电二极管、激光二极管和敏感二极管等。

三、二极管的伏安特性

二极管具有 PN 结的单向导电性。其导电性能常用伏安特性来表征。加在二极管两极间的电压 V 和流过二极管的电流 I 之间的关系，称为二极管的伏安特性。用于定量描述这两者关系的曲线叫伏安特性曲线。二极管典型伏安特性曲线如图 1.2.5 所示。具体分析如下。

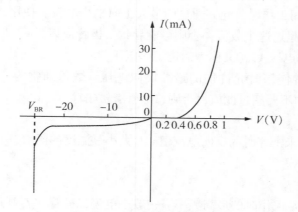

图 1.2.5　二极管伏安特性曲线

（一）正向特性

正向特性是指二极管加上正向电压时电流与电压之间的关系。当外加正向电压很低时，外电场不足以克服内电场对多数载流子扩散运动的阻力，产生的正向电流极小，这个电压区域称为死区，硅二极管死区电压约为 0.5V；锗二极管死区电压约为 0.1V。在实际使用中，当二极管正偏电压小于死区电压时，可视为正向电流为零的截止状态。当正向电压大于死区电压时，随着外加正向电压的增大，内电场被大大削弱，使正向电流迅速增大，二极管处于正向导通状态。在正常使用条件下，二极管正向电流在相当大的范围内变化时，二极管两端电压的变化却不大；硅管为 $0.6 \sim 0.7V$，锗管为 $0.2 \sim 0.3V$。此经验数据常作为小功率二极管正向工作时两端直流电压降的估算值。

(二)反向特性

反向特性是指二极管加上反向电压时电流与电压之间的关系。外加反向电压加强了内电场，有利于少数载流子的漂移运动，形成很小的反向电流。由于少数载流子数量的限制，这种反向电流在外加反向电压增加时并无明显增大，通常硅管为几微安到几十微安；锗管为几十微安到几百微安，故又称为反向饱和电流。对应的这个区域称为反向截止区。

当反向电压过高达到一定值时，反向电流急剧增大，特性曲线接近于陡峭直线，这种现象称为二极管的反向击穿。发生反向击穿时，二极管两端加的反向电压称为反向击穿电压，用 V_{BR} 表示。二极管反向击穿后，如果反向电流和反向电压的乘积超过容许的耗散功率，将导致二极管热击穿而损坏。

四、二极管的主要参数

二极管的参数，是定量描述二极管质量好坏和性能优劣的质量指标，是设计电路时选择器件的依据。二极管参数较多，均可从手册中查得。下面列举几个主要参数。

1. 最大整流电流 I_F (又称为额定工作电流)

I_F 是二极管长时间工作时，允许通过的最大正向平均电流。使用二极管时，应注意流过二极管的电流不能超过这个数值，否则可能导致二极管损坏。

2. 最高反向工作电压 V_{RM} (又称为额定工作电压)

V_{RM} 指二极管正常使用时允许加的最高反向电压。数值通常为二极管反向击穿电压 V_{BR} 值的一半。使用中不要超过此值，否则二极管有被击穿的危险。

3. 反向电流 I_R

在室温下，管子未击穿时的反向电流值。I_R 大小是温度的函数，其值越小，管子的单向导电性越好。

4. 最高工作频率 f_M

f_M 是保证管子正常工作时的最高频率。一般小电流二极管的 f_M 高达几百兆赫，而大电流的整流二极管的 f_M 仅有几十兆赫。

第三节　半导体二极管的应用

一、二极管电路模型

当二极管两端所加电压变化很大时，称其为大信号工作状态。这时，可将二极管伏安特性近似地以两条折线表示如图 1.3.1(a)所示，折线在导通电压 $V_{D(on)}$ 处转折，直线斜率的倒数 R_D 称为二极管的导通电阻，显然，

$$R_D = \frac{\Delta V}{\Delta I}$$

式中，R_D 表示大信号工作下二极管呈现的电阻值，因二极管正向特性曲线很陡，其导通电阻极小。若把图 1.3.1(b)曲线定义为理想二极管特性，即正向偏置时二极管压降为 0，反向偏置时二极管电流为 0，便可将二极管用图 1.3.1(c)所示电路等效。通常，可将阻值很小的导通电阻 R_D 忽略，则二极管等效电路如图 1.3.1(d)。

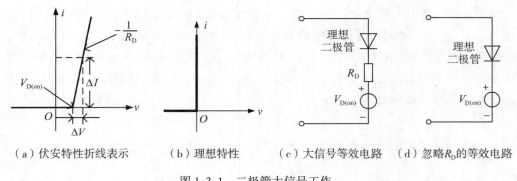

（a）伏安特性折线表示　　（b）理想特性　　（c）大信号等效电路　　（d）忽略 R_D 的等效电路

图 1.3.1 二极管大信号工作

二、整流电路

二极管应用范围很广，利用其单向导电性，可以构成整流、检波、限幅和钳位等电路。

所谓整流，通常是指将双极性电压(或电流)变为单极性电压(或电流)的处理过程。

例 1.3.1 有一电路如图 1.3.2(a)所示，D 为理想硅二极管，已知输入 v_i 为正弦波电压，试画出输出电压 v_o 的波形。

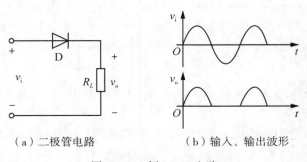

（a）二极管电路　　　（b）输入、输出波形

图 1.3.2 例 1.3.1 电路

解：由于二极管具有单向导电性，所以 v_i 正半周时，D 导通相当于短路线，$v_o = v_i$；v_i 负半周时，D 截止，相当于开路，$v_o = 0$。由此画出输出的波形如图 1.3.2(b) 所示，此电路称为半波整流电路。

三、限幅与钳位电路

在电子电路中，常用限幅电路对各种信号进行处理，它是用来让信号在预置的电平范围内有选择地传输一部分，限幅电路有时也称为削波电路。

例 1.3.2 电路如图 1.3.3(a) 所示，D_1、D_2 的导通电压为 0.7V，试求图示输入信号 v_i 作用下，输出电压 v_o 的波形。

解：在图示大信号输入作用下，将二极管以其相应的等效电路代替，得图 1.3.3(b)。由图可知，v_i 正半周电压小于二极管导通电压 0.7V 时，D_1、D_2 均截止，相当于开路，$v_o = v_i$；v_i 正半周超过导通电压 0.7V 时，D_1 导通短路，D_2 截止开路，$v_o = 0.7V$；v_i 负半周时，情况相反，D_1 截止开路，D_2 导通短路，$v_o = -0.7V$。由此可得出输出波形如图 1.3.3(c) 所示，此电路称为双向限幅电路。

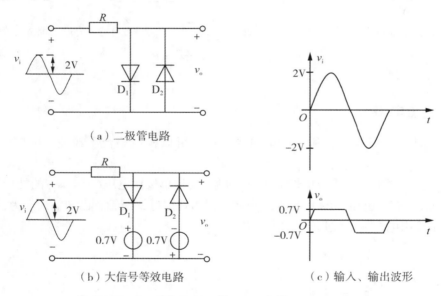

（a）二极管电路　　　　（b）大信号等效电路　　　　（c）输入、输出波形

图 1.3.3　例 1.3.2 电路

例 1.3.3 电路如图 2.3.4 所示，D_A、D_B 的导通电压为 0.7V，若 $V_A = 3V$、$V_B = 0V$ 时，求输出端的电压 V_F。

解：当两个二极管阳极连在一起时，阴极电位低的二极管优先导通。图中 $V_A > V_B$，所以 D_B 抢先导通，$V_F = 0.7V$。D_B 导通后，D_A 反偏而截止。在这里 D_B 起钳位作用，把输出端的电位钳制在了 0.7V 上。

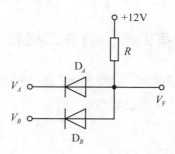

图 1.3.4 例 1.3.3 电路

四、二极管的实际应用

电源电路如图 1.3.5 所示,电路的主要功能是将大小和方向都变化的交流电转化成单向脉动的直流电,它主要是由变压、整流、滤波电路三部分构成,首先变压器对交流电进行降压,然后通过整流电路,将交流电变为单向脉动的直流电,整流电路输出的直流电压还含有较大的纹波,因此还要经过滤波电路加以滤除,得到比较平滑的直流电。整流电路是由四个二极管接成电桥形式所构成,称为全波桥式整流电路,在输入信号正半周,2、3 与 1、4 之间的两个二极管导通,在输入信号负半周,1、3 与 2、4 之间的两个二极管导通,整流电路输出波形如图 1.3.6 所示。

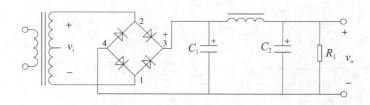

图 1.3.5 电源电路

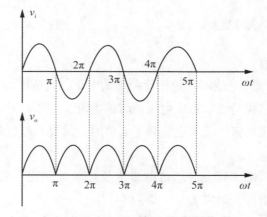

图 1.3.6 桥式整流电路输出波形

第四节　特殊二极管

二极管的基本特性是单向导电性，除此之外，还具有击穿特性、变容特性等，利用这些特性工作的二极管，统称为特殊二极管。

一、稳压二极管

稳压管是一种特殊的晶体二极管，是利用 PN 结的反向击穿特性来实现稳压作用的。在不同的工艺下，可使 PN 结具有不同的击穿电压，以制成不同规格的稳压二极管。

稳压管的电路符号和伏安特性如图 1.4.1 所示，与普通二极管的特性曲线非常类似，只是反向特性曲线非常陡直。正常工作时，稳压管应工作在反向击穿状态，在规定的反向电流范围内可以重复击穿。反向电压超过击穿电压时，稳压管反向击穿。此后，反向电流在 $I_{Zmin} \sim I_{Zmax}$ 之间变化，但稳压管两端的电压 V_Z 几乎不变。利用这种特性，稳压管在电路中就能达到稳压的目的。

在实际中使用二极管要满足两个条件：一是要反向应用，即稳压二极管的负极接高电位，正极接低电位，保证管子工作在反向击穿状态；二是要有限流电阻配合使用，保证流过管子的电流在允许范围之内。图 1.4.2 所示是稳压管的常用稳压电路。

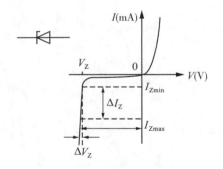

图 1.4.1　稳压管的电路符号及伏安特性

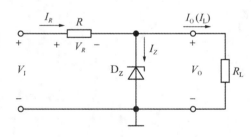

图 1.4.2　稳压电路

稳压管的主要参数有：

稳定电压 V_Z：流过规定电流时，稳压管两端的电压，其值即为 PN 结的击穿电压。

稳定电流 I_Z：稳压管保持正常稳定电压值时的电流。工作电流低于值 I_Z 时稳压性能会变差，所以又叫最小稳定电流。工作电流高于 I_Z 值时，只要不超过最大稳定电流，管子仍能正常工作。

最大稳定电流 I_{Zmax}：稳压管允许通过的最大反向电流，稳压管的工作电流应小于此值，否则管子会过热而烧坏。通常 $I_Z = (1/2 \sim 1/4) I_{Zmax}$。

最大允许耗散功率 P_{ZM}：管子不致发生热击穿的最大功率损耗 $P_{ZM} = V_Z I_{Zmax}$。它就是稳压管的额定功耗。

动态电阻 r_Z：指稳压管端电压的变化量与相应的电流变化量的比值，即

$$r_Z = \frac{\Delta V_Z}{\Delta I_Z}$$

稳压管的反向伏安特性曲线愈陡，则动态电阻愈小，稳压性能愈好。

二、变容二极管

二极管正常工作时，可等效为可变结电阻和可变结电容的并联。由伏安特性可知，正偏时结电阻随外加电压的变化而变化，所以等效为可变结电阻。结电容的大小除了与本身结构和工艺有关外，也与外加电压有关，它随反向电压的增加而减小，这种效应显著的二极管称为变容二极管。其电路符号和变容特性如图 1.4.3。变容二极管在高频技术中应用较多。

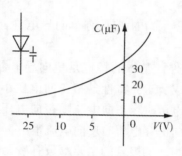

图 1.4.3　变容二极管

三、光电二极管

在光电二极管的管壳上备有一个玻璃窗口以接收光照，其反向电流随光照强度的增加而上升。图 1.4.4 给出了光电二极管的电路符号及外形图。其主要特点是，它的反向电流与照度成正比。

光电二极管可用来作为光的测量，当制成大面积的光电二极管时，可当作一种能源，称为光电池。

四、发光二极管

发光二极管通常用元素周期表中Ⅲ、Ⅴ族元素的化合物如砷化镓、磷化镓等制成。当这种管子通以正向电流时，将发出光来，光的颜色由所使用的基本材料而定。目前市场上发光二极管的颜色有红、橙、黄、绿、蓝五种，其外形有圆形、长方形等。图 1.4.5 为发光二极管的电路符号及外形，它常用于作为显示器件，除单独使用外，也常作成七段式或矩阵式，工作电流一般为几个毫安至十几毫安之间。

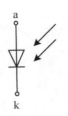

图 1.4.4　光电二极管

图 1.4.5　发光二极管

目前，光电二极管和发光二极管的一个重要用途是用于光纤通信。发光二极管将电信号变换为光信号，通过光缆传输，然后再用光电二极管接收，再现电信号，从而实现信号的传输。

本 章 小 结

1. PN 结是半导体器件的基础，PN 结具有单向导电性，加正向电压导通，反向电压截止。

2. 二极管是一种非线性器件，基本的特点是单向导电性，二极管的伏安特性曲线由正向特性和反向特性两部分组成。正向特性是指正向电压小于死区电压时，二极管截止，电流为零，正向电压大于死区电压时，正向电流随正向电压的变化近似按指数规律变化；反向特性是指反向电压小于反向击穿电压时反向电流很小，且受温度的影响，反向电压大于击穿电压时二极管起稳压作用。二极管的主要参数有最大整流电流、最高反向工作电压和反向击穿电压。

3. 二极管可用于整流、限幅、钳位、检波和元件保护等电路。稳压二极管工作在反向击穿区，可用于稳定电压。其他特殊二极管应用也极为广泛。

4. 二极管单向导电性实验请扫描下方二维码观看。

思 政 拓 展

芯片背后的科技之争其实就是半导体技术之争。回溯中国芯片的发展史，绕不开我国第一部全面论述半导体的教材《半导体物理学》。1958 年，这部在当时全世界都可称权威的芯片专著问世，成了中国芯"破冰"的教科书。而这部书的作者是一位女物理学家，在20 世纪 50 年代末，她以瘦弱而坚强的身躯为我国的半导体物理的理论研究撑起一片天，她就是"中国半导体之母"谢希德。1951 年，谢希德攻读完成麻省理工学院理论物理学的博士学位后，在著名学者李约瑟的担保下辗转多地，终于踏上了归国的旅程，推动祖国的半导体学科发展就是当年谢希德回国的最大动力。短短 5 年时间，谢希德在复旦大学从无到有地开设了固体物理学、量子力学等 6 门课程。这位中国科学殿堂的泰斗级人物，即使因为腿疾，双腿不能弯曲，晚年仍然常常站着工作。回顾谢希德的一生，她犹如一位不知疲倦的"斗士"，于满身病痛中为中国科研、教育事业奋斗数十载，始终保持着严谨求真的科学态度和不忘初心、矢志报国的爱国精神。

思考题与习题

1.1　在图示的各电路中输入电压 $v_i = 10\sin\omega t\text{V}$，$E = 5\text{V}$。试画出各电路输出 v_o 波形，并标出其幅值，设管子正向电压为 0.7V，反向电流可以忽略。

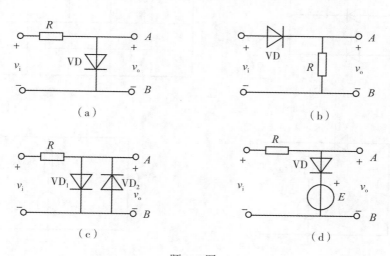

（a）　（b）　（c）　（d）

题 1.1 图

1.2　画出图示各电路中的 v_o 的波形(可忽略 D 的正向压降)。

1.3　分析图示的电路中各二极管的工作状态(导通或截止)确定出 v_o，将结果填入表中。

1.4　二极管电路如图所示，判断图中的二极管是导通还是截止，并求出 AB 两端的电压 V_{AB}。

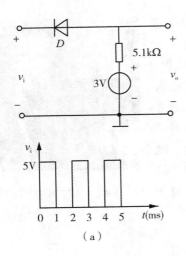

（a）

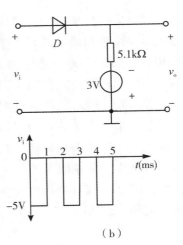

（b）

题 1.2 图

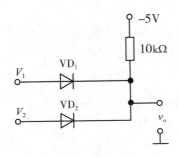

V_a(V)	V_b(V)	VD$_1$	VD$_2$	V_o(V)
0	0			
0	5			
5	0			
5	5			

题 1.3 图

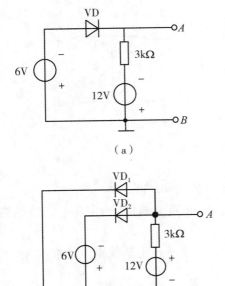

（a）

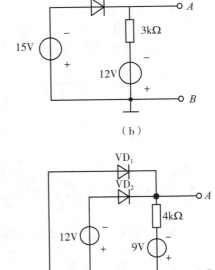

（b）

（c）

（d）

题 1.4 图

第二章　半导体三极管及放大电路

放大是指将微弱的电信号以允许的失真将其幅值增强到要求的数量。放大是最基本的模拟信号处理方式，依托于放大电路实现。例如大家熟悉的扩音器，就是将话筒、电唱盘等产生的微弱音频电信号进行放大，被放大了的信号有足够的能量去推动扬声器，使扬声器产生振动变成声音。放大电路也是滤波器、振荡电路、电源等各种功能电路的核心部分。

在广播、通信、雷达、自动控制、电子测量仪器等电子设备中，放大电路是必不可少的组成部分。根据信号的频率，放大电路可分为：放大缓慢变化信号的直流放大电路，放大语音信号的音频放大电路，放大高频信号的谐振放大电路，放大电视图像信号、脉冲信号的视频放大电路和宽带放大电路等。在上述各种放大电路中，根据信号的强弱，又可分为小信号放大电路和大信号放大电路。

本章知识是了解上述各种放大电路的基础，特别要注意理解和掌握放大电路的基本概念、基本原理和基本分析方法。

第一节　半导体三极管

半导体三极管，又称晶体三极管，简称三极管或晶体管。由于参与导电的有空穴和自由电子两种载流子，故又称为双极型晶体管，外形如图 2.1.1 所示。

小功率管　　　　　低频大功率三极管　　　　　塑封管　　　硅铜塑封三极管

图 2.1.1　三极管外形

常用的三极管有很多种，根据不同的分类方法可分类如下：根据制作材料的不同，可分为硅管和锗管；根据管子结构不同，可分为 NPN 型和 PNP 型三极管；根据三极管允许管耗不同，可分为小功率管、中功率管和大功率管；根据三极管的工作频率，可分为低频管和高频管等。

三极管是组成各种放大电路的核心器件。它最基本的特性是电流放大特性。本节将围绕三极管为什么具有电流放大作用这个核心问题，讨论三极管的结构、放大原理、特性曲线及参数。

一、三极管的结构

三极管是在硅（或锗）基片上制作两个靠得很近的 PN 结，构成一个三层半导体器件，若是两层 N 型半导体夹一层 P 型半导体，就构成了 NPN 型三极管，若是两层 P 型半导体夹一层 N 型半导体，则构成了 PNP 型三极管。三极管若在硅基片上制成，称为硅管；若在锗基片上制成，称为锗管。通常 NPN 管多为硅管，PNP 型管多为锗管。

无论三极管为哪种结构，都具有两个 PN 结，分别叫发射结和集电结，都形成三个区域，分别叫发射区、基区和集电区，由这三个区域引出三个电极分别称为发射极用 e 表示、基极用 b 表示、集电极用 c 表示。NPN 型和 PNP 型三极管结构示意图及电路符号如图 2.1.2 所示。电路符号中，发射极的箭头方向表示发射结正向偏置时的电流方向。为了保证三极管具有放大特性，其结构具有如下特点：

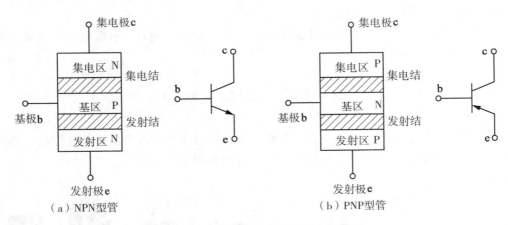

图 2.1.2　三极管结构示意图及电路符号

(1)发射区杂质浓度大于集电区杂质浓度，以便于有足够的载流子供"发射"；

(2)集电结的面积比发射结的面积大，以利于集电区收集载流子；

(3)基区很薄，杂质浓度很低，以减少载流子在基区的复合机会。

通过上述看出，三极管结构是不对称的，使用三极管时集电极和发射极不能对调使用。由于硅三极管的温度特性较好，应用较多，所以，下面将以 NPN 型硅三极管为主进行原理分析。PNP 型管的工作原理与 NPN 型管相似，不同之处仅在于使用时，工作电源的极性相反。

二、三极管的电流放大作用

要使三极管具有放大作用，必须给三极管加上合适的极间电压，即偏置电压。理论研究和实验证明三极管只有满足"发射结加正向偏置，集电结加反向偏置"这个基本工作条件，才能实现信号的放大。通常，发射结正向偏置电压约为零点几伏，集电结反向偏置电压为几伏至几十伏。

三极管接入放大电路，必须有两个端子接输入信号，另外两个端子作输出端，提供输出信号，而三极管只有三个电极，因此，用三极管组成放大电路时必须有一个端子作为输入和输出信号的公共端。采用不同的公共端可构成三种不同组态的电路，即共发射极电路、共基极电路和共集电极电路，如图 2.1.3 所示。

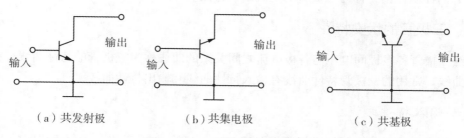

（a）共发射极　　　　　　（b）共集电极　　　　　　（c）共基极

图 2.1.3　三极管的三种连接组态

图 2.1.4 所示为 NPN 管共发射极实验电路。所谓共发射极的含义是：以发射极作为输入和输出回路的公共端(地)，图中基极回路为输入回路，集电极回路为输出回路。基极电源 V_{BB} 使发射结加正向偏置，而集电极电源 V_{CC} 使集电结加反向偏置，电路中有三条支路的电流通过三极管，即集电极电流 I_C、基极电流 I_B 及发射极电流 I_E。电流方向如图中箭头所示。调节电位器 R_W 的阻值，可以改变发射结的偏置电压，从而控制基极电流 I_B 的大小。而 I_B 的变化又将引起 I_C 和 I_E 的变化。每取得一个 I_B 的确定值，必然可得一组 I_C 和 I_E 的确定值与之对应，实验取得数据如表 2.1.1 所示。

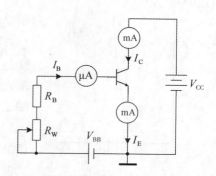

图 2.1.4　三极管电流分配实验电路

表 2.1.1　三极管电流分配实验数据

I_B(mA)	0	0.01	0.02	0.03	0.04	0.05
I_C(mA)	0.01	0.56	1.14	1.74	2.33	2.91
I_E(mA)	0.01	0.57	1.16	1.77	2.37	2.96

由表 2.1.1 可以看出：

（1）流过三极管的电流无论怎样变化，始终满足如下关系：$I_E = I_C + I_B$，且 $I_C \gg I_B$，$I_E \approx I_C$，表明了三极管的电流分配规律。

（2）基极电流有微小变化，集电极电流便会有较大变化。例如，当基极电流由 0.01mA 变化到 0.03mA 时，对应集电极电流则由 0.56mA 变化到 1.74mA，I_B 变化量 $\Delta I_B = 0.02$mA，而 I_C 变化量 $\Delta I_C = 1.18$mA，两个变化量之比 $\dfrac{\Delta I_C}{\Delta I_B} = 55$，这个比值通常用符号 β 表示，称为三极管交流电流放大系数，记为 $\beta = \dfrac{\Delta I_C}{\Delta I_B}$，此式表明集电极电流变化量为基极电流变化量的 55 倍。由此可见，基极电流的微小变化可使集电极电流发生更大的变化。这种 I_B 对 I_C 的控制作用，称为三极管的电流放大作用。

三、三极管的伏安特性

描绘三极管各电极间电压与各极电流之间关系的曲线称为三极管的特性曲线，亦称伏安特性曲线。常用的三极管特性曲线有输入特性曲线和输出特性曲线。

（一）输入特性曲线

当三极管集电极与发射极之间所加电压 v_{CE} 一定时，加在基极与发射极之间的电压 v_{BE} 与对应产生的基极电流 i_B 之间的关系曲线 $i_B = f(v_{BE})\big|_{v_{CE}=常数}$，称为三极管输入特性曲线。输入特性曲线可采用查半导体器件手册或用"晶体管特性图示仪"测量等方法获得。由于器件参数的分散性，不同三极管的输入特性曲线是不完全相同的，但大体形状是相似的。当 v_{CE} 为不同值，输入特性曲线为一族曲线，当 $v_{CE} \geq 1$V 后，曲线族重合，如图 2.1.5 所示。

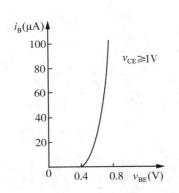

图 2.1.5　输入特性曲线

v_{BE} 加在三极管基极和发射极之间的 PN 结（发射结）上，该 PN 结相当于一个二极管，所以三极管的输入特性曲线与二极管伏安特性曲线很相似。v_{BE} 与 i_B 呈非线性关系，同样存在着死区电压，或称为导通电压，用 $V_{BE(on)}$ 表示。只有当 V_{BE} 大于 $V_{BE(on)}$ 时，三极管才出现基极电流 I_B；否则管子不导通。当管子正常工作时，NPN 型（硅）管的发射结电压 $V_{BE(on)} = 0.7$V，PNP 型（锗）管的 $V_{BE(on)} = -0.3$V。这是检查放大电路中三极管是否正常工作的重要依据。

（二）输出特性曲线

在基极电流 i_B 为确定值时，v_{CE} 与 i_C 之间的关系曲线 $i_C = f(v_{CE})\big|_{i_B=常数}$，称为三极管输出特性曲线。输出特性曲线同样可采用查半导体器件手册和用"晶体管特性图示仪"测

量等方法获得。图 2.1.6 所示即为 i_B 取不同值时，NPN 型硅管的输出特性曲线族。由图 2.1.6 中的任意一条曲线可以看出，在坐标原点处随着 v_{CE} 的增大，i_C 跟着增大。当 v_{CE} 大于 1V 以后，无论 v_{CE} 怎样变化，i_C 几乎不变，曲线与横轴接近平行。这说明三极管具有恒流特性。

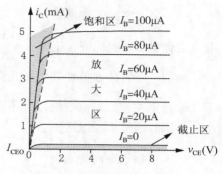

图 2.1.6 输出特性曲线

通常把三极管输出特性曲线族分为三个区域，这三个区域对应着三极管三种不同的工作状态。

1. 放大区

输出特性曲线平坦部分的区域是放大区。工作在放大区的三极管发射结处于正向偏置（大于导通电压），集电结处于反向偏置。i_C 与 i_B 成比例增长，即 i_B 有一个微小变化，i_C 将按比例发生较大变化，体现了三极管的电流放大作用。在垂直于横轴方向作一直线，从该直线上找出 i_C 的变化量 Δi_C 和与之对应的 i_B 变化量 Δi_B，即可求出该管子的电流放大系数 $\beta = \dfrac{\Delta i_C}{\Delta i_B}$。这些曲线越平坦，间距越均匀，则管子线性越好。在相同的 Δi_B 下，曲线间距越大，则 β 值越大。

2. 饱和区

输出特性曲线族上升部分的区域称为饱和区。三极管工作在这个区域时，V_{CE} 很低，$V_{CE} < V_{BE}$ 集电结处于正向偏置，发射结也处于正向偏置。在这个区域，i_C 不受 i_B 控制，三极管失去电流放大作用。其集电极与发射极之间电压称为三极管饱和压降，记为 V_{CES}。对于 NPN 型（硅）管 $V_{CES} = 0.3V$，PNP 型（锗）管 $|V_{CES}| = 0.1V$。

3. 截止区

在基极电流 $i_B = 0$ 所对应的曲线以下的区域为截止区。要使 $i_B = 0$，发射结电压 V_{BE} 一定要小于死区电压，为了保证可靠截止，常使发射结处于反向偏置，集电结也处于反向偏置。由图可见，$i_B = 0$ 时，$i_C \neq 0$，还有很小的集电极电流，称为穿透电流，记为 I_{CEO}。硅管 I_{CEO} 很小，在几微安以下；锗管稍大，约为几十微安至几百微安。

四、三极管的主要参数

三极管的参数是用来表征三极管性能优劣及其应用范围的指标。是选用三极管及对电路进行设计、调试的重要依据。

（一）电流放大系数

电流放大系数是表征三极管电流放大能力的参数，包括：

（1）直流电流放大系数 $\bar{\beta}$：无交流信号输入时，三极管集电极直流电流 I_C 与基极直流电流 I_B 的比值，记为 $\bar{\beta} = \dfrac{I_C}{I_B}$。

（2）交流电流放大系数 β：有交流信号输入时，三极管集电极电流变化量 Δi_C 与基极电流变化量 Δi_B 的比值，记为 $\beta = \dfrac{\Delta i_C}{\Delta i_B}$。

常用三极管的 β 值在几十至几百之间，若 β 太小，管子放大能力差；β 太大，则管子工作时稳定性差。直流电流放大系数 $\bar{\beta}$ 与交流电流放大系数 β 的含义不同，但数值相差很小，应用时通常不加以区别。

（二）极间反向电流

极间反向电流是决定三极管工作稳定性的重要参数，也是鉴别三极管质量优劣的重要指标，其值越小越好。

1. 集电极-基极反向饱和电流 I_{CBO}

三极管发射极开路，集电结加反向电压时产生的电流，称为集电极-基极反向饱和电流，记为 I_{CBO}。如图 2.1.7 所示。性能好的三极管 I_{CBO} 很小，一般小功率硅管该电流为 $1\mu A$ 左右，锗管为 $10\mu A$ 左右。I_{CBO} 受温度的影响较大，其值随温度升高而增大，是使三极管工作不稳定的重要因素，因此，这个值越小越好。

2. 穿透电流 I_{CEO}

三极管基极开路，集电极与发射极之间加上一定电压时，流过集电极与发射极之间的电流，称为穿透电流，记为 I_{CEO}。如图 2.1.8 所示。两种极间反向电流 I_{CBO} 与 I_{CEO} 的关系是：$I_{CEO} = (1 + \beta)I_{CBO}$。与 I_{CBO} 一样，I_{CEO} 受温度的影响很大，温度越高 I_{CEO} 越大。

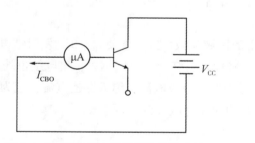 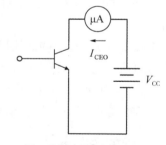

图 2.1.7　集电极-基极反向饱和电流 I_{CBO}　　　图 2.1.8　穿透电流 I_{CEO}

（三）极限参数

极限参数指三极管正常工作时，所允许的电流、电压和功率等的极限值。如果超过这些数值，就难以保证管子正常工作，甚至损坏管子。常用极限参数有以下三个：

1. 集电极最大允许电流 I_{CM}

当集电极电流增大到一定数值后，三极管的 β 值将明显下降。在技术上规定，使三极管 β 值下降到正常值 2/3 时的集电极电流称为集电极最大允许电流，用 I_{CM} 表示。在使用三极管时，如果 I_C 超出 I_{CM} 不多，管子不一定损坏，但其 β 值已显著下降，如果超出太多，将烧毁三极管。

2. 集电极 - 发射极间反向击穿电压 $V_{(BR)CEO}$

基极开路时，加在集电极与发射极之间的最大允许电压，称为集电极 - 发射极间反向击穿电压，用 $V_{(BR)CEO}$ 表示。在使用三极管时，集电极与发射极间所加电压绝不能超过此值，否则将损坏管子。

3. 集电极最大允许耗散功率 P_{CM}

三极管因温度升高而引起的参数变化不超过允许值时，集电极消耗的最大功率称为集电极最大允许耗散功率，用 P_{CM} 表示。依据 $P_{CM} = V_{CE}I_C$，可在输出特性曲线族上作出 P_{CM} 允许功率损耗线，如图 2.1.9 所示。P_{CM} 曲线右上方为过损耗区，左下方由 I_{CM}、$V_{(BR)CEO}$ 和 P_{CM} 三者共同确定了三极管的安全工作区。

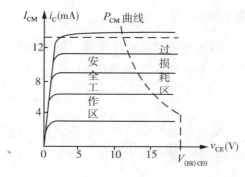

图 2.1.9　三极管 P_{CM} 功耗线

第二节　放大电路的基础知识

一、放大的概念

放大电路实现的是一种能量的控制与转换，即用较小能量的输入信号通过半导体器件去控制电源，使电路的输出端得到一个与输入信号变化相似的，但能量却大得多的输出信号。也就是将电源提供的直流能量转换为输出的交流信号能量。具有能量控制作用的元件称为有源器件，如三极管、场效应管等。

放大电路可视为一双口网络，即一个信号输入口和一个信号输出口。其输入端口和输出端口既有电压又有电流，根据实际的输入信号和输出信号是电压或者是电流，放大电路可分为电压放大、电流放大、互阻放大和互导放大。这里以应用最为广泛的电压放大为例来讨论放大电路的模型及放大电路的技术指标。

根据双端口网络理论，放大电路输入端口的电压和电流的关系可以用输入电阻来等效，又根据电路理论，其输出端口可以等效为一个信号源和它的内阻，由此可建立电压放大电路的电路模型如图 2.2.1 所示。其中，v_s 和 R_s 为信号源和信号源内阻，R_L 为负载；放

21

大电路模型由三部分组成，R_i 为放大电路输入电阻，R_o 为输出电阻，$A_{vo}v_i$ 为受控电压源，其中 v_i 为放大电路输入电压。

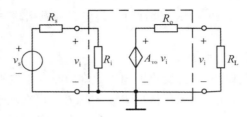

图 2.2.1　电压放大电路模型

二、放大电路的主要性能指标

为了衡量放大电路的性能好坏和质量高低，规定了很多技术指标，这里主要讨论放大倍数(又称为增益)、输入电阻、输出电阻、频率响应、失真等几项主要性能指标。

(一)增益

增益即放大倍数，定义为输出电量与输入电量幅度之比，包括电压增益、电流增益、功率增益等。这里仅介绍电压放大电路的电压增益，图 2.2.1 中；

$$A_v = \frac{v_o}{v_i}$$

在工程上，增益常用以 10 为底的对数增益表达，其基本单位为贝尔(Bel，B)，平时用它的十分之一单位"分贝"(dB)。用分贝表示的增益为

$$电压增益 = 20\lg|A_v| \, dB$$

(二)输入电阻

如图 2.2.2 所示，输入电阻定义为输入电压与输入电流的比值，即

$$R_i = \frac{v_i}{i_i}$$

输入电阻的大小决定了放大电路从信号源吸取信号幅值的大小。对输入为电压信号的放大电路，输入电阻越大，则放大电路输入端的 v_i 越大。

(三)输出电阻

放大电路输出电阻的大小决定它带负载的能力。所谓带负载能力，是指放大电路输出量随负载变化的程度。当负载变化时，输出量变化很小或基本不变表示带负载能力强。对于输出量是电压信号的放大电路，输出电阻越小则带负载能力越强。

当定量计算放大电路输出电阻时，一般采用图 2.2.3 所示的方法计算。在信号源短路

（ $v_s = 0$ ）但保留信号源内阻和负载开路（ $R_L = \infty$ ）的条件下，在放大电路的输出端加一测试电压 v_t ，相应地产生一测试电流 i_t ，于是可得输出电阻为

$$R_o = \frac{v_t}{i_t}$$

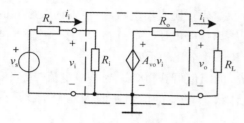

图 2.2.2 放大电路输入电阻

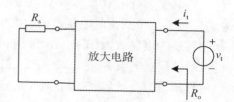

图 2.2.3 放大电路输出电阻

（四）失真

失真是衡量放大电路的一个重要指标，放大电路的主要任务是把信号放大，但必须使信号的形状不变，如果放大电路的输出波形与输入波形产生了差异，就产生了失真。失真可分为非线性失真和频率失真。非线性失真是由于三极管的非线性引起的；频率失真是由于放大电路中的电抗元件引起的。

第三节 基本放大电路

一、放大电路的组成

共发射极单管交流电压放大电路如图 2.3.1 所示。

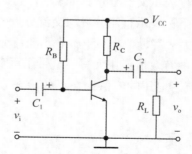

图 2.3.1 共发射极单管交流电压放大电路

（一）电路中各元件的作用

（1）三极管 T：是放大电路核心器件，起电流放大作用。

（2）集电极电源 V_{CC}：在放大电路中通常把输入电压 v_i、输出电压 v_o 以及电源电压 V_{CC} 的公共端称为"地"，令其为零电位点，用符号"⊥"表示。这样，放大电路中各点的电压数值即为该点与"地"之间的电位差。V_{CC} 是放大电路的能源，可保证集电结处于反向偏置，并通过基极电阻 R_B 给发射结提供正向偏置，使三极管具备了工作于放大状态的必要条件。V_{CC} 一般为几伏至几十伏。

（3）集电极负载电阻 R_C：将集电极电流 i_C 的变化转换成集电极 —— 发射极之间的电压 v_{CE} 的变化，这个变化的电压就是放大电路的输出信号电压，即通过 R_C 把三极管的电流放大作用转换为电压放大作用。R_C 取值一般为几千欧至几十千欧。

（4）基极偏置电阻 R_B：V_{CC} 一定时，改变 R_B 的阻值可获得合适的基极电流（或叫偏置电流，简称偏流）I_B。保证三极管处于合适的工作状态。R_B 的取值一般为几十千欧至几百千欧。

（5）耦合电容器 C_1 和 C_2：在电路中的作用是"传送交流，隔离直流"。C_1 用来把交流信号传送到放大电路，而隔断放大电路与信号源之间的直流通路；C_2 用来把放大后的交流信号传送给负载 R_L，而隔断放大电路与负载 R_L 之间的直流通路。C_1、C_2 常选用容量较大的电解电容器，由于电解电容器是有极性的电容器，使用时要注意其正极接电路中的高电位端，负极接低电位端，如果极性接反，可能损坏电容器。对 PNP 型三极管组成的放大电路 V_{CC} 及 C_1、C_2 的极性均与图 2.3.1 所示相反。

（6）负载电阻 R_L：是放大电路外接负载，如果电路中不接 R_L，称为输出端开路（或"空载"）。

（二）放大电路中电流、电压表示符号的使用规定

在放大电路的分析中，为了区分电流、电压的直流分量、交流分量、瞬时量以及交流分量的有效值及峰值等，通常对文字符号的用法作如下规定：

用大写字母带大写下标表示直流分量，如 I_B、V_C 分别表示基极直流电流、集电极直流电压，用小写字母带小写下标表示交流分量，如 i_b、v_c 分别表示基极交流电流和集电极交流电压；用小写字母带大写下标表示直流分量与交流分量的叠加，即瞬时量，如 $i_B = I_B + i_b$ 表示基极电流瞬时量；用大写字母带小写下标表示交流分量的有效值，如 V_i、V_o 分别表示输入、输出交流信号电压的有效值；用大写字母带小写下标字母 m 则表示交流分量的峰值，如 I_m、V_m 分别表示电流、电压的峰值；在正弦稳态分析中，各信号量为相量，如 v_i、i_i 等。

二、放大电路的工作原理

当放大电路无输入信号时，电路中的电压、电流都是不变的直流量，称为电路的直流工作状态，简称静态。静态工作点是指无输入信号时，三极管各极的直流电压和直流电流，通常以下标"Q"标注，用 I_{BQ}、I_{CQ}、V_{BEQ}、V_{CEQ} 四个数值表示。本书后面将讲到要使一个放大电路能正常工作，必须设置合适的静态工作点。

当放大电路输入端加输入信号时，电路中的电压、电流随之变动的状态，称为"动

态"。设输入交流信号 v_i 如图 2.3.2（a）所示（设 $R_L = \infty$ ）。此时，三极管各极电压、电流是在直流量的基础上脉动，即交流量驮载在直流量上。信号传输的过程如下：

当发射结正偏集电结反偏时，三极管工作在放大状态。交流信号 v_i 经耦合电容器 C_1 加到三极管的发射结，使 b ~ e 两极间的电压 v_{BE} 在原直流电压 V_{BE} 基础上叠加了一个交流电压 v_i，即 $v_{BE} = V_{BEQ} + v_i$，波形如图 2.3.2（b）所示。由于发射结工作于正向偏置状态，正向电压的微小变化，就会引起正向电流的较大变化，变化的基极电流记作 i_B，波形如图 2.3.2（c）所示。由于 $i_C = \beta i_b$，所以集电极电流 i_C 跟着 i_b 作线性变化，集电极电流波形如图 2.3.2（d）所示。集电极电流 i_C 在集电极电阻 R_C 上产生压降 $v_{R_C} = i_C R_C$，波形如图 2.3.2（e）所示，则 c ~ e 两极间电压（管压降）为：$v_{CE} = V_{CC} - i_C R_C$，波形如图 2.3.2（f）所示。

管子两端的交流量 v_{ce}，经过耦合电容器 C_2 送到输出端，成为获得放大的正弦输出电压 v_o。

通过上述放大过程的分析和波形的观察，可以得到如下结论：

（1）交流信号 v_i 加入前，放大电路工作于静态，三极管各极电流、电压分别为恒定的直流量 I_{BQ}、I_{CQ}、V_{BEQ}、V_{CEQ}；当交流信号 v_i 加入后，放大电路工作于动态，三极管各极电流、电压瞬时值就在原来直流电流、电压的基础上叠加了一个随输入信号而变化的交流分量 i_b、i_c、v_i、v_{ce}。这就是说，放大电路中同时存在着直流量和交流量。直流量决定放大电路静态工作点，交流量表示信号的传递，表明放大作用（所谓放大是针对交流量而言）。因此，对放大电路的分析分别需要进行直流分析和交流分析，这就涉及画出放大电路直流通路和交流通路的问题。下面介绍其画法。

①直流通路，是放大电路输入回路和输出回路直流电流的流经的途径。画直流通路时，可将电容器视为开路，其他不变。图 2.3.1 所示放大电路直流通路如图 2.3.3 所示。直流通路仅用于分析和计算放大电路的静态工作点。

②交流通路，是放大电路交流信号流经的途径。画交流通路时，可将电容器短路、直流电压源（内阻小，交流压降忽略不计）视为对地短路，其余元件照画。图 2.3.4 即为图 2.3.1 所示放大电路的交流通路。

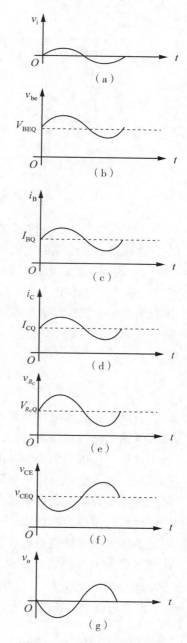

图 2.3.2　放大器工作波形

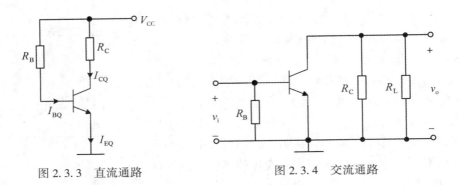

图 2.3.3　直流通路　　　　　　　图 2.3.4　交流通路

（2）从图 2.3.2（a）（g）波形图可以看出，输出信号电压 v_o 比输入信号电压 v_i 幅度大很多，这就是放大电路的放大作用；输出信号电压 v_o 和输入信号电压 v_i 相位相反（相位差为180°），这就是放大电路的倒相作用。

（3）放大是运用了三极管基极电流微小变化可引起集电极电流较大变化的控制作用，体现出用小电流控制大电流。而集电极电流是由电源 V_{CC} 供给的，因此，实质是用小能量的信号去控制大能量的 V_{CC}。所以说，放大电路实质上是一个能量控制部件。

第四节　放大电路的分析方法

前面讲到放大电路正常工作时，电路中电流和电压都是直流量与交流量共存，因此对放大电路的分析包括两方面：静态分析和动态分析。静态分析的主要任务是确定电路的静态工作点，可以用估算法和图解法。动态分析的主要任务是分析放大电路的放大倍数、动态范围、输入电阻、输出电阻及波形失真等情况。相应的分析方法有三种，即估算法、图解法和微变等效电路分析法。工程实践中常用估算法分析电路静态工作点，方法简单、实用；图解法可以分析静态，也可以分析动态，方法直观、概念清楚，用于非线性失真的讨论是其他方法无法代替的；微变等效电路分析法只能分析动态，适用于任何简单或复杂的小信号放大电路，是计算放大倍数、输入电阻和输出电阻等交流参数的有效方法，也适用于对线性失真的分析。在实际工作中，应根据需要选用合适的分析方法。下面结合图2.4.1 讨论放大电路的分析。

一、估算法

放大电路静态工作点可利用电路的直流通路计算，图 2.4.1 所示放大电路直流通路如图 2.4.2 所示，由直流通路可算出基极电流

$$I_{BQ} = \frac{V_{CC} - V_{BEQ}}{R_B} \qquad (2.4.1)$$

式中，当发射结处于正向导通状态时，V_{BEQ} 对于硅管取 0.7V，对于锗管取 0.3V。

由 I_{BQ} 可算出集电极电流

$$I_{CQ} = \beta I_{BQ} \tag{2.4.2}$$

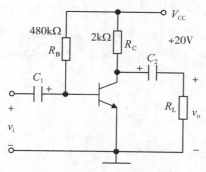

图 2.4.1　基本放大电路

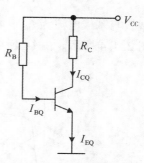

图 2.4.2　直流通路

进而可算出集电极与发射极间电压(简称集、射极间电压)

$$V_{CEQ} = V_{CC} - I_{CQ}R_C \tag{2.4.3}$$

电路确定以后，R_B、R_C、V_{CC}、β 的值均为已知，依据上述三式便可确定放大电路静态工作点。

二、图解法

图解分析法是指利用三极管的输入和输出特性曲线，通过作图来分析放大电路的电压、电流关系的方法。图解分析法的特点是能够直观地分析三极管的工作状态，不仅适用于小信号的分析，而且也适用于大信号的分析。

采用图解分析法分析放大电路一般应遵循以下几个步骤:

(一) 静态分析

输入回路的静态参数 I_{BQ} 通过估算得到，而输出回路的参数 I_{CQ}、V_{CEQ} 则可通过作图法得到，具体方法为:

1. 从输出特性曲线着手 —— 作直流负载线

画出图 2.4.1 电路输出回路的直流通路如图 2.4.3 所示。特性曲线所描绘的规律变化的；虚线 AB 右边是 V_{CC} 和 R_C 串联的线性电路，它满足方程 $V_{CE} = V_{CC} - I_C R_C$，在输出特性曲线的坐标系内作出该方程所表示的直线 MN，称为直流负载线，如图 2.4.4 所示。

2. 确定静态工作点

直流负载线 MN 表示了直流量 I_C、V_{CE} 的关系，所以放大电路的静态工作点一定在直流负载线上，如何确定具体位置呢? 由于三极管作为一个控制器件，它的集电极电流是受基极电流控制的，只要找出 I_{CQ} 所对应的基极电流

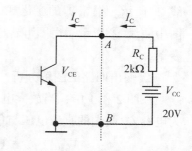

图 2.4.3　输出回路的直流通路

I_{BQ}，问题就能解决。基极电流 I_{BQ} 可由估算法求出：

$$I_{BQ} = \frac{V_{CC} - V_{BE}}{R_B} = \frac{20 - 0.7}{480} \approx 0.04(\text{mA}) = 40\mu A$$

直流负载线与基极电流为 $I_{BQ} = 40\mu A$ 那条输出特性曲线的交点 Q 就是放大电路的静态工作点，如图 2.4.4 所示。由 Q 点可求出 $V_{CEQ} = 8V$，$I_{CQ} = 6mA$，$I_{BQ} = 40\mu A$。

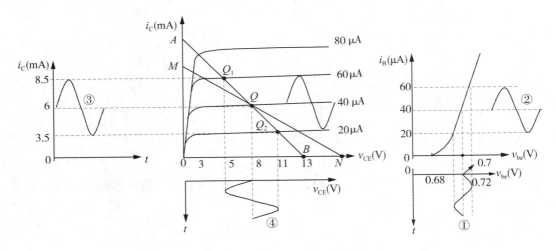

图 2.4.4　放大电路的图解分析

（二）动态分析

在给放大电路设置了静态工作点的基础上，再加入交流信号，从输入回路和输出回路的特性曲线上观察放大电路的工作情况。

1. 输入回路的图解分析

根据输入交流信号的变化在输入特性曲线上求基极电流 i_b 的变化范围。

将 $v_i = 0.02\sin\omega t(\text{V})$ 的正弦信号加到图 2.4.1 所示放大电路的输入端，三极管发射结正向电压 v_{BE} 就在原有直流电压 $V_{BE} = 0.7V$ 的基础上叠加一个交流信号 v_i，如图 2.4.4 中曲线 ① 所示。根据 v_i 的变化规律，便可在输入特性曲线上画出相应的基极电流 i_B 波形，如图中曲线 ② 所示。由图可看出对应于正弦输入信号 v_i 的基极电流 i_B 将在 $60 \sim 20\mu A$ 之间变动。

2. 输出回路的图解分析

在图 2.4.1 中，当放大电路输入端有输入信号 v_i 时，集电极与发射极间的管压降 v_{CE} 为电容 C_2 两端的直流电压与负载 R_L 上得到的交流输出电压，即

$$v_{CE} = V_{CEQ} + v_{ce} = V_{CEQ} - i_c \cdot (R_C \mathbin{/\mkern-5mu/} R_L) = V_{CEQ} - (i_C - I_{CQ}) \cdot (R_C \mathbin{/\mkern-5mu/} R_L)$$
$$= V_{CEQ} + I_{CQ} \cdot (R_C \mathbin{/\mkern-5mu/} R_L) - i_C \cdot (R_C \mathbin{/\mkern-5mu/} R_L)$$

根据上式在输出特性曲线上作出直线 AB，称为交流负载线。交流负载线表示在输入

信号的周期内 i_C 与 v_{CE} 的关系。根据基极电流 i_B 变化范围在输出特性曲线上求出集电极电流 i_C 和集电极电压 v_{CE} 变化范围。

当 i_B 在 $60 \sim 20\mu A$ 之间变动时，交流负载线与输出特性曲线的交点将会随之而变化，$i_B = 60\mu A$ 的一根输出特性曲线与交流负载线的交点为 Q_1；$i_B = 20\mu A$ 的一根输出特性曲线与交流负载线的交点为 Q_2。可见，在输入信号作用下，放大电路的工作点将随 i_B 的变动沿着交流负载线在 Q_1 与 Q_2 之间移动，直线段 $Q_1 Q_2$ 是工作点移动的轨迹，通常称为放大电路的动态工作范围。

在 v_i 的正半周，i_B 先由 $40\mu A$ 增大到 $60\mu A$，放大电路的工作点由 Q 点移到 Q_1 点，相应的 i_C 由 $I_{CQ} = 6mA$ 增大到最大值 $8.5mA$，v_{CE} 由原来的 $V_{CEQ} = 8V$ 减小到最小值 $5V$。然后，i_B 由 $60\mu A$ 减小到 $40\mu A$，放大电路工作点将由 Q_1 回到 Q，相应的 i_C 也由最大值回到 I_{CQ}，而 v_{CE} 则由最小值回到 V_{CEQ}。

在 v_i 的负半周，其变化规律恰好相反，放大电路的工作点先由 Q 移到 Q_2，再由 Q_2 回到 Q。这样，在坐标平面上就能画出对应的 i_C 和 v_{CE} 波形，如图 2.4.4 中曲线 ③ 和曲线 ④ 所示。v_{CE} 中交流分量 v_{ce} 的波形就是输出电压 v_o 的波形。

3. 由波形图估算电压放大倍数

依据波形图查出相关数值得

$$A_v = \frac{V_{om}/\sqrt{2}}{V_{im}/\sqrt{2}} \angle 180° = -\frac{V_{om}}{V_{im}} = -\frac{3}{0.02} = -125 \tag{2.4.4}$$

式中，"$-$"号表示输出电压与输入电压反相。

（三）静态工作点选择对电路性能的影响

静态工作点在直流负载线上的位置选择不合适时，会产生非线性失真。从图解法分析放大电路的动态情况可以看出，若将基极电阻 R_B 由 $480k\Omega$ 增大至 $1930k\Omega$，则静态基极电流 I_{BQ} 将由 $40\mu A$ 减小为 $10\mu A$，如图 2.4.5 所示。静态工作点 Q 将沿直流负载线下移到靠近截止区的 Q_2 点。如果输入的信号电压 v_i 仍为正弦波，则使集电极电流 i_C 的负半周和输出电压 v_o 的正半周波形被"削"去一部分而产生失真，这种失真是由于三极管工作在截止区而产生的，又称为截止失真；反之，若将基极电阻 R_B 减小为 $320k\Omega$，则静态基极电流 I_{BQ} 将增大为 $60\mu A$，静态工作点 Q 将沿直流负载线上移到接近饱和区的 Q_1 点。将使集电极电流 i_C 的正半周和输出电压 v_o 的负半周波形被"削"去一部分，产生饱和失真。

不管是截止失真还是饱和失真，都是由于交流信号的动态范围进入三极管特性曲线的非线性区域引起的，故统称非线性失真。

还有一种情况也可能引起失真，即基极电阻 R_B 不变仍为 $480k\Omega$，则静态基极电流 $I_{BQ} = 40\mu A$，静态工作点仍为 Q 点。但由于输入信号电压 v_i 过大，使基极电流 i_B 过大，工作点的位移范围过大，使集电极电流 i_C 和输出电压 v_o 过大，可能同时出现截止失真和饱和失真。这种失真称为大信号失真。

一般来说为了防止或减小失真，在直流电源 V_{CC} 和集电极负载电阻 R_C 一定的情况下，

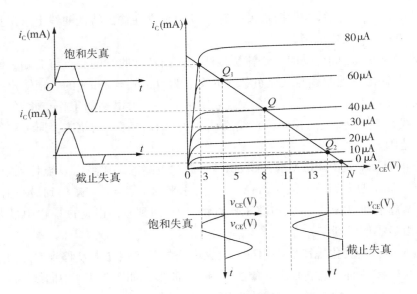

图 2.4.5　放大电路的非线性失真

应适当调节基极电阻 R_B，使放大电路的静态工作点 Q 尽可能选在交流负载线的中点附近，确切地说是选在线性放大区的中央，这样正、负半周信号都能得到充分放大，并最大限度地利用线性工作范围。

三、微变等效电路分析法

运用图解法可以求得放大电路动态特性(如电压放大倍数)，但方法较繁，且有较大的局限性，为较全面地分析放大电路的动态特性，故引入微变等效电路分析法。三极管是个非线性器件，由三极管组成的放大电路就是非线性电路，不能采用线性电路的分析方法。但是在一定条件下，比如，输入微弱交流信号仅在三极管特性曲线上静态工作点附近做很小偏移时，可认为三极管的输入和输出各变量间近似呈线性关系，这时可以用线性等效电路来替代电路中的三极管，从而把放大电路转换成等效的线性电路，使分析计算大为简化。我们把这种小信号条件下的线性等效电路称为微变等效电路。微变等效电路及分析法能正确地描述微变输入信号和输出信号之间的关系，为分析、计算小信号电路提供了方便，但不能用来求静态工作点。因此，讨论微变等效电路分析法的前提是假定电路已经有了合适的静态工作点并工作于小信号状态下。微变等效电路有多种形式，我们只讨论低频等效电路。

(一)三极管微变等效电路

能替代三极管的线性等效电路称为三极管微变等效电路。下面以共发射极电路为例，由输入、输出回路导出三极管微变等效电路。

在三极管输入端（b、e 极间）加上信号电压 v_{be}，相应就会产生基极电流 i_b，故可把三极管 be 两极间用一个线性交流电阻 r_{be} 来等效。如图 2.4.6 所示。$r_{be} = \dfrac{v_{be}}{i_b}$ 是三极管基一射极间的交流电阻，又称三极管的输入电阻。当三极管在小信号情况下工作，理论和实践证明，r_{be} 的数值可用下式计算：

$$r_{be} = 200 + (1 + \beta)\frac{26\text{mV}}{I_E\text{mA}}(\Omega) \qquad\qquad (2.4.5)$$

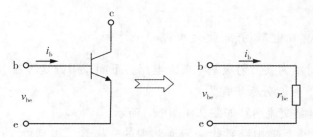

图 2.4.6 三极管的输入回路及其等效电路

公式适用范围为 $0.1\text{mA} < I_E < 5\text{mA}$，超越此范围，将带来较大误差。当 $I_E = 1 \sim 2\text{mA}$ 时，r_{be} 约为 $1\text{k}\Omega$，可作为初步估算放大电路的参考数据。

工作在放大状态的三极管的输出特性曲线可以看成是一组平坦等距的直线，如图 2.4.7 所示。当基极电流变化 Δi_B 时，集电极电流相应变化 $\Delta i_C = \beta\Delta i_B$，说明集电极电流受基极电流控制，具有受控电流源特性。因此，三极管输出回路可以看成是受控电流源电路。其简化等效电路形式如图 2.4.8 所示，图中电流源数值是受 i_b 控制的且与基极输入电流 i_b 成正比；方向不能任意假设应由 i_b 方向决定。

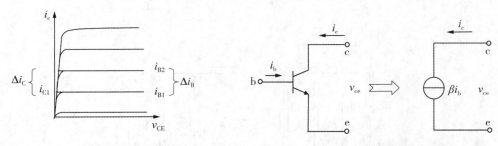

图 2.4.7 三极管输出特性曲线　　　　图 2.4.8 三极管的输出回路及其等效电路

综上所述，三极管的输入回路可用一个线性输入电阻 r_{be} 来等效，而输出回路可用一个受控的电流源 βi_b 来等效，从而得到三极管的完整微变等效电路如图 2.4.9 所示。

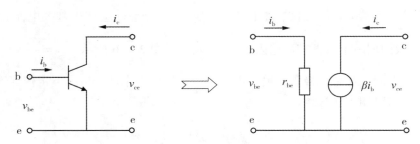

图 2.4.9 三极管的完整微变等效电路

(二)用微变等效电路分析放大电路

图 2.4.10(a)所示为共发射极基本放大电路,下面应用微变等效电路法分析该放大电路的各项性能指标。一般分析步骤为:

(1)画出放大电路交流通路如图 2.4.10(b)所示;

(2)用三极管微变等效电路替代交流通路中的三极管,得到放大电路微变等效电路,如图 2.4.10(c)所示。由于放大电路输入信号通常为正弦波信号,所以等效电路中各电压、电流常采用复数符号标明。

(3)依据放大电路各项性能指标的定义进行放大电路性能的分析与计算。

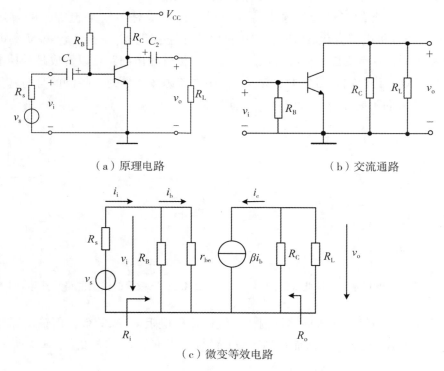

(a)原理电路 　　　　　　　　　(b)交流通路

(c)微变等效电路

图 2.4.10 共发射极放大电路

1. 放大电路的输入电阻 R_i

根据定义图 2.4.10 所示放大电路输入电阻为

$$R_i = \frac{v_i}{i_i} = R_B \mathbin{/\mkern-5mu/} r_{be} \tag{2.4.6}$$

实际电路中，R_B 的数值比 r_{be} 大得多，因此，共射基本放大电路的输入电阻约等于三极管输入电阻 r_{be}。

在实际应用时，对于输入信号是电压的放大电路希望放大电路的输入电阻越大越好。因为对信号电压源 v_s 来说，R_i 是与信号电压源内阻 R_s 串联的，如果 R_i 太小（或 R_s 大），使实际加到放大电路的输入电压减小，即信号电压源 v_s 的电压利用率减小，输出电压也随之减小，从而使放大电路对信号源电压 v_s 的放大倍数减小。

2. 放大电路的输出电阻 R_o

将放大电路信号源 v_s 短路，负载 R_L 开路，在放大电路输出端外加一交流电压 v，如图 2.4.11 所示。在 v 的作用下，产生相应电流 i，则输出电阻为

$$R_o = \frac{v}{i}\bigg|_{\substack{v_s = 0 \\ R_L = \infty}} = R_C \tag{2.4.7}$$

放大电路输出电阻 R_o 与负载 R_L 是串联的，导致放大电路带负载时的输出电压比空载时的输出电压减小，R_o 越小，两者相差越小，亦即放大电路受负载影响的程度越小，所以一般用输出电阻 R_o 来衡量放大电路带负载的能力，R_o 越小，放大电路带负载的能力越强。

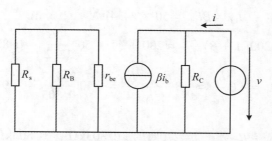

图 2.4.11　计算放大电路的输出电阻

3. 放大电路的电压放大倍数

由放大电路电压放大倍数的定义知：

$$A_v = \frac{v_o}{v_i}$$

由图 2.4.10(c) 知

$$v_o = -i_c R_L' = -\beta i_b R_L' \qquad (R_L' = R_C \mathbin{/\mkern-5mu/} R_L)$$

$$v_i = i_b r_{be}$$

故

$$A_v = \frac{v_o}{v_i} = \frac{-\beta i_b R_L'}{i_b r_{be}} = -\beta \frac{R_L'}{r_{be}} \tag{2.4.8}$$

当考虑信号源内阻时电压放大倍数用 A_{vs} 表示，由放大电路电压放大倍数定义知

$$A_{vs} = \frac{v_o}{v_s}$$

由图 2.4.10(c) 知

$$v_s = v_i \frac{R_s + R_i}{R_i} \quad (R_i = R_B \ /\!/ \ r_{be})$$

故

$$A_{vs} = \frac{v_o}{v_s} = \frac{v_o}{v_i} \frac{R_i}{R_s + R_i}$$

可见，由于 R_s 的存在，将使放大电路电压放大倍数 A_{vs} 下降为 A_v 的 $\frac{R_i}{R_s + R_i}$ 倍。

例 2.4.1 在图 2.4.10(a) 中，已知 $V_{CC} = 12V$，$R_C = 3k\Omega$，$R_B = 270k\Omega$，$R_L = 3k\Omega$，$\beta = 50$，试求：

(1) 信号源内阻 $R_s = 0$ 时，电压放大倍数 A_v；

(2) 输入电阻 R_i；

(3) 输出电阻 R_o；

(4) 信号源内阻 $R_s = 2k\Omega$ 时，电压放大倍数 A_{vs}。

解：绘出放大电路微变等效电路如图 2.4.10(c) 所示。

(1) 求 A_v。依计算法求得静态基极电流为

$$I_{BQ} = \frac{V_{CC} - V_{BEQ}}{R_B} \approx \frac{V_{CC}}{R_B} = \frac{12V}{270k\Omega} \approx 44.4\mu A$$

$$I_{CQ} = \beta I_{BQ} = 50 \times 44.4\mu A \approx 2.2mA$$

$$r_{be} = 200(1+\beta)\frac{26}{I_{EQ}} = 200 + (1+50)\frac{26}{2.2} \approx 0.803k\Omega$$

故

$$A_v = -\beta \frac{R_L'}{r_{be}} = -\beta \frac{R_C \ /\!/ \ R_L}{r_{be}} = -50 \frac{3 \ /\!/ \ 3}{0.803} \approx -94$$

(2) 求输入电阻.

$$R_i = R_B \ /\!/ \ r_{be} = 270k\Omega \ /\!/ \ 0.803k\Omega \approx 0.803k\Omega$$

(3) 求输出电阻。

$$R_o \approx R_C = 3k\Omega$$

(4) 求 A_{vs}。

$$A_{vs} = A_v \frac{R_i}{R_s + R_i} = -94 \times \frac{0.803}{2 + 0.803} \approx -28$$

第五节 放大电路静态工作点的稳定

一、分压式偏置电路结构

前面介绍了如图 2.4.1 所示共发射极单管交流电压放大电路，当电源电压 V_{CC} 和基极

电阻R_B被选定后，基极电流(又称偏流 $I_{BQ} = \dfrac{V_{CC} - V_{BEQ}}{R_B} \approx \dfrac{V_{CC}}{R_B}$)即被固定。通常把这种提供固定基极电流$I_{BQ}$的电路称为固定偏置电路。

固定偏置电路虽然简单，但静态工作点的稳定性较差。因为三极管的参数I_{CBO}、I_{CEO}、β等都会随温度增高而增大，因而使集电极电流$I_C(\beta I_B + I_{CEO})$增大，三极管整个输出特性曲线族向上平移。由于固定偏置电路的基极电流是固定的，输出特性曲线向上平移必然使静态工作点向饱和区偏移，将可能造成输出信号波形失真，以至不能正常工作。因此，对于要求较高的放大电路普遍采用分压式偏置电路。分压式偏置放大电路如图2.5.1所示。与图2.4.1比较，增加了下偏置电阻R_{B2}、发射极电阻R_E，和发射极旁路电容器C_E。

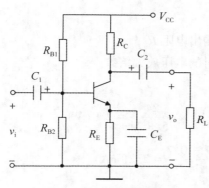
图 2.5.1　分压式偏置电路

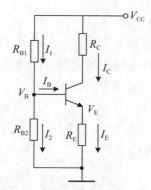
图 2.5.2　直流通路

二、稳定工作点原理

该电路的直流通路如图2.5.2所示。适当选择R_{B2}，使$I_2 \gg I_B$，则$I_1 \approx I_2$，这样基极电位为

$$V_{BQ} \approx V_{CC} \frac{R_{B2}}{R_{B1} + R_{B2}} \tag{2.5.1}$$

表明基极电位V_{BQ}由电源电压V_{CC}经R_{B1}和R_{B2}分压决定，不随温度变化。电路集电极电流为

$$I_{CQ} \approx I_{EQ} = \frac{V_{BQ} - V_{BEQ}}{R_E}$$

当$V_{BQ} \gg V_{BEQ}$时，有

$$I_{CQ} \approx I_{EQ} \approx \frac{V_{BQ}}{R_E} \tag{2.5.2}$$

通过上面讨论看出：在分压式偏置放大电路中，只要满足$I_2 \gg I_B$和$V_{BQ} \gg V_{BEQ}$两个条件，其集电极电流I_{CQ}就是一个与三极管参数基本无关的稳定数值，不仅大大减小了温度的影响，而且在生产和维修中换用不同β值的管子，工作点也基本上不会改变，这对电子

设备的批量生产是很有利的。

发射极旁路电容器 C_E 的作用是为交流分量提供通路，而对直流分量无影响。由于它的容量足够大，对交流信号的容抗就很小，对交流分量可视作短路，发射极电阻 R_E 上就不会产生交流压降，防止降低放大电路的电压放大倍数。

三、分压式偏置放大电路分析

分压式偏置放大电路的分析可以采用微变等效电路分析法。下面具体分析其工作情况。

设在图 2.5.1 中，$R_{B1} = 75k\Omega$，$R_{B2} = 24k\Omega$，$R_C = 2k\Omega$，$R_L = 2k\Omega$，$R_E = 1k\Omega$，$V_{CC} = 12V$，$\beta = 60$，试计算：

（1）静态工作点；

（2）电压放大倍数 A_v、输入电阻 R_i 及输出电阻 R_o；

（3）断开电路中发射极旁路电容器 C_E 时的电压放大倍数。

解：（1）求静态工作点。

$$V_{BQ} = V_{CC} \frac{R_{B2}}{R_{B1} + R_{B2}} = 12 \times \frac{24}{75 + 24} = 2.9(V)$$

$$I_{EQ} = \frac{V_{BQ} - V_{BEQ}}{R_E} = \frac{2.9 - 0.7}{1} = 2.2(mA)$$

$$I_{CQ} \approx I_{EQ} = 2.2mA$$
$$V_{CEQ} = V_{CC} - I_{CQ}(R_C + R_E) = 12 - 2.2 \times (2 + 1) = 5.4(V)$$

$$I_{BQ} = \frac{I_{CQ}}{\beta} = \frac{2.2}{60} = 0.037(mA)$$

（2）求电压放大倍数 A_v、输入电阻 R_i、输出电阻 R_o。画出电路的微变等效电路如图 3.5.3 所示。依等效电路有

$$v_o = -i_c(R_C /\!/ R_L) = -\beta i_b(R_C /\!/ R_L)$$
$$v_i = i_b r_{be}$$

故
$$A_v = \frac{v_o}{v_i} = -\frac{\beta i_b(R_C /\!/ R_L)}{i_b r_{be}} = -\frac{\beta(R_C /\!/ R_L)}{r_{be}}$$

而
$$r_{be} = 200 + (1 + \beta)\frac{26}{I_{EQ}} = 200 + 61 \times \frac{26}{2.2} = 0.92k\Omega$$

代入上式得
$$A_v = -\frac{60(2 /\!/ 2)}{0.92} \approx -65$$

输入电阻
$$R_i = R_{B1} /\!/ R_{B2} /\!/ r_{be} \approx 0.92k\Omega$$
输出电阻
$$R_o = R_C = 2k\Omega$$

（3）求发射极旁路电容器 C_E 断开时的电压放大倍数 A_v。

C_E 断开时电路对应的微变等效电路如图 3.5.4 所示。依等效电路有

$$v_o = -i_c(R_C /\!/ R_L) = -\beta i_b(R_C /\!/ R_L)$$

$$v_i = i_b r_{be} + (1 + \beta) i_b R_E = i_b [r_{be} + (1 + \beta) R_E]$$

故
$$A_v = \frac{v_o}{v_i} = -\frac{\beta(R_C /\!/ R_L)}{r_{be} + (1 + \beta) R_E}$$

当满足 $(1 + \beta) R_E \gg r_{be}$ 时，有

$$A_v \approx -\frac{\beta(R_C /\!/ R_L)}{(1 + \beta) R_E} \approx -\frac{R_C /\!/ R_L}{R_E}$$

代入参数得
$$A_v \approx -\frac{2 /\!/ 2}{1} = -1$$

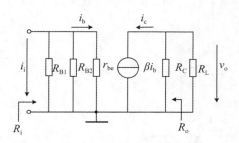

图 2.5.3　微变等效电路图

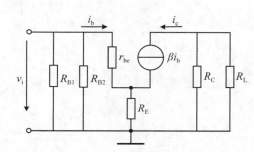

图 2.5.4　C_E 断开后微变等效电路

此例表明，断开 C_E 后放大电路电压放大倍数将大幅度下降。

第六节　共集电极电路和共基极电路

一、共集电极放大电路

共集电极放大电路通常称为射极输出器，电路如图 2.6.1 所示。输入信号加在基极，输出信号从发射极取出，集电极为输入回路和输出回路的公共端，故称为共集电极放大电路，又称为射极输出器。

（一）静态分析

共集电极放大电路静态工作点的计算方法与共发射极放大电路类似。计算时可先画出直流通路，如图 2.6.2 所示。由直流通路可知

$$V_{CC} = I_{BQ} R_B + V_{BEQ} + I_{EQ} R_E$$

即
$$I_{BQ} = \frac{V_{CC} - V_{BEQ}}{R_B + (1 + \beta) R_E}$$

$$I_{CQ} = \beta I_{BQ}$$

$$V_{CEQ} \approx V_{CC} - I_{CQ} R_E$$

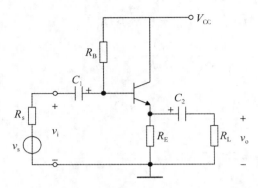 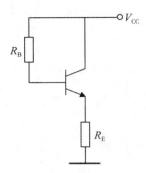

图 2.6.1 共集电极放大电路 　　　　　 图 2.6.2 直流通路

(二)动态分析

画出微变等效电路,如图 2.6.3 所示。

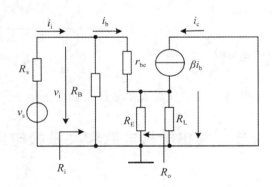

图 2.6.3 共集放大电路微变等效电路

1. 求电压放大倍数 A_v (不考虑 R_S 影响)

由图 2.6.3 可知:

$$v_o = (1 + \beta) i_b R'_L$$

$$v_i = i_b r_{be} + (1 + \beta) i_b R'_L = i_b [r_{be} + (1 + \beta) R'_L]$$

故
$$A_v = \frac{v_o}{v_i} = \frac{(1 + \beta) i_b R'_L}{r_{be} + (1 + \beta) R'_L}$$

式中, $R'_L = R_E \mathbin{/\mkern-5mu/} R_L$,通常 $(1 + \beta) R'_L \gg r_{be}$,表明射极输出器的电压放大倍数略小于 1 但接近 1,且输出信号与输入信号同相位,即输出信号跟随输入信号变化,因此射极输出器又称为射极跟随器。

2. 求输入电阻 R_i

由图 2.6.3 可知:

$$R'_i = \frac{v_i}{i_b} = r_{be} + (1 + \beta)R'_L$$

$$R_i = R_B \mathbin{/\mkern-6mu/} \left[r_{be} + (1 + \beta)R'_L \right]$$

通常 $(1 + \beta)R'_L \gg r_{be}$，因此，射极输出器的输入电阻比共发射极基本放大电路的输入电阻（$R_i = R_B \mathbin{/\mkern-6mu/} r_{be}$）要高得多，可达数十到数百千欧。

3. 求输出电阻 R_o

根据输出电阻的计算方法，将输入信号源 v_S 短路，负载 R_L 开路，并在输出端外加一交流信号电压 v，如图 2.6.4 所示，可知

$$i = i_b + \beta i_b + i_{R_E}$$

$$= \frac{v}{(R_s \mathbin{/\mkern-6mu/} R_B) + r_{be}} + \frac{\beta v}{(R_s \mathbin{/\mkern-6mu/} R_B) + r_{be}} + \frac{v}{R_E}$$

$$= v \left(\frac{1 + \beta}{R'_s + r_{be}} + \frac{1}{R_E} \right)$$

$$R_o = \frac{v}{i} = R_E \mathbin{/\mkern-6mu/} \left(\frac{r_{be} + R'_s}{1 + \beta} \right)$$

通常
$$\beta \gg 1, \quad \frac{r_{be} + R'_s}{1 + \beta} \ll R_E$$

故
$$R_o \approx \frac{r_{be} + R'_s}{\beta}$$

上式表明射极输出器的输出电阻是很低的，一般在数十到数百欧的范围内。

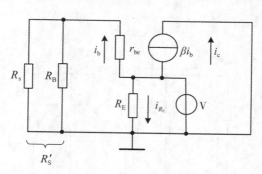

图 2.6.4 求输出电阻的等效电路

综上所述，射极输出器的主要特点是：电压放大倍数小于 1 而接近于 1；输出电压与输入电压同相位；输入电阻高，输出电阻低。它的后两个特点具有很大的实用价值。利用其输入电阻高的特点，常用它作电子仪器的输入级，以减小对被测电路的影响，提高测量的精度；利用其输出电阻低的特点，常用它作放大电路的输出级，以提高带负载能力；利用其输入电阻高和输出电阻低的特点，常用它作中间隔离级或称缓冲级。把它接在两个共射放大电路之间，起阻抗变换作用，使前后级阻抗匹配，实现信号的最大功率传输。必须注意，射极输出器虽然没有电压放大作用，但却具有电流放大作用，因而放大了信号的功率。

二、共基极放大电路

共基极放大电路如图 2.6.5 所示，信号从发射极和地之间输入，由集电极和地之间输出，基极电容 C_B 将 R_{B1} 和 R_{B2} 交流短路，基极交流接地为公共端，故为共基极放大电路。

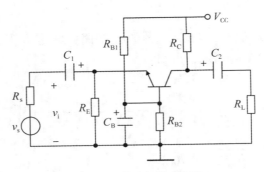

图 2.6.5 共基极放大电路

(一)静态分析

因共基极放大电路的直流通路与分压式偏置电路完全一样，故静态分析也相同，不再重述。

(二)动态分析

画出微变等效电路，如图 2.6.6 所示。

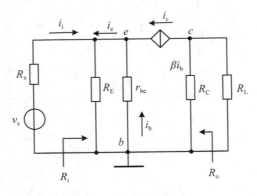

图 2.6.6 微变等效电路

1. 求电压放大倍数 A_v（不考虑 R_S 影响）

由图 2.6.6 可知

$$A_v = \frac{v_o}{v_i} = \frac{-i_c R_L'}{-i_b r_{be}} = \frac{\beta R_L'}{r_{be}} \quad (\, R_L' = R_C \mathbin{/\!/} R_L \,)$$

上式说明，共基极放大电路的电压放大倍数在数值上与共射极放大电路一样，但输出与输入同相。

2. 求输入电阻 R_i

由定义知

$$R_i = \frac{v_i}{i_i} = R_E \mathbin{/\!/} R_i'$$

$$R_i' = \frac{v_i}{-i_e} = \frac{-i_b r_{be}}{-(1+\beta)i_b} = \frac{r_{be}}{1+\beta}$$

$$R_i = R_E \mathbin{/\!/} \frac{r_{be}}{1+\beta}$$

3. 求输出电阻 R_o

根据定义，共基极电路的输出电阻为

$$R_o = \frac{v}{i}\bigg|_{\substack{V_s=0 \\ R_L=\infty}} \approx R_C$$

三、三种组态放大电路性能比较

(一)三种组态的判别

一般看输入信号加在三极管的哪个电极，输出信号从哪个电极取出。共射极放大电路中，信号由基极输入，集电极输出；共集电极放大电路中，信号由基极输入，发射极输出；共基极电路中，信号由发射极输入，集电极输出。

(二)三种组态的特点及用途

共射极放大电路的电压和电流增益都大于 1，输入电阻在三种组态中居中，输出电阻与集电极电阻有关，适用于低频情况下，作为多级放大电路的中间级，共集电极放大电路只有电流放大作用，没有电压放大，有电压跟随作用，在三种组态中，输入电阻最高，输出电阻最小，最适于信号源与负载的隔离和匹配，可用于输入级、输出级或缓冲级。共基极放大电路只有电压放大作用，没有电流放大，有电流跟随作用，输入电阻小，输出电阻与集电极电阻有关，高频特性较好，常用于高频或宽频带低输入阻抗的场合。

放大电路三种组态的主要性能如表 2.6.1 所示。

表 2.6.1　放大电路三种组态的主要性能

	共射极电路	共集电极电路	共基极电路
电路图	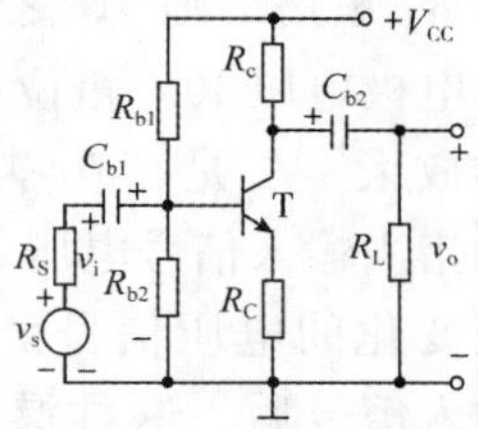	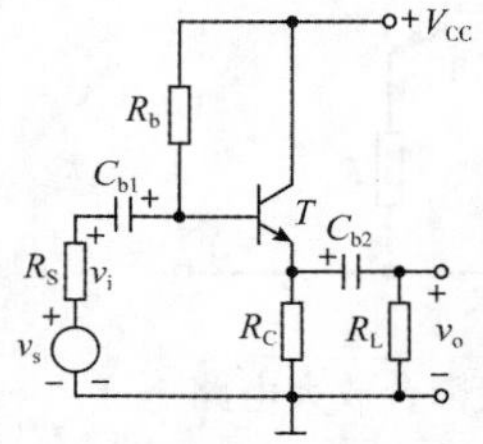	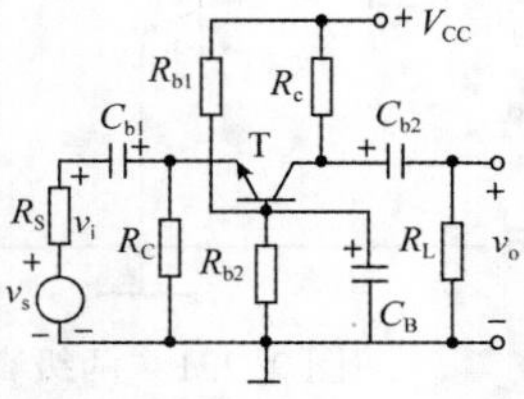

续表

	共射极电路	共集电极电路	共基极电路
电压增益 A_v	$A_v = -\dfrac{\beta R'_L}{r_{be} + (1+\beta) R_e}$ $(R'_L = R_C /\!/ R_L)$	$A_v = -\dfrac{(1+\beta) R'_L}{r_{be} + (1+\beta) R'_L}$ $(R'_L = R_e /\!/ R_L)$	$A_v = -\dfrac{\beta R'_L}{r_{be}}$ $(R'_L = R_e /\!/ R_L)$
v_o 与 v_i 的相位关系	反相	同相	同相
最大电流增益 A_i	$A_i \approx \beta$	$A_i \approx 1 + \beta$	$A_i \approx \alpha$
输入电阻	$R_i = R_{b1} /\!/ R_{b2} /\!/$ $[r_{be} + (1+\beta) R_e]$	$R_i = R_b /\!/$ $[r_{be} + (1+\beta) R'_L]$	$R_i = R_e /\!/ \dfrac{r_{be}}{1+\beta}$
输出电阻	$R_o \approx R_e$	$R_o = \dfrac{r_{be} + R'_S}{1 + \beta} /\!/ R_e$ $(R'_S = R'_S /\!/ R_b)$	$R_o \approx R_e$
用途	多级放大电路的中间级	输入级、中间级、输出级	高频或宽频带电路

第七节　多级放大电路

放大电路的输入信号一般比较微弱，通常为毫伏或微伏级，要把它放大到使负载正常工作所需要的电压，放大倍数常达数千乃至数万倍，这是单级放大电路无法胜任的。在工程实践中，通常根据实际需要把多个放大电路串联起来，组成多级放大电路。

一、级间耦合方式

在多级放大电路中，各级之间的连接方式称为耦合。最常用的耦合方式是直接耦合和阻容耦合。

（一）直接耦合

直接耦合就是把前级的输出端和后级的输入端直接相连的耦合方式，其特点是可以传递缓慢变化的低频信号或直流信号。直接耦合放大电路存在两个问题。一是前、后级静态工作点相互影响，相互牵制。在图 2.7.1 中，电阻 R_4 就是为消除这种影响而设置的。如将 R_4 短路，则 T_2 发射结电压 V_{BE2} 将把 T_1 的集电极电压 V_{CE1} 箝位在 0.7V，T_1 管将不能正常放大。二是存在零点漂移。所谓零点漂移是指当输入信号电压 $v_i = 0$ 时，输出端存在缓慢变化的电压信号，简称零漂。当放大电路输入信号后，这种漂移就伴随着信号共存

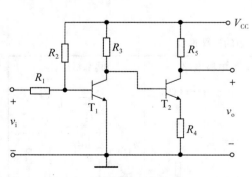

图 2.7.1　两级直接耦合放大电路

于放大电路中,当漂移量大到和正常放大电路的输出信号同一数量级时,就无法把它和需要放大的有用信号区分开。

引起零点漂移的原因很多,如三极管参数(I_{CBO}、V_{BE}、β)随温度的变化,电源电压的波动,电路元件参数由于老化或更换而引起的变化等都将引起静态工作点的改变,这些变化量被放大电路逐级放大就会产生较大的漂移电压。在这些引起零点漂移的诸多因素中,由于温度变化而引起的零点漂移最为严重,因此又称为温漂。

(二) 阻容耦合

阻容耦合是把前级的输出端通过耦合电容和后级的输入端相连的耦合方式。图 2.7.2 所示就是一个两级阻容耦合放大电路,它是用耦合电容 C_2 将两个单级放大电路连接起来的。

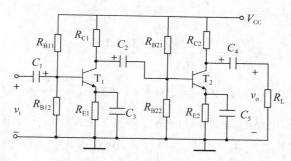

图 2.7.2 两级阻容耦合放大电路

阻容耦合的特点是前后级间采用电容连接,因此每一级放大电路的静态工作点各自独立而互不影响,给电路的设计、调试和维修带来很大方便。而且,前级的零点漂移不会传至后级被放大,因而稳定性较好。它的缺点是不能用来放大缓慢变化的低频信号和直流信号,特别是在集成电路中,由于制作大容量的耦合电容困难,因而无法采用阻容耦合方式。

二、多级放大电路分析

多级放大电路对被放大的信号而言,属串联关系。前一级的输出信号就是后一级的输入信号。设多级放大电路输入信号为 v_i,各级放大电路的电压放大倍数依次为 A_{v1},A_{v2},…,A_{vn},则 v_i 被第一级放大后输出电压成了 $A_{v1}v_i$,经第二级放大后输出电压成了 $A_{v2}(A_{v1}v_i)$,依此类推,通过几级放大后,输出电压成为 $A_{v1}A_{v2}\cdots A_{vn}$。所以,多级放大电路总的电压放大倍数为各级电压放大倍数的乘积,即

$$A_v = A_{v1}A_{v2}\cdots A_{vn}$$

在计算多级放大电路的电压放大倍数时应注意:计算前级的电压放大倍数时,必须把后级的输入电阻作为前级放大电路负载来考虑,即 $A_{v1}A_{v2}\cdots A_{vn}$ 均为带负载的电压放大倍数。

例 2.7.1 在图 2.7.2 所示电路中，已知：$R_{B11} = 27\text{k}\Omega$，$R_{B12} = R_{B21} = 10\text{k}\Omega$，$R_{B22} = 3.3\text{k}\Omega$，$R_{C1} = 47\text{k}\Omega$，$R_{C2} = 3\text{k}\Omega$，$V_{CC} = 12\text{V}$，$R_{E1} = 2.4\text{k}\Omega$，$R_{E2} = 1.2\text{k}\Omega$，$R_L = 4\text{k}\Omega$，$\beta_1 = \beta_2 = 60$，求总电压放大倍数 A_v。

解：由第一级知

$$V_{B1} = V_{CC} \frac{R_{B12}}{R_{B11} + R_{B12}} = 12 \times \frac{10}{27 + 10} \approx 3.24(\text{V})$$

$$I_{E1} = \frac{V_{E1}}{R_{E1}} = \frac{V_{B1} - V_{BE1}}{R_{E1}} = \frac{3.24 - 0.7}{2.4} \approx 1.1(\text{mA})$$

$$r_{be1} = 200 + (1 + \beta_1) \frac{26}{I_{E1}} = 200 + (1 + 60) \frac{26\text{mV}}{1.1\text{mA}} \approx 1.64\text{k}\Omega$$

由第二级知

$$V_{B2} = V_{CC} \frac{R_{B22}}{R_{B21} + R_{B22}} = 12 \times \frac{3.3}{10 + 3.3} \approx 3(\text{V})$$

$$I_{E2} = \frac{V_{E2}}{R_{E2}} = \frac{V_{B2} - V_{BE2}}{R_{E2}} = \frac{3 - 0.7}{1.2} \approx 1.9(\text{mA})$$

$$r_{be2} = 200 + (1 + \beta_2) \frac{26}{I_{E2}} = 200 + (1 + 60) \frac{26\text{mV}}{1.9\text{mA}} \approx 1.04(\text{k}\Omega)$$

画出图 2.7.2 所示电路的微变等效电路，如图 2.7.3 所示，故第一级的负载电阻为

$$R'_{L1} = R_{C1} /\!/ R_{B21} /\!/ R_{B22} /\!/ r_{be2} = 4.7 /\!/ 10 /\!/ 3.3 /\!/ 1.04 \approx 0.63(\text{k}\Omega)$$

第二级的负载电阻为

$$R'_{L2} = R_{C2} /\!/ R_L = 3 /\!/ 4 \approx 1.71(\text{k}\Omega)$$

所以，电压放大倍数为

$$A_{v1} = -\beta_1 \frac{R'_{L1}}{r_{be1}} = -60 \times \frac{0.63}{1.64} \approx -23$$

$$A_{v2} = -\beta_2 \frac{R'_{L2}}{r_{be2}} = -60 \times \frac{1.71}{1.04} \approx -98.7$$

$$A_v = A_{v1} \cdot A_{v2} = (-23) \times (-98.7) \approx 2270$$

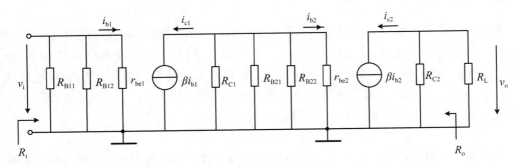

图 2.7.3 图 2.7.2 电路的微变等效电路

第八节　功率放大电路

　　一个实用的放大系统通常由输入级、中间级和输出级构成，前两级大都运用在小信号状态，其任务是将微弱的输入信号进行电压放大，而输出级则直接与负载相连，要求能带动一定的负载，即能输出较大的功率。例如，使扬声器发出声音，使显像管显示图像，驱动自动控制系统中的执行机构等，这种能输出足够大功率的放大电路就是功率放大电路，简称"功放"。功率放大电路通常位于多级放大电路的最后一级，其任务是将前置放大电路放大的电压信号再进行功率放大，以足够的输出功率推动执行机构工作。

一、功放性能指标

　　功率放大电路的主要性能指标：

（一）输出功率 P_o

　　输出功率是指输出交变电压和交变电流有效值的乘积。为了获得最大的输出功率，应该使担负功率放大任务的三极管工作在尽可能接近极限状态时的参数数值。但必须保证三极管在安全工作区内工作，否则会造成三极管损坏。

（二）效率 η

　　放大电路负载得到的交流功率与电源供给的直流功率之比，称为效率，用 η 表示，即

$$\eta = \frac{P_o}{P_E} \times 100\%$$

式中，P_o 为负载获得的交流功率即输出功率，P_E 为电源供给的直流功率。该比值越大，效率越高。

（三）非线性失真

　　功率放大管都工作在大信号条件下，电压、电流变化幅度大，可能超出特性曲线线性范围，造成非线性失真。功率放大电路的非线性失真必须限制在允许的范围内。

二、功放电路分类

　　功率放大电路依所设静态工作点的不同，主要有以下三类：

（一）甲类

　　静态工作点选在负载线的中点，如图 2.8.1（a）中 Q_1，在输入信号的整个周期内，功率放大管都有电流通过，其电流波形如图所示。这种工作状态失真小，但静态管耗高。

　　甲类功率放大电路的主要特点为：①在音响系统中，甲类功率放大电路的音质最好。由于信号的正、负半周用一只三极管来放大，信号的非线性失真很小，这是甲类功率放大

电路的主要优点；②信号的正、负半周用同一只三极管放大，使放大电路的输出功率受到了限制，即一般情况下甲类放大电路的输出功率不可能做得很大；③甲类功率放大电路效率低，只有 30% 左右，最高不超过 50%。原因是静态集电极电流 I_{CQ} 大，当无输入信号时电源提供的功率 $I_{CQ}V_{CC}$ 将全部消耗在三极管上。

（二）甲乙类

静态工作点选在负载线下部靠近截止区的位置，如图 2.8.1（b）中 Q_2，在输入信号大半个周期内，功率放大管都有电流通过，其电流波形有失真。因静态集电极电流 I_{CQ} 较小，故效率有所提高。

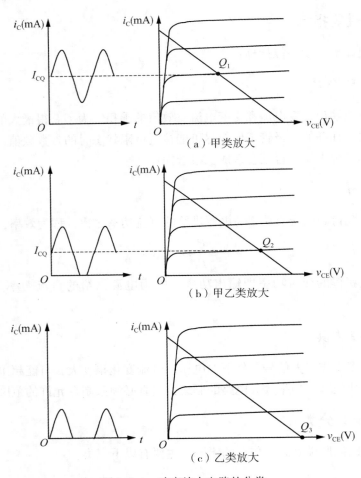

图 2.8.1 功率放大电路的分类

（三）乙类

静态工作点选在负载线与 $I_B = 0$ 那条输出特性曲线的交点上，如图 2.8.1（c）中 Q_3，功率放大管只在输入信号的正半周导通,负半周截止。这种工作状态波形失真严重,但效率高,可达 78.5%。原因是静态时集电极电流近似为零。

除上述三种功放电路之外,还有丙类、丁类等多种功放电路。音响系统由于对信号的非线性失真要求较高,所以一般选用甲类放大电路和甲乙类放大电路。

三、功放电路

(一)乙类互补对称功放

图 2.8.2(a)所示是乙类互补对称功率放大电路,也叫互补射极输出器。图中,T_1 是 NPN 管,T_2 是 PNP 管,两管对称,它们的发射极相连接到负载上,基极相连作为输入端,由于偏置电压为零,因此,该放大电路工作在乙类状态。

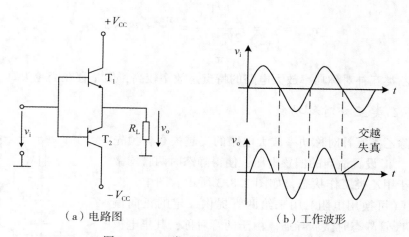

(a)电路图　　　　　　　(b)工作波形

图 2.8.2 乙类互补对称功率放大电路

静态时 $v_i = 0$,即 $V_B = 0$,T_1 与 T_2 管均因发射结零偏置而截止。加上 v_i 后,正半周时 T_1 导通,T_2 截止,T_1 以射极输出器形式将正半周信号输出给负载;负半周时 T_2 导通,T_1 截止,T_2 以射极输出器的形式将负半周信号输出给负载。这样双向跟随的结果,使负载获得一个周期的完整信号波形,如图 2.8.2(b)中所示波形。在这个电路中,两个三极管特性一致,交替工作,互相补充对方的不足,所以称为互补对称电路,简称互补电路。

注意观察图 2.8.2(b)v_o 中波形可以发现,在波形过零的区域,输出电压偏小,波形发生失真,称为交越失真。产生交越失真的原因是因为两个管子的发射结都有一个死区,当信号电压小于死区电压时,两管都不导通而造成的。

根据输出功率的定义可知,乙类互补对称功率放大电路的输出功率为

$$P_o = \frac{I_{om}}{\sqrt{2}} \cdot \frac{V_{om}}{\sqrt{2}} = \frac{1}{2} I_{om} V_{om}$$

47

式中，I_{om} 和 V_{om} 分别为最大输出电流和最大输出电压，因为 $I_{om} = \dfrac{V_{om}}{R_L}$ 故

$$P_o = \frac{1}{2}\frac{V_{om}^2}{R_L}$$

由于 $V_{om} = V_{CC} - V_{CES}$，当忽略管子饱和压降 V_{CES} 时，则 $V_{om} \approx V_{CC}$，所以

$$P_{omax} \approx \frac{1}{2}\frac{V_{CC}^2}{R_L} = \frac{1}{2}I_{om}V_{CC} \qquad (2.8.1)$$

由于每个电源只提供半个周期的电流，所以电源提供的总功率为

$$P_E = 2 \cdot V_{CC} \cdot \frac{1}{2\pi}\int_0^\pi I_{om}\sin\omega t d(\omega t) = \frac{2V_{CC}I_{om}}{\pi} \qquad (2.8.2)$$

因此，理想情况下该电路的效率为

$$\eta_{max} = \frac{P_o}{P_E} = \frac{\dfrac{1}{2}I_{om}V_{CC}}{\dfrac{2V_{CC}I_{om}}{\pi}} = \frac{\pi}{4} \approx 78.5\%$$

所以，乙类互补对称功率放大电路的特点是效率较高，但是存在交越失真。

(二)甲乙类互补对称功放

为了消除乙类互补对称功率放大电路的交越失真，预先给三极管 T_1、T_2 设置适当的偏置电压，使得静态时两管均微弱导通，处于甲乙类工作状态，如图 2.8.3 所示。图中，二极管 D_1 和 D_2(可换用电阻) 用来给两管提供一定的正向偏置，使 T_1、T_2 管静态时微弱导通。由于两管对称，其集电极电流大小相等、方向相反而抵消，通过负载的电流为零，即两管发射极电位 $V_E = 0$。这种情况，无论基极输入信号是正半周还是负半周，总有一只管子立即导通，不存在克服死区电压的问题，消除了交越失真。这种功率放大电路采用两个大小相等极性相反的直流电源供电，输出端无耦合电容器，故称为无输出电容功率放大电路，简称 OCL 电路。

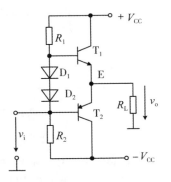

图 2.8.3 OCL 电路

甲乙类互补对称功率放大电路由于给三极管所加的静态直流偏置电流很小，所以在没有输入信号时放大电路对直流电源的消耗比较小(比起甲类放大电路要小得多)，这样具有乙类放大电路的功耗低的优点，同时因加入的偏置电流克服了三极管的截止区，消除了交越失真，又具有甲类放大电路非线性失真小的优点。所以，甲乙类放大电路在兼具甲类和乙类放大电路优点的同时也克服了这两种放大电路的缺点。正是由于甲乙类放大电路非线性失真小，又具有输出功率大和功耗低等优点，所以被广泛地应用于音频功率放大电路中。

（三）单电源互补对称功放

OCL 电路具有线路简单、效率高等特点，但要用两组电源供电，给使用维修带来不便。为了减少电源种类，常用一个大电容 C 来代替一组直流电源，如图 2.8.4 所示。静态时，由 D_1、D_2 提供偏置，T_1、T_2 微弱导通。由于电路对称，E 点电位为 $V_{CC}/2$，因此电容 C 充电到 $V_{CC}/2$。加入输入信号 v_i 后，正半周 T_1 导通，T_2 截止，负半周 T_2 导通，T_1 截止，两管以射极输出形式，轮流放大输入信号 v_i 的正、负半周，实现双向跟随。电容 C 不仅耦合输出信号，还在输入信号负半周 T_2 导通时给电路提供能源，起到负电源 $\left(-\dfrac{1}{2}V_{CC}\right)$ 作用。这种电路因为输出端没有输出变压器（早期功率放大电路都有输出变压器），所以称为无输出变压器功率放大电路，简称 OTL 电路。

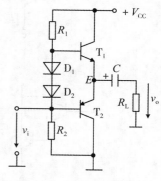

图 2.8.4　OTL 电路

值得指出的是，采用单电源的互补对称功率放大电路，由于每个管子的工作电压不是原来的 V_{CC}，而是 $V_{CC}/2$（输出电压最大也只能达到约 $V_{CC}/2$），所以前面导出的计算 P_0、P_E 的公式必须加以修正才能使用。修正的方法很简单，只要以 $V_{CC}/2$ 代替原来式（2.8.1）和式（2.8.2）中的 V_{CC}，便可得到单电源互补对称功率放大电路输出功率和效率计算表达式。

（四）复合管互补对称功放

输出功率较大的电路，多采用大功率管。大功率管的电流放大系数 β 往往较小，而且在互补对称电路中选用特性对称的大功率管更为困难。在实际应用中，往往采用复合管来解决这些问题。另外，复合管还常用于电机调速、逆变等电路。

所谓复合管，是指用两只或多只三极管按一定规律组合，等效成一只三极管，又称达林顿管，如图 2.8.5 所示。复合管的构成原则是，保证参与复合的每只管子 3 个电极上的电流能按各自的正确方向流动。

复合管具有以下两个特点：一是复合管的类型与前一只管子的类型相同；二是复合管的电流放大系数是两管电流放大系数的乘积。设 T_1 的电流放大系数为 β_1，T_2 的电流放大系数为 β_2，复合管的电流放大系数为 β，在图 2.8.5（a）中，有

$$\beta = \frac{i_C}{i_B} = \frac{i_{c1} + i_{c2}}{i_{B1}} = \beta_1 + \beta_2(1 + \beta_1) = \beta_1 + \beta_2 + \beta_1\beta_2 \approx \beta_1\beta_2$$

图 2.8.6 所示是由复合管组成的互补功率放大电路。三极管 T_1、T_3 组成 NPN 型复合管，T_2、T_4 组成 PNP 型复合管，R_2 为可调电阻，它与二极管 D 一起提供复合管所需的偏置电压，避免产生交越失真。

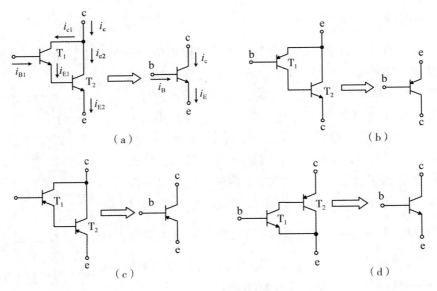

图 2.8.5　复合管的组合方式

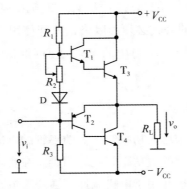

图 2.8.6　复合管组成的互补功率放大电路

四、集成功率放大器

集成功率放大器具有输出功率大、外围连接元件少、使用方便等优点，目前使用越来越广泛。它的品种很多，本节主要以 D2002 音频功率放大电路为例加以介绍，希望读者在使用时能举一反三，灵活应用其他功率放大电路件。

图 2.8.7 所示是 D2002 集成功率放大器的外型图，它有 5 个引脚，使用时应紧固在散热片上。图 2.8.8 所示是用 D2002 组成的低频功率放大电路。输入信号 v_i 经耦合电容 C_1 送到输入端 1 脚，放大后的信号由输出端 4 脚经耦合电容 C_2 送到负载扬声器。5 脚为电源端，电源电压可在 8~18V 范围内选择。3 脚为接地端。R_1、R_2、C_3 组成负反馈电路，以提高放大电路工作的稳定性，改善放大电路的性能。R_3、C_4 组成高通滤波器，用来改善放大

电路的频率特性，防止产生高频自激振荡。该电路不失真输出功率可达 5W。

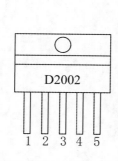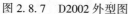
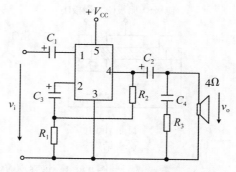

图 2.8.7　D2002 外型图　　　　图 2.8.8　D2002 组成的低频功率放大电路

集成功率放大器代表了功率放大电路的发展方向，使用时主要应弄清其主要参数、引出脚排列图和功能，以及外围电路主要元件的作用。为此，就一定要学会掌握查阅相关手册和产品目录的基本技能。

第九节　场效应晶体管及其放大电路

一、场效应晶体管

场效应晶体管也是一种三端半导体器件，其外形与普通三极管相似，但与三极管相比，具有输入电阻高、噪声小、功耗低和热稳定性好的特点，因而在集成电路尤其是计算机电路的设计中应用广泛。

（一）场效应管的结构

场效应管根据结构的不同，可以分为结型场效应管（Junction Field Effect Transistor，JFET）和绝缘栅型场效应管（Insulated Gate Field Effect Transistor，IGFET）两种类型，其中 IGFET 制造工艺简单、便于集成、应用更广泛，本书仅介绍 IGFET。

绝缘栅场效应管 IGFET 又称为金属氧化物场效应管（Metal-Oxide-Semiconductor Field Effect Transistor，MOSFET）。MOSFET 按它的制造工艺和性能可分为增强型与耗尽型两类，每类又有 N 沟道和 P 沟道之分，分别简称为 NMOS 管和 PMOS 管。实际应用中常把 NMOS 管和 PMOS 管组合构成互补型 MOS 集成电路，简称为 CMOS。

图 2.9.1(a) 所示是增强型 NMOS 管的结构示意图，它是在一块 P 型半导体基片（又称衬底）上面覆盖一层二氧化硅绝缘层，在绝缘层上开两个小窗用扩散的方法制成两个高掺杂浓度的 N+ 区，分别引出电极，称为源极 S 和漏极 D。在 S、D 两极之间二氧化硅绝缘层上面再喷一层金属铝，引出电极称为栅极 G。在基片（衬底）下方引出电极 B，使用时通常和源极 S 相连（有些管子出厂时，已在内部连接好）。由于此种管子栅级（G）与源极（S）、

51

漏极（D）之间都是绝缘的，故又称绝缘栅场效应管，图 2.9.1（b）所示是它的电路符号。

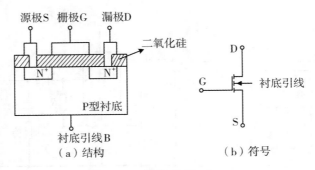

图 2.9.1 增强型 NMOSFET

MOS 管的截止和导通是通过改变栅源电压 V_{GS} 而实现的，因此，MOS 管是一种电压控制型导电器件；我们把使 D、S 极之间开始导电的栅源电压 V_{GS} 称为开启电压，用 V_T 表示。它在工作过程中只有一种极性的载流子参与导电，因此，也称为单极型器件。

（二）场效应管的特性与参数

增强型 NMOS 管的转移特性曲线如图 2.9.2（a）所示，它表示输入栅源电压 v_{GS} 对输出漏极电流 i_D 的控制特性。该曲线在水平坐标轴上的起点 V_T，即为开启电压，只有栅源电压 $v_{GS} > V_T$，导电沟道才能形成，管子才导通。图 2.9.2（b）所示是它的输出特性曲线，又称漏极特性曲线，它与三极管输出特性曲线十分相似，也分为三个工作区：可变电阻区、放大区和截止区。放大区的特点是 i_D 几乎不随 v_{DS} 的增加而增大，呈现恒流特性。场效应管用作放大时就工作在这个区域。

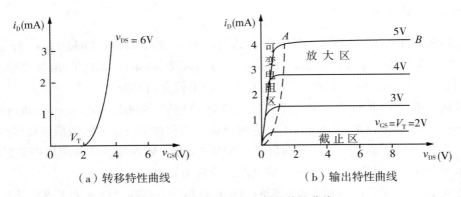

（a）转移特性曲线　　　　　　　（b）输出特性曲线

图 2.9.2 增强型 NMOS 管的特性曲线

当用 P 型半导体基片（衬底）制造 MOS 场效应管时，通过扩散或其他方法在漏区和源区之间预先制成一个导电的 N 沟道，于是就成为耗尽型 NMOS 场效应管。这种场效应管

在加上漏源电压 v_{DS} 后，即使栅源电压 v_{GS} 为零，仍将有一个相当大的漏极电流 i_D。我们把 $V_{GS} = 0$ 时的 I_D 称为漏极饱和电流，记为 I_{DSS}。

当 v_{GS} 为正，导电沟道变宽，i_D 增大；当 v_{GS} 为负，导电沟道变窄，i_D 减小。当 v_{GS} 负到一定程度时，导电沟道被夹断，$I_D = 0$，此时的栅源电压 v_{GS} 称为夹断电压，用 V_P 表示。耗尽型 NMOS 管的转移特性曲线和漏极特性曲线如图 2.9.3（a）（b）所示。

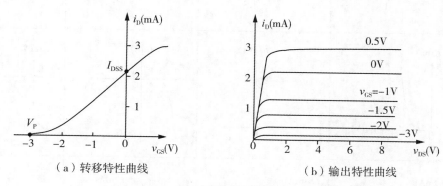

（a）转移特性曲线　　　　　　　　（b）输出特性曲线

图 2.9.3　耗尽型 NMOS 管的特性曲线

当把上述两种场效应管的基片（衬底）换成 N 型半导体，源区、漏区和导电沟道改成 P 型，就分别得到增强型 PMOS 场效应管和耗尽型 PMOS 场效应管。为了便于比较和使用，现将四种类型 MOS 管的符号，特性曲线归纳列于表 2.9.1。

（1）为了表明是 NMOS 管还是 PMOS 管，管子符号中以衬底引线 B 的箭头方向来区分。箭头指向管内为 NMOS 管，指向管外为 PMOS 管。

（2）为了表明是增强型管还是耗尽型管，在管子符号中，以漏源极之间的连线来区分。断续线表明 $V_{GS} = 0$ 时，管子 D、S 极间无导电沟道，为增强型；连续线表明 $V_{GS} = 0$ 时，管子有导电沟道，为耗尽型。

（3）从输出特性曲线和转移特性曲线可以看出，NMOS 管和 PMOS 管外加电源电压极性是相反的，例如增强型 NMOS 管的栅源电压 v_{GS} 应加正电压，而增强型 PMOS 管的栅源电压 v_{GS} 应加负电压。

场效应管的主要参数如下：

（1）跨导 g_m：指 V_{DS} 为某一固定值时，栅源电压对漏极电流的控制能力，定义为

$$g_m = \frac{\Delta i_D}{\Delta v_{GS}} \bigg|_{V_{DS} = 常数}$$

从转移特性曲线上看，跨导就是工作点处切线的斜率。

（2）直流输入电阻 R_{GS}：栅源电压与栅极电流的比值，其值一般大于 $10^9 \Omega$。

（3）漏极饱和电流 I_{DSS}：当 $V_{GS} = 0$ 时，在规定的 v_{DS} 下所产生的漏极电流。此参数只对耗尽型管子有意义。

表 2.9.1　四种类型 MOS 管的符号及特性曲线

管型	增强型 NMOS 管	耗尽型 NMOS 管	增强型 PMOS 管	耗尽型 PMOS 管
电路符号				
转移特性				
输出特性				

(4) 开启电压 V_T：这是增强型 FET 的参数。当 v_{DS} 一定时，使管子导通的最小电压。

(5) 夹断电压 V_P：这是耗尽型 FET 的参数。当 v_{DS} 一定时，使管子截止的最小电压。

由于 MOS 场效应管的栅极与其它电极之间处于绝缘状态，所以它的输入电阻很高，可达 $10^9\Omega$ 以上。因此，周围电磁场的变化很容易在栅极与其他电极之间感应产生较高的电压，将其绝缘击穿。为了防止损坏，保存 MOS 场效应管时，应把各电极短接，焊接时应把烧热的电烙铁断电或外壳接地，近年，生产出内附保护二极管的 MOS 场效应管，使用时就方便多了。

二、场效应管放大电路

与三极管一样，场效应管也具有电流放大作用，可以构成共源极、共栅极和共漏极三种基本组态的放大电路。由于场效应管输入电阻很高，常用作多级放大器的输入级；另外，还常被用来构成低噪声、低能耗的微弱信号放大电路。

(一) 场效应管放大器的直流分析

为了保证场效应管放大器工作在放大状态，必须为场效应管设置合适的静态工作点，常用的偏置形式有两种，即自给偏置方式和分压偏置方式。

1. 自给偏置方式

自给偏置电路如图2.9.4(a)所示，静态时栅极电流为0，所以R_G上无压降。栅源电压$V_{GS}=V_G-V_S=-I_DR_S$，由于栅源电压是由场效应管本身电流流经源极电阻产生的电压，故称自给偏置。由于栅源电压小于0，所以此种偏置方式只适用于耗尽型场效应管构成的放大器。

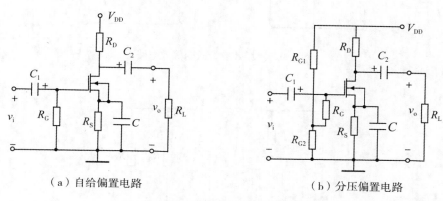

（a）自给偏置电路　　　　　　（b）分压偏置电路

图2.9.4　场效应管放大器的偏置电路

2. 分压偏置方式

分压偏置电路如图2.9.4(b)所示，图中R_G为提高电路的输入电阻而设置。漏极电源V_{DD}经分压电阻R_{G1}、R_{G2}分压后加到R_G上。由于R_G上没有电流，所以栅极电压V_G为

$$V_G=\frac{R_{G2}}{R_{G1}+R_{G2}}V_{DD}$$

漏极电流在源极电阻R_S上产生压降为$V_S=I_DR_S$，因此，静态时加在场效应管上的栅源电压为

$$G_{GS}=V_G-V_S=\frac{R_{G2}}{R_{G1}+R_{G2}}V_{DD}-I_DR_S$$

这种偏压方式既适用于耗尽型场效应管，又适用于增强型场效应管。

（二）场效应管放大器交流分析

场效应管放大器交流分析方法与三极管放大器类似，也可用微变等效电路分析法分析。

场效应管微变等效电路如图2.9.5所示。栅极和源极之间由于是绝缘的，所以栅、源之间的输入端等效为无穷大电阻即断开；输出回路因漏极电流受栅源电压控制而等效为受控电流源。

　　将场效应管等效电路代入场效应管放大器的交流通路，就可对放大器进行交流分析。例如图 2.9.4(b)所示电路为共源极放大器，其微变等效电路如图 2.9.6 所示。

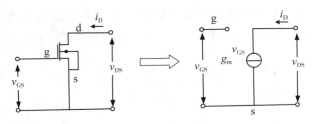

图 2.9.5　场效应管微变等效电路

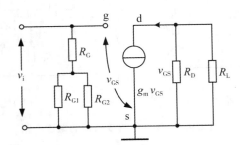

图 2.9.6　共源极放大器的微变等效电路

　　由图可知，该电路的电压放大倍数为

$$A_v = \frac{v_o}{v_i} = \frac{-g_m v_{GS}(R_D /\!\!/ R_L)}{v_{GS}} = -g_m(R_D /\!\!/ R_L)$$

输入电阻为

$$R_i = R_G + R_{G1} /\!\!/ R_{G2}$$

通常，R_G 为几兆欧，且 $R_G \gg R_{G1}$，$R_G \gg R_{G2}$，所以 $R_i \approx R_G$。

输出电阻为

$$R_o = R_D$$

第十节　放大电路的实际应用

一、电压放大电路的应用

　　图 2.10.1 所示为视频信号放大电路的部分电路图，它是一个多级放大电路，各级放大电路之间采用直接耦合方式。电压放大功能由三极管 T_1 所构成的分压式偏置放大电路

实现，三极管 T_1 的基极偏压是由 R_1 和 R_2 两个电阻对 $+150V$ 和 $-18V$ 直流电源分压得到，它的发射极接了两个偏置电阻 R_5 和 R_6，它们可以起到直流负反馈的作用来稳定静态工作点，R_5 的阻值较小为 750Ω，而 R_6 为 $10k\Omega$，$10k\Omega$ 的电阻并联了 $100\mu F$ 的旁路电容 C_5，这样一种设计在稳定静态工作点的同时，可以兼顾电压增益和输入电阻的问题；电阻 R_3 和电容 C_3 用来实现低频滤波，以改善电源低频扰动变化，C_4 为高频补偿电容。为了进一步使有效视频信号能加到后面的示波管管脚上，故后两级采用了"射随器"起阻抗匹配及缓冲作用，T_2 和 T_3 所构成的射随器分别产生两路输出信号 v_{o1} 和 v_{o2}。

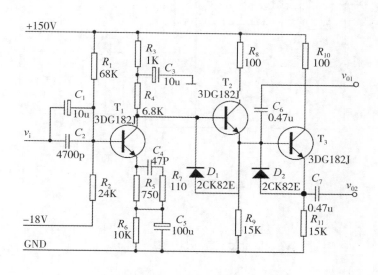

图 2.10.1　视频信号放大电路

二、功率放大电路的应用

瑞士的 FM 是世界顶级的音响品牌，它的音响产品贵的可以卖到几百万元，号称音响中的劳斯莱斯，图 2.10.2 所示是其中一款功放的电路原理图，整个电路可以分为前置电压放大和功率放大两级，电压放大部分采用的是差分式放大电路，可以有效地抑制零点漂移；功率放大部分采用的是互补对称结构，这里上下都采用了多管并联的方式，上面 4 个 NPN 管复合成一个 NPN 管，下面 1 个 PNP 管和 3 个 NPN 管复合成一个 PNP 管，由于音响对非线性失真要求很高，采用多管并联的方式，总的输出电流被多个三极管分担，这样可以使每个管子都工作在输出特性曲线的线性部分，从而减小非线性失真。可见，即使这么昂贵的产品，它所用到的基本电路结构是不变的，之所以贵，是贵在元器件的搭配选择以及精确度，还有后续的人工细调，所以电子电路的设计与制作要保持一丝不苟、精益求精的工匠精神。

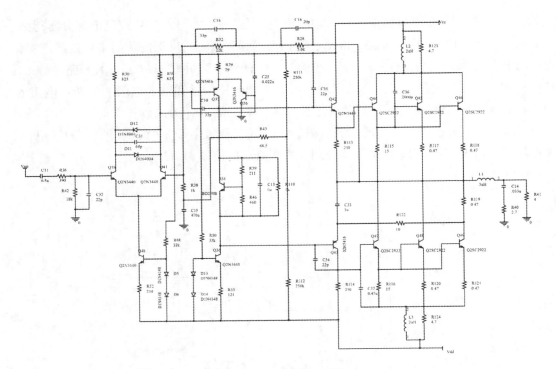

图 2.10.2 功放电路图

本 章 小 结

1. 晶体三极管是由两个 PN 结组成的电流控制型器件，按结构分为 NPN 和 PNP 两种类型，它的三个端子分别称为发射极 e、基极 b 和集电极 c。

2. 晶体三极管的电特性可用输入特性曲线和输出特性曲线表征。输出特性曲线可分为三个区域：放大区、截止区和饱和区。放大电路中晶体管应工作在放大区，必须满足发射结正偏，集电结反偏。三极管工作在饱和区或截止区则相当于开关，饱和区时三极管相当于开关接通，而工作在截止区时相当于开关断开。

3. 晶体三极管在放大电路中有三种接法，可接成三种基本组态的放大电路，即共发射极、共集电极和共基极放大电路。依据放大电路输出量与输入量之间的大小、相位关系，上述三种组态的放大电路可归结为反向电压放大电路、电压跟随器和电流跟随器。

4. 放大电路的分析包含静态分析和动态分析。静态分析可采用估算法和图解法，动态分析采用图解法或小信号模型分析法。图解法分析电路的工作点选择是否合适，是否产生失真以及功率放大电路比较方便，而小信号模型分析法适合分析低频小信号放大电路的增益、输入输出电阻和频率响应等动态指标。

5. 放大电路不仅要选择合适的工作点，而且工作点要稳定。引起放大电路工作点不稳定的主要因素是温度，常用的稳定工作点电路是分压式偏置放大电路。

6. 功率放大电路基本的要求是安全、高效、不失真地输出足够大的功率。功率放大电路在大信号状态下工作，应用图解法分析。常用功率放大电路有甲类、甲乙类、乙类、丙类等类型，其效率依次提高。集成功放和大功率器件也获得广泛应用。

7. 放大电路的非线性失真实验请扫描下方二维码观看。

8. 功率放大电路实验请扫描下方二维码观看。

思考题与习题

2.1 测得工作在放大电路中两个三极管的两个电极电流如图所示。
(1)求另一个电极电流，并在图中标出实际方向。
(2)判断是 NPN 还是 PNP 管，标出 e、c、b 极。

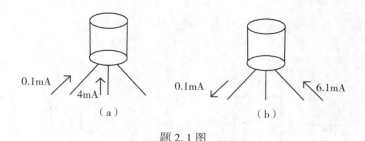

题 2.1 图

2.2 测得某放大电路中三极管的三个电极 A、B、C 的对地电位分别为 $V_A = -9V$，$V_B = -6V$，$V_C = -6.2V$，分析 A、B、C 中哪个是基极、发射极、集电极，并说明此三极管是 NPN 管还是 PNP 管。

2.3 测得某放大电路中三极管的三个电极电位如图所示，试判断管子分别工作在什么状态。

2.4 放大电路为什么要设置合适的静态工作点？

2.5 什么是放大电路直流通路？什么是放大电路交流通路？怎样画直流和交流通路？

2.6 三极管放大电路有哪几种组态？判断组态的基本方法是什么？

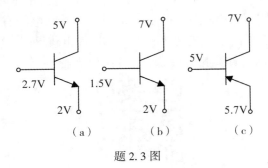

题 2.3 图

2.7　三种组态的放大电路各有什么特点?

2.8　多级放大电路常用的耦合方式有哪几种? 各有什么特点?

2.9　图示电路中, 试分析三极管分别工作在饱和、放大、截止状态时的 V_{CE} 值。

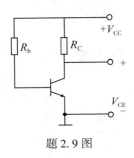

题 2.9 图

2.10　判断图中各电路对交流信号有无放大作用, 为什么?

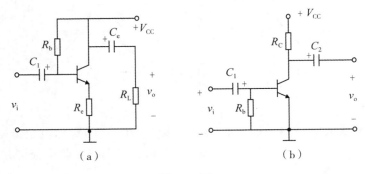

题 2.10 图

2.11　某放大电路和晶体管的输出特性曲线如图所示, 放大电路的交直流负载线已画于图中。试求:

(1) R_b、R_C、R_L 各为多少? β 为多少?

(2) 不失真的最大输入电压峰值为多少?

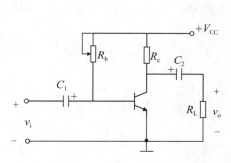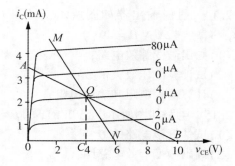

题 2.11 图

2.12 共射放大电路输入、输出波形如图所示，问图(b)(c)所示波形各产生了什么失真？怎样才能消除失真？

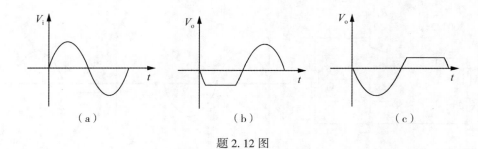

（a）　　　　　　　（b）　　　　　　　（c）

题 2.12 图

2.13 放大电路如图所示，$V_{CC}=24V$，$R_C=3.3k$，$R_L=1.5k\Omega$，$R_{B1}=33k\Omega$，$R_{B2}=10$，$\beta=66$。设 $R_S=0$。

（1）画出微变等效电路；

（2）计算晶体管的输入电阻；

（3）计算电压放大倍数；

（4）估算放大电路的输入电阻和输出电阻。

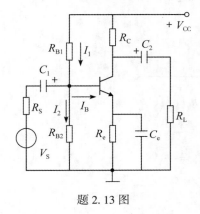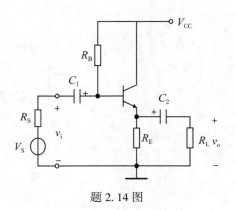

题 2.13 图　　　　　　　　　　　题 2.14 图

2.14　射极输出器如图所示，已知 $R_B = 300\text{k}\Omega$，$R_E = 5.1\text{k}\Omega$，$R_L = 2\text{k}\Omega$，$R_S = 2\text{k}\Omega$，$V_{CC} = 12\text{V}$，$\beta = 49$。

(1)画出微变等效电路；

(2)试计算电压放大倍数；

(3)计算输入电阻和输出电阻。

2.15　电路如图所示，已知 BJT 的 $\beta = 100$，$V_{BEQ} = -0.7\text{V}$。

(1)试估算该电路的 Q 点；

(2)画出微变等效电路图；

(3)求该电路的电压增益 A_v、输入电阻 R_i、输出电阻 R_o；

(4)若 v_o 中的交流成分出现如图所示的失真现象，问：是截止失真还是饱和失真？为消除此失真，应调整电路中的哪个元件？如何调整？

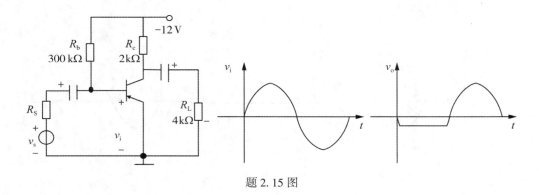

题 2.15 图

2.16　电路如图所示。

(1)当输入信号 $V_i = 10\text{V}$（有效值）时，求电路的输出功率 P_o，直流电源供给功率 P_E 和效率 η。

(2)当输入信号的幅值 $V_{im} = V_{CC} = 20\text{V}$ 时，求电路的输出功率 P_o，直流电源供给功率和效率。

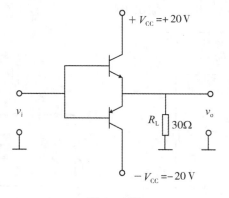

题 2.16 图

第三章 反馈电路

几乎所有实用放大电路都要引入反馈来改善放大电路某些方面的性能。反馈是指将放大电路输出回路中的电量(电压或电流)的一部分或全部,经过一定的电路(称为反馈回路)送回到输入回路,从而对放大电路的输出量进行自动调节的过程。反馈按其极性可分为两类,若引回的反馈信号削弱输入信号而使放大电路的放大倍数降低,称这种反馈为负反馈;若反馈信号增强输入信号而使放大电路的放大倍数增大,则称这种反馈为正反馈。无论正反馈还是负反馈,在电子电路中都获得广泛的应用。在放大电路中引入负反馈,可改善放大电路的性能,引入正反馈,则可构成振荡电路。

第一节 集成运算放大器

前面介绍的电子电路,由于构成电路的电子器件(二极管、三极管等)与电子元件(电阻、电容等)在结构上是各自独立的,因此,统称为分立元件电路。随着电子技术的发展,现在已可将许多元、器件及连接导线制作在一小块半导体基片上,构成具有一定功能的电路,这就叫集成电路(IC)。集成电路的出现,为电子设备的微型化、低功耗和高可靠性开辟了一条广阔的途径,降低了成本,减少了组装和调试难度,标志着电子技术发展到了一个新的阶段。

集成电路按功能不同,可分为两大类。一是模拟集成电路。用于放大或变换连续变化的电压和电流信号。它又分为线性集成电路和非线性集成电路。线性集成电路中,三极管工作在线性放大区,输出信号与输入信号呈线性关系,它包括集成运算放大器,集成功率放大器等。非线性集成电路中,三极管工作在非线性区,输出信号与输入信号呈非线性关系,例如集成开关稳压电源、集成混频器等。二是数字集成电路。主要用于处理数字信息,即处理离散的、断续的电压或电流信号。数字集成电路种类很多,将在后面的章节中作详细讨论。

在各种模拟集成电路中,以集成运算放大器发展最快,应用最广,目前已成为模拟集成电路中的一种主要电路形式,成为一种有代表性的通用放大电路。

集成运算放大器(OPAMP)实际上是一种高增益的直接耦合放大电路,简称集成运放。

集成运放的发展,从技术性能的角度,可以分成三个阶段:第一阶段是通用型集成运放的广泛应用,第二阶段研制出了具有某些方面高性能指标的专用集成运放,如高速型,高输入阻抗型,高压型,大功率型,低功耗型等;第三阶段则是致力于全部参数均为高性能指标的产品开发,并进一步提高集成度,从而实现在一个集成块内可容纳各自独立的多个运放等。目前，集成运放正在向高速、高压、低功耗、低漂移、低噪声、大功率方向继续发展。

一、集成运放结构

集成运算放大器通常是由输入级、中间级和输出级经直接耦合级联而成的。通过对各级电路形式的选择和技术指标的互相配合，从而实现较全面的放大电路指标要求。一般地说，为了达到低温漂、高共模抑制比和高输入电阻等要求，可以利用差动放大电路来作为输入级来实现；而高电压增益则主要依赖中间放大级实现；为了达到足够大的输出电压幅度并具有一定的负载能力，输出级往往采用乙类互补对称电路。

必须指出的是，在考虑集成运放的上述基本单元电路时，应充分注意到集成电路制造工艺上的下列特点：

（1）由于集成电路中众多的电子器件是在相同工艺条件和工艺流程上成批制造而成的，因而，同一组件内的各器件参数具有良好的一致性和同向偏差。

（2）集成电路是微电子技术产品，其芯片面积小，功耗很低，因此电路各部分的工作电流极小（几微安到几十微安）。为此电路中常采用恒流源电路来实现各放大级的微电流偏置。电路中的电阻元件是由硅半导体的体电阻构成的，阻值范围一般为几十欧姆到 2 万欧姆左右，阻值不大，且精度不易控制，所以集成电路中高阻值的电阻多用三极管等有源元件代替，或用外接电阻的方法解决。

（3）集成电路中的电容元件是利用 PN 结的结电容制成的，其容量不大（一般几十皮法），当电路中要求有较大电容时，集成技术将遇到困难。所以集成电路中应避免使用大电容，各级放大电路之间也只能采用直接耦合方式。此外，因半导体集成工艺不能制作电感元件，必要的电感元件必须依靠外接；二极管往往也用三极管改接而成。

综上，在集成电路设计中，必须充分利用上述各项特点，尽可能采用有源器件解决大电阻的制造困难。所以，集成运放电路在结构形式上与分立元件放大电路有较大的差异。

集成运算放大器的电路主要由四部分组成，如图 3.1.1 所示。

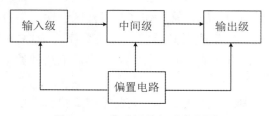

图 3.1.1　集成运放组成方框图

输入级通常由差动放大电路构成，目的是力求获得较低的零点漂移和较高的共模抑制比。作为集成运放的输入级，它有两个输入端，一端叫同相输入端，输入信号（对地）在此端输入时，集成运放输出信号与输入信号相位相同；另一端叫反相输入端，输入信号（对地）加在此端时，输出信号与输入信号相位相反。

中间级由多级共发射极放大电路构成，具有足够高的电压放大倍数。输出级普遍采用射极输出器或互补对称电路，其输出电阻低，具有较强的带负载能力。偏置电路一般由电流源电路构成，其作用是给上述各级电路提供稳定的偏置电流，以保证具有合适的静态工作点。

集成运算放大器电路符号如图 3.1.2 所示。其中，与输出端极性相同的输入端称为同相输入端，与输出端极性相反的输入端称为反相输入端，分别用"+"和"−"表示。其相应电位则分别用 v_P 和 v_N 表示之。输出端用 v_o 表示。

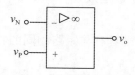

图 3.1.2　集成运算放大器电路符号

二、集成运放特性

集成运放与外电路连接方式不同，即在它的输入与输出之间接入不同的反馈网络，使得它可能工作在线性区，也可能工作在非线性区，在两个不同的工作区域，集成运放的传输特性是不同的。利用这一特点，适当设计电路及选取元器件参数，就能用集成运放来实现信号的运算、处理、产生等功能。

集成运放的传输特性如图 3.1.3 所示，当输入信号幅度很小时，集成运放工作在放大状态，集成运放的输出电压与其两个输入端的电压之间是线性关系；当输入信号幅度比较大时，集成运放的工作范围将超出线性放大区域而到达非线性区，此时集成运放的输出、输入信号之间将不再是线性关系，而输出电压的值只有两种可能，或等于运放的正向最大输出电压，或等于其负向最大输出电压。

由于集成运放工艺水平的不断改进，集成运放产品的各项性能指标越来越好，因此，在实际应用中，为了简化电路的计算，通常将实际运放视为理想运放，由此造成的

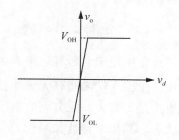

图 3.1.3　集成运放的传输特性

误差，在工程上是允许的。所谓理想运放，就是将集成运放的各项性能指标理想化，即认为集成运放的各项性能指标满足下列条件：

开环差模电压增益 $A_{vd} \rightarrow \infty$ ；

差模输入电阻 $R_{id} \rightarrow \infty$ ；

输出电阻 $R_o \rightarrow 0$；

共模抑制比 $K_{CMR} \rightarrow \infty$ ；

输入偏置电流 $I_{B1} = I_{B2} = 0$；

输入失调电压、失调电流及温漂均为 0，等等。

（一）线性放大状态

理想集成运放工作在线性区时，有两个重要特点——"虚短"和"虚断"。

设集成运放同相输入端和反相输入端的电位分别为 v_P 和 v_N，电流分别为 i_P 和 i_N。当集成运放工作在线性区时，输出电压与输入差模电压呈线性关系。即

$$v_o = A_{vd}(v_P - v_N) \qquad (3.1.1)$$

由于 v_o 为有限值，对于理想集成运放 $A_{vd} \to \infty$，因而 $v_P - v_N = 0$。即

$$v_P = v_N \qquad (3.1.2)$$

式（3.1.2）说明，运放的输入端具有与短路相同的特征，把这种情况称为两个输入端"虚假短路"，简称"虚短"。

因为理想运放的输入电阻为无穷大，所以流入理想运放两个输入端的输入电流 i_P 和 i_N 也为零。即

$$i_P = i_N = 0 \qquad (3.1.3)$$

式（3.1.3）说明集成运放的两个输入端具有与断路相同的特征，把这种情况称为两个输入端"虚假断路"，简称"虚断"。

注意，"虚短"和"虚断"与输入端真正的短路和断路有本质区别，不能简单替代。对于工作在线性区的运放，"虚短"和"虚断"是非常重要的两个概念，这两个概念是分析集成运放电路的基本依据。为了使运放工作在线性区，必须在电路中引入深度负反馈，后面将举例介绍。

（二）饱和工作状态

在电路中，若理想集成运放工作在开环状态或正反馈的状态下，因 $A_{vd} \to \infty$，所以即使两个输入端之间有无穷小的输入电压，根据电压放大倍数的定义，运放的输出电压 v_o 也将是无穷大。无穷大的电压值超出了运放输出的线性范围，使运放电路进入非线性工作状态。其传输特性如图 3.1.3 所示。

集成运放电路工作在非线性状态即饱和状态有两个特点：

（1）输出电压 v_o 只有两种可能的情况。当 $v_P > v_N$ 时，输出 v_o 为高电平 V_{OH}；当 $v_P < v_N$ 时，输出 v_o 为低电平 V_{OL}。

（2）由于理想运放的差模输入电阻为无穷大，故净输入电流为零，即 $i_P = i_N = 0$。由此可见，集成运放工作在非线性状态仍具有"虚断"的特点。

三、集成运放的主要参数

集成运算放大器的参数是评价集成运算放大器性能优劣的重要标志。了解这些参数的含义和数值范围，对于正确选择和使用集成运算放大器是非常必要的。下面介绍集成运算放大器的主要参数。

（一）开环差模电压放大倍数 A_{vd}

集成运算放大器输出端开路，无信号反馈时，输出信号电压 v_o 与两个输入端信号电压之差 $v_p - v_N$ 的比值称为开环差模电压放大倍数 A_{vd}，记为

$$A_{vd} = \frac{v_o}{v_p - v_N}$$

A_{vd} 值越大越稳定，运算精度亦越高。目前高质量集成运算放大器的 A_{vd} 值已达 160dB（10^8 倍），通用型集成运算放大器 A_{vd} 值约为 100dB（10^5 倍）。

（二）差模输入电阻 R_{id}

差模输入电阻是指集成运算放大器两输入端之间的差模等效电阻。这个电阻值越大，表明运算放大电路从输入信号源索取的电流就越小，运算精度亦越高。通用型运放 $R_{id} \approx 1 \sim 2M\Omega$。

（三）差模输出电阻 R_{od}

集成运算放大器输出级的输出电阻称为开环输出电阻。该电阻越小，集成运算放大器带负载的能力就越强。通用型运放 $R_{od} \approx 200 \sim 600\Omega$。

（四）共模抑制比 CMRR

集成运算放大器的差模电压放大倍数与共模电压放大倍数之比的绝对值称为共模抑制比，用 CMRR 表示。CMRR 越大，说明集成运算放大器的共模抑制性能越好，一般应在 80dB（10^4 倍）以上，高质量运放可达 160dB（10^8 倍）。

（五）最大输出电压 V_{OM}、最大输出电流 I_{OM}

集成运算放大器输出的不失真的最大峰值电压值称为最大输出电压，这时能给出的输出电流称为最大输出电流。在标称电源电压下，V_{OM} 值约为 ±10V，I_{OM} 值则在 2～20mA 范围。

（六）输入失调电压 V_{IO}

因工艺上的误差，集成运算放大器的差动输入级不可能完全对称，导致输入电压为零时，输出电压不为零，称为运放失调。欲使输出电压为零，必然要在输入端加一个很小的补偿电压，这就是输入失调电压 V_{IO}，一般在 10mV 以下，其值越小越好，理想运放 $V_{IO} \rightarrow 0$。

（七）电源电压

集成运算放大器一般都采用正、负电源同时供电。通用型运放正、负电源电压为 ±5～±18V，标称值 ±15V。

第二节 反馈概念

前面已讨论了集成运放，由于失调、温漂等因素的影响，使得集成运放在"开环"条件下无法正常放大。在放大电路中引入负反馈能够大大改善其性能指标。可以说，放大电路借助于负反馈才得以稳定的工作。

一、反馈放大电路的组成

负反馈放大电路的方框图如图3.2.1所示。为简单起见，不考虑频率的影响，认为所有的参量都是实数。它由基本放大电路与反馈网络组成，符号$\otimes$表示比较环节，x_i为输入信号，x_o为输出信号，x_f为反馈信号，与输出信号之比叫反馈系数，记为

$$F = \frac{x_f}{x_o} \tag{3.2.1}$$

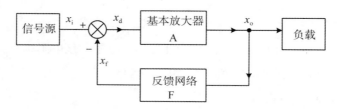

图3.2.1 负反馈放大电路的方框图

图3.2.1中，x_d是基本放大电路的净输入信号，x_i和x_f旁边标的"+""−"号表示这两个信号在比较环节中相减，即

$$x_d = x_i - x_f \tag{3.2.2}$$

图3.2.1中的箭头表示信号的传递方向。上述各种信号可能是电压，也可能是电流，视电路的具体结构而定。可以看出，基本放大电路在未加反馈网络时，信号只有一个传递方向，从输入到输出，这种情况称为开环。此时，基本放大电路的放大倍数叫开环放大倍数A，它等于输出信号x_o与净输入信号x_d之比，即

$$A = \frac{x_o}{x_d} \tag{3.2.3}$$

当基本放大电路加上反馈网络之后，除存在上述信号正向传递之外，还存在着反馈信号从输出到输入的反向传递。基本放大电路与反馈网络构成闭合环路，所以这种情况叫闭环。此时负反馈放大电路的放大倍数称为闭环放大倍数A_f，它等于输出信号x_o与输入信号x_i之比，即

$$A_f = \frac{x_o}{x_i} \tag{3.2.4}$$

依据式(3.2.1)~式(3.2.4)可得

$$A_f = \frac{A}{1 + AF}$$

(3.2.5)

此式称为反馈放大电路的基本方程式。

令式(3.2.5)中的分母为 T，$T = 1 + AF$，它的大小反映了反馈对放大电路性能指标的影响程度，称为反馈深度。由于一般情况下，A 和 F 都是频率的函数，即它们的幅值和相位角都是频率的函数。当考虑信号频率的影响时，A_f、A 和 F 分别用 $\dot{A}_f$、$\dot{A}$ 和 $\dot{F}$ 表示。下面讨论反馈深度为不同值时的几种情况：

(1)当 $|1 + \dot{A}\dot{F}| > 1$ 时，$\dot{A}_f < \dot{A}$，表示放大电路引入了负反馈。显然，负反馈使闭环增益下降，下降的原因是由于净输入信号 $x_d = x_i - x_f$ 被削弱了，$\dot{A}$ 并没有丝毫下降。

(2)当 $|1 + \dot{A}\dot{F}| \gg 1$ 时，式(3.2.5)可简化为

$$|\dot{A}_f| = \frac{1}{|\dot{F}|}$$

(3.2.6)

这种情况称为深度负反馈。此时闭环增益几乎只取决于反馈系数，而与 $\dot{A}$ 无关。负反馈放大电路常设计成这种工作状态，具有很大的实用价值。

(3)当 $|1 + \dot{A}\dot{F}| < 1$ 时，$|\dot{A}_f| > |\dot{A}|$，表示放大电路引入了正反馈。正反馈使闭环增益提高，这是由于净输入信号 $x_d = x_i + x_f$ 增大造成的。

(4)当 $|1 + \dot{A}\dot{F}| \to 0$ 时，$|\dot{A}_f| \to \infty$，这意味着反馈放大电路即使在没有外加信号($x_i \to 0$)的情况下，也仍然有一定幅度、一定频率的输出信号 x_o 存在，这种状态称为自激，放大电路应尽量避免这种工作状态。

二、反馈的分类

在实际放大电路中，可以根据不同的要求引入各种不同类型的反馈。反馈的分类方法也有多种，下面分别介绍。

(一)正反馈和负反馈

根据反馈的极性不同，可以分为正反馈和负反馈，在图3.2.1中，引入反馈后，若原输入信号和反馈信号叠加的结果是使净输入减小($x_d < x_i$)，从而使闭环增益减小，则为负反馈，负反馈可改善放大电路多方面的性能，在放大电路中有广泛的应用；反之($x_d > x_i$)，则为正反馈，一般说来，正反馈主要应用于信号的产生和变换电路，很少在放大电路中单独使用。

(二)局部反馈与越级反馈

反馈网络在电路中的明显特征是跨接在输入回路和输出回路之间，例如在图3.2.2中，就有三个反馈网络：一是 R_{E1}，跨接在第一级输出与输入之间，二是 R_{E2}，跨接在第

69

二级输出与输入之间，三是 R_{F1} 和 R_{E1}，跨接在第二级输出与第一级输入之间。反馈一和反馈二属于局部反馈，反馈三属于越级反馈，由于越级反馈引入的反馈深度比局部反馈深，反馈效果较明显，所以通常当局部反馈与越级反馈共存时，只讨论越级反馈。

（三）直流反馈与交流反馈

在反馈信号中存在直流成分，称为直流反馈；存在交流成分，称为交流反馈。通常电路中直流反馈的作用是稳定静态工作点，对动态性能没有影响，所以通常只讨论交流反馈及其对电路性能的影响。例如在图 3.2.2 中，反馈一既有交流反馈又有直流反馈，只讨论交流反馈，反馈二、反馈三只有直流反馈，不做讨论。

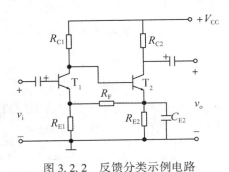

图 3.2.2　反馈分类示例电路

（四）并联反馈与串联反馈

根据反馈信号与外加输入信号在放大电路输入回路中的比较对象不同来分类，可以分为并联反馈与串联反馈。在并联反馈中，反馈网络并联连接在基本放大电路的输入回路上，如图 3.2.3(a)所示。此时，输入信号、反馈信号和净输入信号均以电流形式体现三者的求和关系，对于负反馈，则有 $i_d = i_i - i_f$，说明 i_f 对输入电流 i_i 起着分流作用。在串联反馈中，反馈网络串联连接在基本放大电路的输入回路中，如图 3.2.3(b)所示。此时，输入信号、反馈信号和净输入信号均以电压形式体现三者的求和关系，对于负反馈，则有 $v_d = v_i - v_f$，说明反馈电压 v_f 起着部分抵消输入电压的作用。由此可知，从输入端看，比

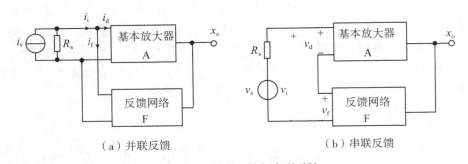

（a）并联反馈　　　　　　　　　　　（b）串联反馈

图 3.2.3　并联反馈与串联反馈

较电流的是并联反馈，比较电压的是串联反馈。

（五）电压反馈与电流反馈

根据反馈信号对输出回路的取样对象不同，可分为电压反馈与电流反馈。在电压反馈中，反馈网络、负载和基本放大电路三者是并联关系，如图 3.2.4(a) 所示。反馈信号 x_f 对输出电压 v_o 取样且正比于 v_o，即 $x_f = Fv_o$；在电流反馈中，反馈网络、负载和基本放大电路三者是串联关系，如图 3.2.4(b) 所示。反馈信号 x_f 对输出电流 i_o 取样且正比于 i_o，即 $x_f = Fi_o$。

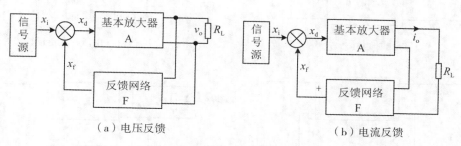

（a）电压反馈　　　　　　　　　　　（b）电流反馈

图 3.2.4　电压反馈与电流反馈

电压负反馈的特点是使放大电路输出电压维持恒定。在输入信号 x_i 一定的情况下，当负载 R_L 减小时，将引起放大电路输出电压 v_o 降低，于是反馈 x_f（Fv_o）将随之减小，促使放大电路的净输入电压 x_d（$x_i - x_f$）增大，于是输出电压 v_o 回升。电路的这种自动调整过程可简化表述如下：

$$R_L\downarrow \to v_o\downarrow \to x_f\downarrow \to x_d\uparrow$$
$$v_o\uparrow \leftarrow$$

当负载电阻 R_L 增大时，电路将进行与上述相反的自动调整过程。可见，电压负反馈可以稳定输出电压。

电流负反馈的特点是使放大电路输出电流维持恒定。在输入信号 x_i 一定的情况下，若负载 R_L 减小时，将引起放大电路输出电流 i_o 增大，这时电路中将会发生如下自动调整过程：

$$R_L\downarrow \to i_o\uparrow \to x_f\uparrow \to x_d\downarrow$$
$$i_o\uparrow \leftarrow$$

当负载电阻 R_L 增大时，电路将进行与上述相反的自动调整过程。可见，电流负反馈可以稳定输出电流。

一般说来，基本放大电路和反馈网络都是双端口网络，综合它们在输入、输出端上的不同连接方式可以有四种组合，从而构成四种负反馈类型，即：电压串联负反馈、电压并联负反馈、电流串联负反馈和电流并联负反馈，具体的组成框图如图 3.2.5 所示。

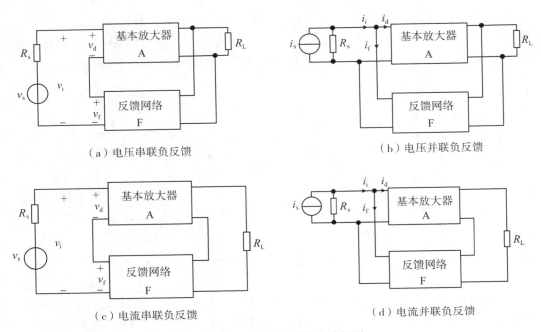

图 3.2.5 四种类型反馈电路框图

三、反馈类型的判别方法

交流负反馈类型的不同，对放大电路性能指标的影响就会有所差异。所以学会判别负反馈的类型是非常重要的。

(一)找出反馈网络(元件)

在电路中，首先要确定反馈网络，思路是寻找跨接在输入回路与输出回路网络，即把放大电路的输出回路与输入回路联系起来的网络(元件)。注意电源线和地线是不传输信号的，不能看作反馈。

(二)判断反馈极性

找到反馈网络后，要判断该网络引入反馈的正负，通常采用瞬时极性法，其方法为：设在某时刻放大电路输入信号电压的瞬时极性为"+"，然后依据输入信号传输路径确定电路各点的电压瞬时极性，最后判断反馈到输入端的信号是增强了还是削弱了原输入信号，从而确定反馈极性的正负。

(三)判断并联反馈与串联反馈

依据反馈网络(元件)在放大电路输入端的连接方式确定反馈类型。通常采用信号源短路法,即假设将放大电路的信号源对地交流短路,观察反馈信号是否依然存在,在图3.2.3(a)中反馈消失,为并联反馈;而在图3.2.3(b)中反馈仍然存在,为串联反馈。

(四)判断电压反馈与电流反馈

依据反馈网络(元件)在放大电路输出端的连接方式确定反馈类型。通常采用负载短路法,即假设将放大电路的负载交流短路,观察反馈是否依然存在,在图3.2.4(a)中反馈消失,为电压反馈;在图3.2.3(b)中反馈仍然存在,为电流反馈。

通过对电压反馈,电流反馈,并联反馈、串联反馈的分析可知,反馈信号若由放大电路信号输出端引出,是电压反馈,否则为电流反馈,反馈信号若加到放大电路信号输入端,是并联反馈,否则为串联反馈。

例3.2.1 试分析图3.2.6所示电路的反馈极性及类型。

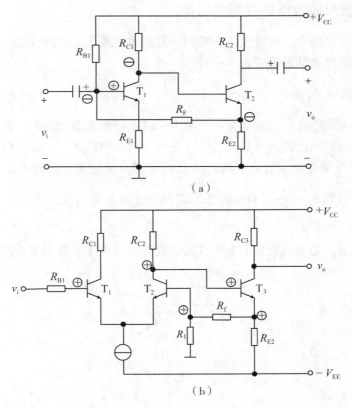

图3.2.6 例3.2.1电路

73

图 3.2.6(a)电路中，输出回路 T_2 的发射极与输入回路 T_1 基极通过电阻 R_f、R_{E2} 建立了联系，所以 R_f、R_{E2} 构成反馈网络。反馈信号直接加到输入信号注入端 T_1 基极(反馈网络与信号源并联)，所以是并联反馈。反馈信号不是直接由输出端 T_2 的集电极引出(反馈网络与负载 R_L 串联)，所以是电流反馈。设某瞬时输入电压 v_i 对"地"的极性为正，由于三极管 T_1 集电极电压与基极电压极性相反，发射极电压与基极电压极性相同，所以 T_1 集电极电压对"地"极性为负，T_2 发射极电压对"地"极性也为负，电路中产生的反馈电流 i_f 的方向如图，使净输入电流 $i_d = i_i - i_f$ 减小，说明是负反馈。所以，该电路为电流并联负反馈放大电路。

图 3.2.6(b)电路中，输出回路与输入回路通过电阻 R_f、R_1 建立了联系，所以 R_f、R_1 构成反馈网络。设某瞬时输入电压 v_i 对"地"的极性为正，则 T_2 集电极电压对"地"极性为正，T_3 发射极电压对"地"极性也为正，经反馈网络 R_f 与 R_1 分压后得 T_2 基极上的反馈电压 v_f 对"地"的极性亦为正，使净输入电压 $v_d = v_i - v_f$ 减小，因此，该电路引入的反馈是负反馈。反馈信号由输出端引出(反馈网络与负载并联)，依赖输出电压 v_o 而存在，因此属电压反馈；反馈信号没有加到输入信号注入端(反馈网络与信号源串联)，所以是串联反馈。综上，此电路为电压串联负反馈放大电路。

四、负反馈对放大电路性能的影响

在实用的放大电路中，都会引入一定的负反馈改善放大电路的性能。引入不同类型的负反馈，对放大电路性能的改善也不一样。

(一)提高放大倍数的稳定性

由于环境温度的变化、元件老化、电源电压波动以及负载变动等，都会使电路参数发生变化，从而引起放大电路开环放大倍数 A 变化。引入负反馈后，电压负反馈能稳定输出电压 v_o，电流负反馈能稳定输出电流 i_o，总的来说，就是能稳定放大倍数。在深度负反馈时，闭环放大倍数 $A_f = \dfrac{1}{F}$，只取决于反馈网络，而与基本放大电路无关，所以放大倍数比较恒定。

在一般情况下，为了从数量上表示放大倍数的恒定程度，常用增益的相对变化量来评定。由

$$A_f = \frac{A}{1 + AF}$$

对 A 求导数得

$$dA_f = \frac{dA}{(1 + AF)^2}$$

两边同除以 A_f 得

$$\frac{dA_f}{A_f} = \frac{1}{1 + AF} \frac{dA}{A}$$

上式表明，负反馈放大电路闭环放大倍数相对变化量是开环放大倍数相对变化量的 $\frac{1}{1 + AF}$ 倍。或者说，引入负反馈后使放大电路放大倍数的稳定性提高了 $1 + AF$ 倍。

（二）减小非线性失真

放大电路的非线性失真是由于三极管的非线性引起的，在放大电路中加上负反馈后，可以有效地减小非线性失真。

例如，图 3.2.7(a) 所示是一个未加负反馈的放大电路。在输入正弦信号电压 v_i 幅度较大时，假定产生非线性失真，输出电压 v_o 的波形是正半周大，负半周小。

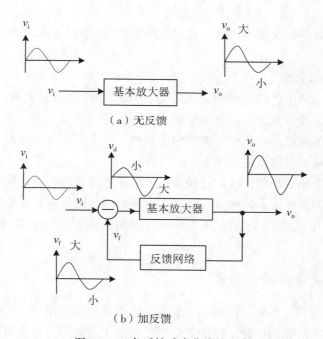

图 3.2.7 负反馈减小非线性失真

图 3.2.7(b) 所示为上述放大电路加上负反馈后的波形图。反馈电压 v_f 的波形与输出电压 v_o 的波形相似，也是正半周大，负半周小。于是净输入电压 $v_d = v_i - v_f$ 带有相反的失真，正半周小，负半周大。这种带有预失真的净输入电压 v_d 经放大电路放大以后，将使输出电压 v_o 的非线性失真得到补偿，输出波形接近于正弦波。可见，负反馈减小非线性失真的实质就是利用失真了的输出信号经负反馈去调节净输入信号，以补偿输出信号的失真。

（三）改变输入电阻和输出电阻

1. 对输入电阻的影响

负反馈对放大电路输入电阻的影响取决于反馈网络与放大电路输入端的连接方式。对于串联负反馈，反馈信号、输入信号、净输入信号均以电压形式出现，如图 3.2.5(a)(c)

所示，若 R_i 为放大电路的开环输入电阻，且

$$R_i = \frac{v_d}{i_i}$$

R_{if} 为放大电路闭环输入电阻，且

$$R_{if} = \frac{v_i}{i_i}$$

当电路一定，则 R_i 一定，净输入电压 $v_d = v_i - v_f < v_i$，所以

$$R_{if} > R_i$$

这就是说，串联负反馈可以提高放大电路的输入电阻，且负反馈越深，输入电阻增大越多。

同样的道理，并联负反馈可以降低放大电路的输入电阻，负反馈越深，输入电阻减小越少。

2. 对输出电阻的影响

在负反馈放大电路中，输出电阻的大小取决于反馈网络与放大电路输出端的连接方式，而与输入端的连接方式无关。电压反馈中，由于基本放大电路、反馈网络彼此并联，从而引起输出电阻的降低。电流负反馈的情况相反，由于基本放大电路、反馈网络彼此串联，故而引起放大电路的输出电阻增大。

另外，也可换个角度理解。我们已经知道，电压负反馈能够稳定输出电压，使放大电路接近于恒压源，而恒压源内阻很低，故放大电路的输出电阻降低；电流负反馈能够稳定输出电流，使放大电路接近于恒流源，而恒流源的内阻很高，故放大电路的输出电阻增大。

（四）展宽放大电路的通频带

由于引入负反馈后，各种原因引起的放大倍数的变化都将减小，当然也包括因信号频率变化而引起的放大倍数的变化，因此其效果是展宽了通频带。在运算放大电路内部，各级之间采用直接耦合方式，故其幅频特性应如图 3.2.8 所示。引入负反馈后，由于中、低频段的电压放大倍数最大，负反馈作用最强，放大倍数下降最多；在高频段，因电压放大

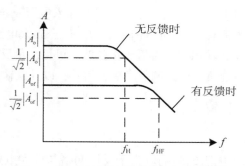

图 3.2.8 负反馈展宽了放大电路的频带

倍数减小，负反馈作用比中、低频段弱，因而放大倍数下降也较少，使上限频率从 f_H 提高到 f_{HF}，故负反馈展宽了放大电路的通频带。

第三节 运 算 电 路

集成运放最早的应用是实现模拟信号的运算，至今，虽然数字计算机的发展在许多方面替代了模拟计算机，但在物理量的探测、自动调节、测量仪表等系统中，完成信号的运算仍然是集成运放一个重要而基本的应用领域，本节将介绍基本的运算电路。

一、比例运算电路

理想运放由于增益为无穷大，所以必须引入负反馈才能工作在线性状态。在集成运算放大器中引入负反馈只有一种电路结构，即将输出信号反馈回反相输入端，在此基础上，若输入信号加在反相输入端构成反相放大电路，反之构成同相放大电路。反相放大电路和同相放大电路是最基本的线性运算电路，是其他各种运算电路的基础，本章后面将要介绍的加、减法电路，微分、积分电路，对数、指数电路等，都是在其基础上加以扩展或演变后得到的。

(一)反相比例放大电路

反相比例放大电路如图 3.3.1 所示。R_1、R_f 引入电压并联负反馈。输入电压 v_i 经 R_1 接至集成运放的反相输入端 N，同相输入端 P 通过电阻 R 接地。电阻 R 称为电路的平衡电阻，为了保证运放电路工作在平衡的状态下，R 阻值应等于从运放的反相输入端往外看除源以后的等效电阻即

$$R = R_1 \mathbin{/\mkern-5mu/} R_f \qquad (3.3.1)$$

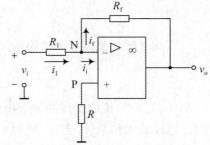

图 3.3.1 反相放大电路

在 v_i 作用下，设流过电阻 R_1 的电流为 i_1，流过电阻 R_f 的电流为 i_f，流进运算放大电路的电流为 i_i。

根据虚断概念，得 $i_i = 0$，$i_1 = i_f$，

根据虚短概念，可得 $v_N = v_P$。由于 $v_P = 0$，所以 $v_N = 0$，这种状态称为反相输入端处于"虚地"状态，是反相比例放大电路的重要特征。于是有

$$\frac{v_i}{R_1} = \frac{v_o}{R_f} \qquad (3.3.2)$$

因此，反相比例放大电路的闭环电压放大倍数为

$$A_{vf} = \frac{v_o}{v_i} = -\frac{R_f}{R_1} \qquad (3.3.3)$$

由于反相输入端"虚地"，显而易见，电路的输入电阻为

$$R_{if} = R_1 \qquad (3.3.4)$$

综合以上分析，对反相比例放大电路可以归纳得出以下结论：

(1)在理想情况下，反相输入端电位等于零，称为"虚地"。因此，加在集成运放输入端的共模输入电压很小。

(2)电压放大倍数的大小取决于两电阻的比值，而与集成运放内部各项参数无关，负号说明输出电压与输入电压相位相反。

(3)当 $R_1 = R_f$ 时，$A_{vf} = -1$，称为反相器。

(4)由于引入深度电压并联负反馈，因此电路的输入电阻不高，输出电阻很低。

(二)同相比例放大电路

同相比例放大电路如图 3.3.2 所示。电路结构与反相比例放大电路相类似，但输入电压 v_i 加到同相端，反馈组态为电压串联负反馈。根据"虚短"的概念

$$V_N = V_P = V_i$$

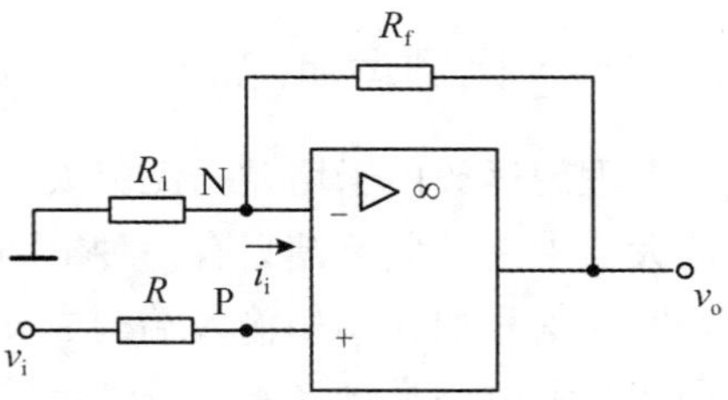

图 3.3.2 同相比例运算电路

所以，同相放大电路不存在虚地，加在输入端是一对共模信号，这是同相比例放大电路的重要特征。为了减小输出信号中共模信号带来的误差，使用时应选用共模抑制比高的运放。

根据虚断概念

$$v_N = \frac{R_1}{R_1 + R_f} v_o \tag{3.3.5}$$

则

$$\frac{R_1}{R_1 + R_f} v_o = v_i \tag{3.3.6}$$

因此，同相比例放大电路的闭环电压放大倍数为

$$A_{vf} = \frac{v_o}{v_i} = 1 + \frac{R_f}{R_1} \tag{3.3.7}$$

式(3.3.7)说明，同相放大电路电压放大倍数总是大于或等于1。当反馈电阻 R_f 为零时，电压放大倍数 $A_{vf} = 1$，此时电路如图 3.3.3 所示，由于该电路输入输出电压不仅幅值相等，而且相位也相同，所以又称为电压跟随器。

综上所述，同相比例放大电路有以下几个特点：

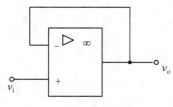

图 3.3.3 电压跟随器

(1)同相放大电路不存在"虚地"现象，在选用集成运放时，应考虑到其输入端可能具有较高的共模输入电压。

(2)电压放大倍数的大小取决于两电阻的比值，与集成运放内部参数无关，且输出电压与输入电压相位相同，一般情况下放大倍数大于1，电压跟随状态时为1。

(3)由于引入了深度电压串联负反馈，因此电路的输入电阻很高，输出电阻很低。

反相比例放大电路和同相比例放大电路是构成加、减运算电路的基本单元,它们的闭环电压放大倍数表达式(见式(3.3.3)、式(3.3.7))可作为公式来使用。

例 3.3.1 放大电路如图 3.3.4 所示。设 $R_1 = 1\text{k}\Omega$,$R_f = 100\text{k}\Omega$,$R_2 = 100\text{k}\Omega$,$R_3 = 100\text{k}\Omega$。当输入电压 $v_i = 50\text{mV}$ 时,试求输出电压 v_o 的值。

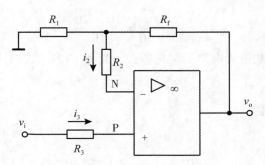

图 3.3.4 例 3.3.1 放大电路

解:由电路可看出这是个同相放大电路,与图 3.1.2 相比,增加了电阻 R_2,但根据"虚断",$i_2 = 0$,所以 R_2 上压降为 0,可看做短路,由此可得其电压放大倍数与图 3.1.2 电路完全相同,即

$$A_{vf} = \frac{v_o}{v_i} = 1 + \frac{R_f}{R_1} = 101$$

$$v_o = A_{vf} v_i = 101 \times 50 \times 10^{-3} = 5.05(\text{V})$$

例 3.3.2 放大电路如图 3.3.5 所示。设 $R_1 = 10\text{k}\Omega$,$R_f = 20\text{k}\Omega$,$R_2 = 20\text{k}\Omega$,$R_3 = 10\text{k}\Omega$。试求该电路的闭环电压放大倍数 A_{vf}。

解:根据"虚断",有

$$v_P = \frac{R_3}{R_2 + R_3} v_i, \qquad v_N = \frac{R_1}{R_1 + R_f} v_o$$

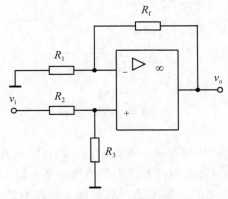

图 3.3.5 例 3.3.2 放大电路

根据"虚短"，有 $v_\mathrm{P} = v_\mathrm{N}$，即 $\dfrac{R_3}{R_2 + R_3} v_\mathrm{i} = \dfrac{R_1}{R_1 + R_\mathrm{f}} v_\mathrm{o}$

所以
$$A_\mathrm{vf} = \frac{v_\mathrm{o}}{v_\mathrm{i}} = \frac{R_3}{R_2 + R_3}\left(1 + \frac{R_\mathrm{f}}{R_1}\right) \tag{3.3.8}$$

代入数据得
$$A_\mathrm{vf} = \frac{10}{20 + 10} \times \frac{10 + 20}{10} = 1$$

图 3.3.5 所示是同相放大电路的常见形式，其 A_vf 的表达式(3.3.8)可作为公式使用。

二、加减运算电路

(一)加法运算电路

加法运算电路的功能是对若干个输入信号实现求和运算。加法电路可以用反相输入运放组成反相加法器，也可以用同相输入运放组成同相加法器。

1. 反相加法电路

在反相放大电路中，增加若干个输入端，可实现输出电压与若干个输入电压之和成比例，即反相加法电路。图 3.3.6 所示为三输入端加法电路。根据式(3.3.3)，利用叠加原理有

$$v_\mathrm{o} = -\frac{R_\mathrm{f}}{R_1} v_1 - \frac{R_\mathrm{f}}{R_2} v_2 - \frac{R_\mathrm{f}}{R_3} v_3$$

当满足 $R_1 = R_2 = R_3 = R_\mathrm{f}$ 时，有
$$v_\mathrm{o} = -(v_1 + v_2 + v_3)$$

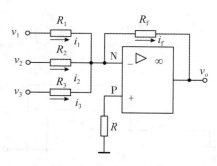

图 3.3.6 反相加法器

若在图 3.3.6 所示电路输出端再接一级反相器，则可消去式中负号，实现完全符合常规的算术加法。这种反相输入加法电路的优点是当改变某一输入回路的电阻时，仅仅改变输出电压与该路输入电压之间的比例关系，对其他电路没有影响，因此调节比较灵活方便。另外，由于 v_N 是"虚地"，因此加在集成运放输入端的共模电压很小。在实际工作中，

反相输入方式的加法电路应用比较广泛。

2. 同相加法电路

如图 3.3.7 所示电路是同相输入加法电路，也是同相运放电路扩展的结果。根据式（3.3.8），利用叠加原理有

$$v_o = \left(1 + \frac{R_f}{R_1}\right)\left(\frac{R_3 /\!/ R}{R_2 + R_3 /\!/ R}v_1 + \frac{R_2 /\!/ R}{R_3 + R_2 /\!/ R}v_2\right)$$

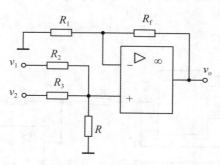

图 3.3.7 同相加法器

由上式可见，该电路能够实现同相求和运算。但是系数与各输入回路的电阻都有关，因此当调节某一回路的电阻以达到给定的关系时，其他各路的输入电压与输出电压之比也将随之变化，常常需要反复调节才能将参数值最后确定，估算和调试的过程比较麻烦。此外，由于不存在"虚地"现象，集成运放承受的共模输入电压也比较高。

(二)减法运算电路

减法运算电路的功能是对两个输入信号实现减法运算。其典型电路如图 3.3.8 所示。

从电路结构上来看，它是反相输入和同相输入相结合的放大电路，R_f 和 R_1 构成反馈网络，引入深度负反馈。利用叠加原理有

$$v_o = \left(1 + \frac{R_f}{R_1}\right)\frac{R_2}{R_2 + R_3}v_2 - \frac{R_f}{R_1}v_1$$

当选取电阻值满足 $R_1 = R_2$、$R_3 = R_f$ 时，则有

$$v_o = \frac{R_f}{R_1}(v_2 - v_1)$$

即输出电压 v_o 与两输入电压之差 $v_2 - v_1$ 成正比，所以图 3.3.8 所示减法运算电路实际上就是一个差动运算放大电路，其电压放大倍数

$$A_{vf} = \frac{v_o}{v_2 - v_1} = \frac{R_f}{R_1}$$

当进而取 $R_f = R_1$，则

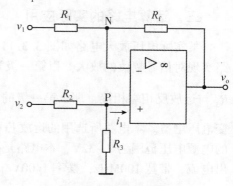

图 3.3.8 减法运算电路

$$A_{vf} = \frac{v_o}{v_2 - v_1} = 1$$

即有 $v_o = v_2 - v_1$。

该减法运算电路作为差动运算放大电路还经常被用作测量放大电路，它的优点是电路简单，缺点是输入电阻较低。

为了提高输入电阻，可将两个输入信号通过电压跟随再接入电路，构成图 3.3.9 所示电路。此时输入电阻为无穷大，输出与输入的关系为

$$v_o = \frac{R_2}{R_1}(v_2 - v_1)$$

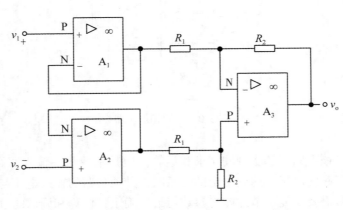

图 3.3.9 高输入电阻减法器

进一步分析该电路发现，当需要改变增益时，可以通过改变 R_1 或 R_2 实现，但是由于电路中有两个 R_1 和两个 R_2，所以需要改变两个电阻，带来了调试上的不便。在此基础上引入图 3.3.10 电路，即仪用放大电路。图中 A_3 构成的电路是一般的减法器，经过 A_1、A_2 的作用使电路输入电阻为无穷大，可以证明输出 $v_o = \frac{R_4}{R_3}\left(1 + \frac{2R_2}{R_1}\right)(v_2 - v_1)$，通常 R_2、R_3 和 R_4 为给定值，R_1 用可变电阻代替，调节 R_1 即可改变增益。

三、运算电路的实际应用

某实际电压放大电路如图 3.3.11 所示，由运放 LM6181 构成，通过两级同相放大电路实现对信号幅值的放大。以第一级为例，信号从运放的同相端输入，输出通过反馈电阻 R_3 与运放反相端相接，那么第一级的电压增益为 $1 + \frac{R_3}{R_{P1}}$，通过调节电位器 R_{P1} 就可以改变电压增益。本电路所选用的运放芯片 LM6181 它是一款单个的电流反馈型放大电路，它的电源电压范围为 $7\sim 32V$，本电路是 $\pm 12V$ 电源供电，它具有比较理想的带宽、摆率和输出电流，带宽 100MHz，摆率 1400V/μs，可直接驱动 100pF 的容性负载。

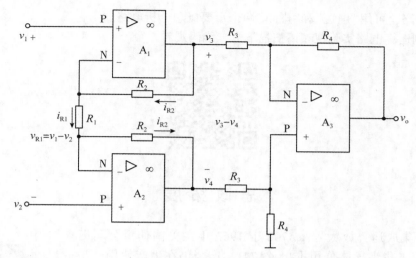

图 3.3.10 仪用放大电路

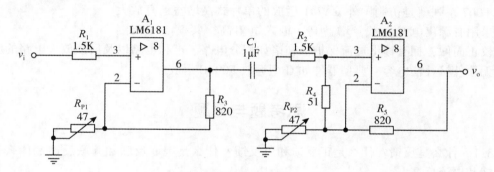

图 3.3.11 电压放大电路

本 章 小 结

1. 实际放大电路中，为了改善放大电路各方面的性能，必须引入负反馈。

2. 引入不同类型的反馈，对放大电路性能的改善是不一样的，所以正确判断反馈的类型就显得尤为重要。根据反馈是存在于直流通路还是交流通路中，判断是直流反馈还是交流反馈；采用瞬时极性法判断正负反馈；采用输出端负载短路法判断是电压还是电流反馈；根据输入端信号源短路法判断是并联还是串联反馈。

3. 引入直流负反馈是为了稳定电路工作点；引入交流负反馈可以稳定放大电路的增益，减小反馈环内的非线性失真，拓宽通频带，影响输入输出电阻。引入电压负反馈可以稳定输出电压，减小输出电阻，电流负反馈可以稳定输出电流，增加输出电阻；并联负反馈减小输入电阻，适合于电流源信号激励，串联负反馈可以提高输入电阻，适合于电压源信号激励。

4. 集成运放可工作在线性和非线性两种状态。引入负反馈则工作在线性状态，构成各种运算电路，可用"虚短"和"虚断"两个重要概念分析电路。

5. 比例运算电路实验视频请扫描下方二维码观看。

思 政 拓 展

第一个集成运算放大器 μA702 于 1963 年在美国仙童公司诞生。1968 年飞兆半导体公司推出 μA741，迄今仍在生产使用，是有史以来最成功的运算放大器，也是极少数最长寿的 IC 型号之一。我国 F007 系列就是仿制国外 μA741 运放的单片式高增益运算放大器，采用有源集电极负载，增益高，输入电阻高，共模电压范围大，校正简便，拥有输出过流保护。在诸如积分电路、求和电路以及反馈放大电路的应用中均无须外接补偿电容。典型器件如 C 型运放 F007C 运放。

思考题与习题

3.1　什么是反馈？什么是正反馈和负反馈？什么是串联反联和并联反馈？什么是电压反馈和电流反馈？

3.2　选择合适的答案填入空格内。

　　　A. 电压　　　　　B. 电流　　　　　C. 串联　　　　　D. 并联

（1）为了稳定放大电路的输出电压，应引入_____负反馈；

（2）为了稳定放大电路的输出电流，应引入_____负反馈；

（3）为了增大放大电路的输入电阻，应引入_____负反馈；

（4）为了减小放大电路的输入电阻，应引入_____负反馈；

（5）为了增大放大电路的输出电阻，应引入_____负反馈；

（6）为了减小放大电路的输出电阻，应引入_____负反馈。

3.3　选择合适的答案填入空格内。

（1）对放大电路，所谓开环是指_____；而所谓闭环是指_____。

　　　A. 无信号源　　　　　B. 无反馈通路　　　　　C. 无电源　　　　　D. 无负载

　　　E. 考虑信号源内阻　　F. 有反馈通路　　　　　G. 接入电源　　　　H. 接入负载

（2）直流负反馈是指_____。

　　　A. 直流耦合放大电路中所引入的负反馈

　　　B. 只有放大直流信号时才有的负反馈

　　　C. 在直流通路中的负反馈

（3）为了实现下列目的，应引入哪种类型的反馈，填入空格内。

    A. 直流负反馈   B. 交流负反馈

①为了稳定静态工作点，应引入_____；

②为了稳定放大倍数，应引入_____；

③为了改变输入和输出电阻，应引入_____；

④为了抑制温漂，应引入_____；

⑤为了展宽频带，应引入_____；

3.4   判断下列说法是否正确。

（1）在负反馈放大电路中，在反馈系数极大的情况下，只有尽可能地增大开环放大倍数，才能有效地提高闭环放大倍数。（   ）

（2）在负反馈放大电路中，基本放大电路的放大倍数越大，闭环放大倍数越稳定。（   ）

（3）在深度负反馈条件下，闭环放大倍数与反馈系数有关，而与放大电路开环放大倍数无关。因此可以省去放大电路仅留下反馈网络，来获得稳定的闭环放大倍数。（   ）

（4）负反馈只能改善反馈环路内的放大性能，对反馈环路之外无效。（   ）

3.5   在图示的电路中，找出反馈网络并判断反馈类型和极性。

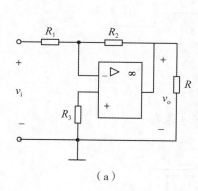

（a）

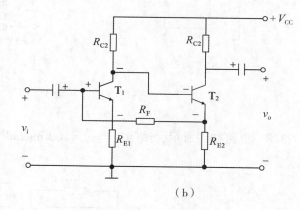

（b）

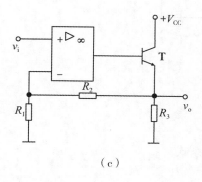

（c）

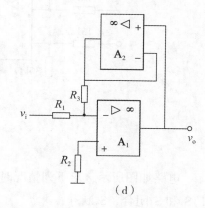

（d）

题 3.5 图

3.6 一个电压串联负反馈放大电路，当输入电压 $v_i = 3\text{mV}$ 时，$v_o = 150\text{mV}$；而无反馈时，当 $v_i = 3\text{mV}$ 时，$v_o = 3\text{V}$，试求这个负反馈放大电路的反馈系数和反馈深度。

3.7 电路如图所示，各集成运算放大均是理想的，试写出各输出电压 v_o 的值。

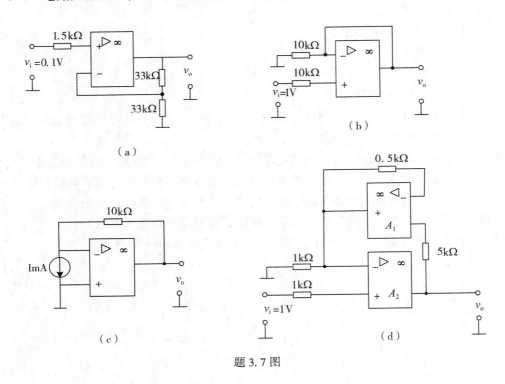

题 3.7 图

3.8 电路如图所示，试问：当 $v_i = 100\sin\omega t\text{mV}$ 时 v_o 为多少？

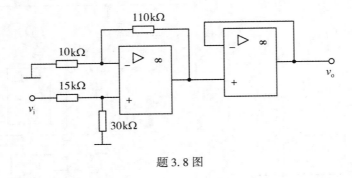

题 3.8 图

3.9 电路如图所示，求下列情况时，v_o 和 v_i 的关系式。

(1) S_1 和 S_3 闭合、S_2 断开；

(2) S_1 和 S_2 闭合、S_3 断开；

(3)S_2闭合、S_1和S_3断开；

(4)S_1、S_2、S_3闭合。

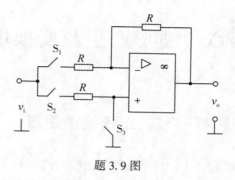

题 3.9 图

3.10　试求图示电路中的 v_o 值。

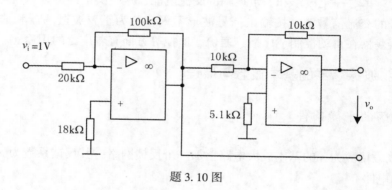

题 3.10 图

3.11　如图所示电路中，设输出电压 v_o = 3V 时，驱动报警发出报警信号，如果 v_{i1} = 1V，v_{i2} = − 4.5V，试问：v_{i3} 为多大时发出报警信号？

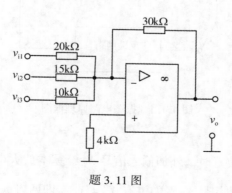

题 3.11 图

第四章　波形产生及变换电路

第一节　正弦波振荡器

前面讨论的各种类型放大电路，其作用都是把输入信号的电压或功率加以放大。从能量观点来看，它们是在输入信号的控制下，把直流电能转换成按输入信号规律变化的交流电能。在电子技术中，还广泛应用着另一种电路，它们不需要外加激励信号就能将电能转换为具有一定频率、一定波形和一定振幅的交流电能，这一类电路称为振荡电路，是产生各种振荡信号的交流信号源。按输出信号波形不同，分为正弦波振荡器和非正弦波振荡器。正弦波振荡器在自动控制、广播、通信、遥控等方面有着广泛的用途。

一、正弦波振荡器的基本概念与原理

（一）振荡的平衡条件

在一个放大倍数为 $\dot{A}$ 的基本放大电路上加一个反馈网络，其反馈系数为 $\dot{F}$，构成如图 4.1.1 所示的电路。

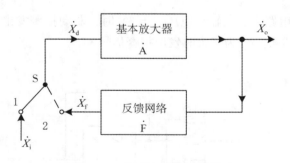

图 4.1.1　振荡电路原理框图

当将开关 S 置于"1"位置时，外加输入信号 $\dot{X}_i$ 经基本放大电路放大输出为 $\dot{X}_o$，再经反馈网络在"2"点得到反馈信号 $\dot{X}_f$。如果有 $\dot{X}_f = \dot{X}_i$，即两者大小相等，相位相同，则可用 $\dot{X}_f$ 代替 $\dot{X}_i$。此时将开关 S 置于"2"的位置，尽管断开了输入信号 $\dot{X}_i$，但电路在 $\dot{X}_f$ 的作

用下，仍将维持输出 $\dot{X}_o$ 不变，放大电路变成了振荡电路。可见，要使电路形成振荡，必须使 $\dot{X}_f = \dot{X}_i$，而

$$\dot{X}_f = \dot{F}\dot{X}_o，\quad \dot{X}_i = \frac{\dot{X}_o}{\dot{A}}$$

因此得到振荡的条件是：

$$\dot{A}\dot{F} = 1$$

由于　　　　　　　　　　　$$\dot{A} = A\angle\varphi_A，\quad \dot{F} = F\angle\varphi_F$$

故有

$$|\dot{A}\dot{F}| = AF = 1 \tag{4.1.1}$$

$$\varphi_A + \varphi_F = 2n\pi \quad (n = 0, 1, 2, \cdots) \tag{4.1.2}$$

式(4.1.1)称为振幅平衡条件，表明反馈信号要与原来的输入信号幅度相等；式(4.1.2)称为相位平衡条件，表明反馈网络必须是正反馈。

(二)振荡的建立和稳定

实际的振荡电路并不像图 4.1.1 那样要外加激励信号 $\dot{X}_i$，而是靠电路本身"自激"起振的。在接通电源的瞬间，电流突变、噪声和干扰等引起的电扰动都是起振的原始信号源。这些信号较微弱，但只要电路满足 $\dot{A}\dot{F} > 1$ 的起振条件，通过放大→正反馈→再放大→再正反馈的循环，信号便不断增大，但这个过程并不会一直无限制地进行下去，因为晶体管的特性曲线并不是线性的。当由于正反馈而使信号不断增大时，必然会使管子工作进入非线性区域，于是，放大电路的放大倍数将减小，最后达到 $\dot{A}\dot{F} = 1$，得到稳定的振幅。

此外，为使振荡电路产生正弦波，即产生具有单一频率的信号，还必须使反馈网络具有选频特性。包含很多频率分量的电扰动通过选频网络后，只有某一个频率能满足振荡的两个基本条件，从而得到单一频率的正弦波振荡信号。

通常根据组成选频网络的元件不同，正弦波振荡器可分为 RC 振荡电路、LC 振荡电路和石英晶体振荡电路，本节主要介绍前面两种。

二、RC 正弦波振荡器

RC 正弦波振荡器的选频网络由 RC 选频电路构成，主要用于产生 1MHz 以下的低频正弦波信号。常用的选频电路是 RC 串并联选频电路，该电路及其频率特性如图 4.1.2 所示，当 $\omega = \omega_0$ 时，v_2 与 v_1 的相位差为零，传输系数为 1/3。

图 4.1.3(a)是由 RC 串并联选频网络构成的振荡电路，图中，集成运放接成同相放大电路提供增益为 $A = 1 + R_t/R_1$；当 $\omega = \omega_0$ 时，反馈网络 RC 串并联电路相移为零，引入正反

馈，环路满足相位平衡条件，且 $F = 1/3$。为保证振荡电路起振并维持振荡，应有 $AF \geqslant 1$。只要适当调整同相放大电路增益的强弱，使 A 略大于 3，便可保证振荡电路输出正弦波。R_t 为热敏电阻，且具有负的温度系数。刚起振时，R_t 的温度最低，相应的阻值最大，放大电路的增益 A 最大；随着振荡振幅的增大，R_t 上消耗的功率增大，致使其温度上升，阻值减小，放大电路的增益下降，直到 $A = 3$、$AF = 1$ 实现自动稳幅，进入平衡状态。

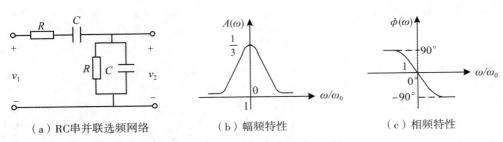

（a）RC 串并联选频网络　　　　（b）幅频特性　　　　（c）相频特性

图 4.1.2　RC 串并联选频电路及其频率特性

图 4.1.3(a) 是由 RC 串并联选频网络构成的振荡电路，集成运放接成同相放大电路提供增益为 $A = 1 + R_t/R_1$；当 $\omega = \omega_0$ 时，反馈网络 RC 串并联电路相移为零，引入正反馈，环路满足相位平衡条件，且 $F = 1/3$。为保证振荡电路起振并维持振荡，应有 $AF \geqslant 1$。只要适当调整同相放大电路增益的强弱，使 A 略大于 3，便可保证振荡电路输出正弦波。R_t 为热敏电阻，且具有负的温度系数。刚起振时，R_t 的温度最低，相应的阻值最大，放大电路的增益 A 最大；随着振荡振幅的增大，R_t 上消耗的功率增大，致使其温度上升，阻值减小，放大电路的增益下降，直到 $A = 3$、$AF = 1$ 实现自动稳幅，进入平衡状态。

将图 4.1.3(a) 改画成图 4.1.3(b) 所示电路，可以看出，RC 串并联电路和集成运放负反馈电阻构成文氏电桥，振荡电路的输出电压加到桥路的一对角线端，并从另一对角线端取出电压加到集成运放的输入端，当 $\omega = \omega_0$ 时桥路平衡，振荡电路进入稳定的平衡状态，产生等幅持续的振荡。

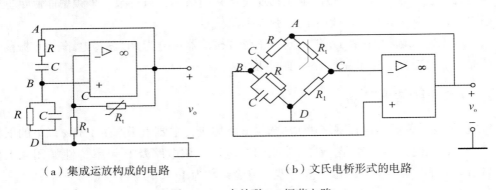

（a）集成运放构成的电路　　　　（b）文氏电桥形式的电路

图 4.1.3　串并联 RC 振荡电路

三、LC 正弦波振荡器

采用 LC 谐振回路作为选频网络的振荡电路称作 LC 正弦振荡电路，主要用来产生 1MHz 以上的高频正弦信号。应用最广泛的是三点式振荡电路。

两种基本类型的三点式振荡电路的交流通路如图 4.1.4 所示，其中图 4.1.4(a) 为电容三点式电路，又称为考比兹(Colpitts)电路，它的反馈电压取自 L 和 C_2 组成的分压器；图 4.1.4(b) 为电感三点式电路，又称为哈特莱(Hartley)振荡电路，它的反馈电压取自 C 和 L_2 组成的分压器，它们的共同特点是交流通路中的三极管的三个电极与谐振回路的三个引出端点连接。其中，与发射极相接的为两个同性质电抗，而接在集电极与基极间的另一个为异性质电抗。可以证明，凡是按照这种规则连接的三点式振荡电路，必定满足相位平衡条件，实现正反馈。因而，这种规定被作为三点式振荡电路的组成法则，利用这个法则，可判别三点式振荡电路的连接是否正确。

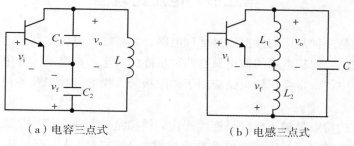

（a）电容三点式　　　　　　　　（b）电感三点式

图 4.1.4　三点式振荡电路的交流通路

图 4.1.5 所示为三点式振荡电路的完整电路，在图 4.1.5(a) 电容三点式振荡电路中，回路总电容为

$$C = \frac{C_1 C_2}{C_1 + C_2}$$

所以，电路振荡频率为

$$f_0 = \frac{1}{2\pi \sqrt{L \dfrac{C_1 C_2}{C_1 + C_2}}}$$

在图 4.1.5(b) 电感三点式振荡电路中，其谐振频率即振荡频率为

$$f_0 = \frac{1}{2\pi \sqrt{(L_1 + L_2) C}}$$

两种振荡电路的电路结构都很简单，而且容易起振。电容三点式振荡电路输出波形更好，工作频率可以很高，其应用也更为广泛。

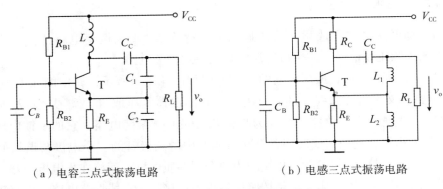

（a）电容三点式振荡电路　　　　　（b）电感三点式振荡电路

图 4.1.5　三点式振荡电路的完整电路

第二节　电压比较器

电压比较器是一种常用的模拟信号处理电路，它将输入电压与参考电压进行比较，并将比较的结果输出。比较电路的输出只有两种可能的状态：高电平或低电平。在自动控制及自动测量系统中，常常将比较电路应用于越限报警，模数转换以及各种非正弦波的产生和变换等。

电压比较器的特点是输入信号是连续变化的模拟量，而输出信号是数字量"1"或"0"，因此，可以认为比较电路是模拟电路和数字电路的"接口"。从电路结构看，运放经常处于开环状态，有时为了使输入、输出特性在状态转换时更加快速以提高比较精度，也在电路中引入正反馈。

常用比较电路有单门限电压比较器和迟滞比较电路，下面分别进行介绍。

一、单门限电压比较器

单门限电压比较器是指只有一个门限电平的比较电路。当输入电压等于此门限电平时，输出电平立即发生跳变。可用于检测输入的模拟信号是否达到某一给定的电平。

（一）过零电压比较器

过零电压比较器的参考电压是零电平，它的功能是将输入信号与零电平比较，其输出显示输入信号是大于零、小于零或等于零。因此，零电平比较电路又称为过零比较电路。处于开环工作状态的集成运放就是一个简单的过零比较电路，如图 4.2.1(a)所示。由于理想运放的开环差模电压增益 $A_{vd} \to \infty$，因此，当 $v_i < 0$ 时，$v_o = V_{OH}$；当 $v_i > 0$ 时，$v_o = V_{OL}$。据此，可画出过零电压比较器的传输特性，如图 4.2.1(b)所示。

习惯上，把比较电路的输出电压由一个电平跳变到另一个电平时相应的输入电压值称为门限电压或阈值电压，用 V_T 表示。过零比较电路的门限电平等于零。

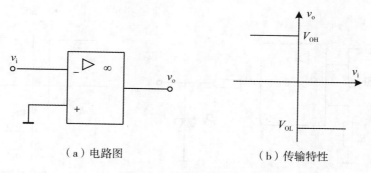

（a）电路图　　　　　　　（b）传输特性

图 4.2.1　过零比较电路

图 4.2.1(a)所示的过零比较电路的电路简单，但其输出电压幅度较高。有时为了稳定比较电路的输出电压，或希望比较电路的输出幅度限制在一定的范围内，例如要求与 TTL 数字电路的逻辑电平兼容，比较电路的输出电路中通常接有双向稳压管。如图 4.2.2(a)所示，电阻 R 是该稳压管的限流电阻，在这种情况下，电压比较器的输出电压为稳压管的稳压值 $\pm V_Z$，其传输特性如图 4.2.2(b)所示。

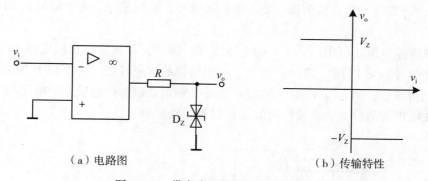

（a）电路图　　　　　　　（b）传输特性

图 4.2.2　带有稳压管的过零比较电路

（二）任意电平比较电路

参考电平不是零的比较电路，即为任意电平比较电路。将图 4.2.2(a)所示电路中同相输入端的接地点断开，接上任意值的参考电压，即构成任意电平比较电路。图 4.2.3(a)所示为任意电平比较电路的另一接法。由图可见，集成运放的同相输入端通过电阻 R 接地，存在"虚断"，则 $v_p = 0$。因此，当输入电压 v_i 变化使反相输入端的电位 $v_N = 0$ 时，输出端的电平将发生跳变。根据叠加定理可求该电路的阈值电压。

$$\frac{R_2}{R_1 + R_2} v_i + \frac{R_1}{R_1 + R_2} V_{REF} = 0 \tag{4.2.1}$$

解得

$$v_i = -\frac{R_1}{R_2} V_{REF} \tag{4.2.2}$$

93

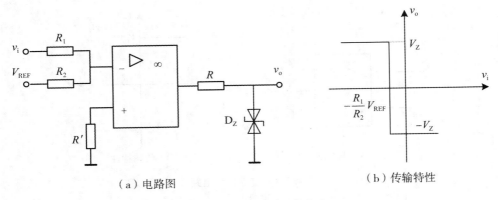

（a）电路图　　　　　　　　　　（b）传输特性

图 4.2.3　任意电平比较电路

式(4.2.2)的输入电压即为阈值电压。在参考电压 V_{REF} 大于零的情况下，该电路电压传输特性曲线如图 4.2.3(b)所示。

电压比较器除用于比较输入电压和参考电压的大小关系外，通常还用来做波形变换电路，将输入的交变信号变换成矩形信号输出。

例 4.2.1　设计一监控报警器，要求被检测信号 v_i 达到某一预定极限值 V_L 时发出报警信号。

解：该监控报警器可用图 4.2.4 的电路实现。图中，以规定的极限电压 V_L 为参考电压，当检测信号 $v_i < V_L$ 时，输出 v_o 为负，输出端接的绿色发光二极管 LED 导通发光，表示 v_i 未达到极限值；当 $v_i > V_L$ 时，输出 v_o 为正，输出端接的红色发光二极管 LED 导通发光，发出越限报警信号，表示被检测信号 v_i 已超过极限值。

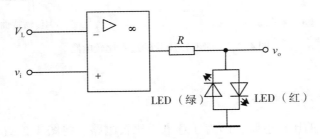

图 4.2.4　监控报警器

二、迟滞比较电路

在实际应用中，单门限电压比较器具有电路简单、灵敏度高等优点，但存在的主要问题是抗干扰能力差。例如，在过零检测器中，若输入正弦电压上叠加噪声和干扰，则由于零值附近多次过零，输出端就会出现错误阶跃，在高低两个电平之间反复地跳变，如图 4.2.5 所示，如在控制系统中发生这种情况，将对执行机构产生不利的影响。

为了解决上述问题，可以采用迟滞比较电路。将比较电路的输出电压通过反馈网络加到同相输入端，形成正反馈回路，如图 4.2.6 所示，通常将这种电路称为迟滞比较电路，又称施密特触发器。

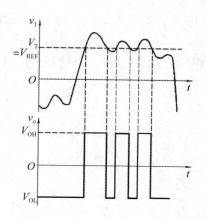

图 4.2.5　单门限电压比较器在干扰情况下的输出

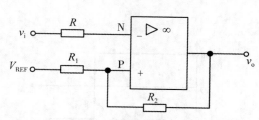

图 4.2.6　迟滞比较电路

（一）估算阈值电压

根据"虚断"并利用叠加原理，有

$$v_N = v_i \tag{4.2.3}$$

$$v_P = \frac{R_2}{R_1 + R_2} V_{REF} + \frac{R_1}{R_1 + R_2} v_o \tag{4.2.4}$$

当 $v_i < v_P$ 时，输出 v_o 为高电平 V_{OH}；当 $v_i > v_P$ 时，输出 v_o 为低电平 V_{OL}，而 $v_i = v_P$ 为输出高、低电平转换的临界条件，所以由式（4.2.4）决定的 v_P 值就是阈值电压，即

$$V_T = \frac{R_2}{R_1 + R_2} V_{REF} + \frac{R_1}{R_1 + R_2} v_o \tag{4.2.5}$$

式中，输出电压 v_o 有两个值。

（1）当 $v_o = V_{OH}$ 时，得上门限电压

$$V_{TH} = \frac{R_2}{R_1 + R_2} V_{REF} + \frac{R_1}{R_1 + R_2} V_{OH} \tag{4.2.6}$$

（2）当 $v_o = V_{OL}$ 时，得下门限电压

$$V_{TL} = \frac{R_2}{R_1 + R_2} V_{REF} + \frac{R_1}{R_1 + R_2} V_{OL} \tag{4.2.7}$$

（二）传输特性分析

设从 $v_i = 0$，$v_o = V_{OH}$ 和 $v_P = V_{TH}$ 开始讨论。当 v_i 由零向正方向增加到接近 $v_P = V_{TH}$ 前，

v_o 一直保持 $v_o = V_{OH}$ 不变。当 v_i 增加到略大于 $v_P = V_{TH}$，则 v_o 由 V_{OH} 下跳到 V_{OL}，同时 v_P 下跳到 $v_P = V_{TL}$，v_i 再增加，保持 $v_o = V_{OL}$ 不变，其传输特性如图 4.2.7(a) 所示。

若减小 v_i，只要 $v_i > v_P = V_{TL}$，则 v_o 将始终保持 $v_o = V_{OL}$ 不变，只有当 $v_i < V_P = V_{TL}$ 时，v_o 才由 V_{OL} 跳变到 V_{OH}，其传输特性如图 4.2.7(b) 所示。

把图 4.2.7(a)(b) 的传输特性结合在一起，就构成了如图 4.2.7(c) 所示的完整的传输特性。

当有干扰的输入信号进入迟滞比较电路时，如图 4.2.8 所示，只要选择合适的 V_{TH}、V_{TL}，就可以避免输出产生误动作。

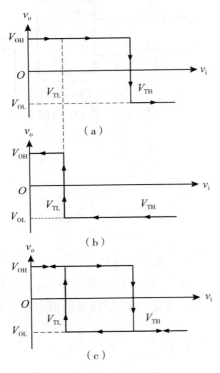

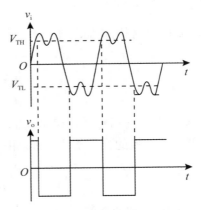

图 4.2.7 传输特性　　　　　　　图 4.2.8 迟滞比较电路的输入输出关系

三、电压比较器的实际应用

功率监测电路如图 4.2.9 所示，用于监测发送给天线的信号功率是否符合要求。整个电路由电压放大电路和电压比较器两部分组成，定向耦合器将发射信号的一部分取出通过 R_1、C_1 组成的低通滤波器和 L_1、C_2、C_3 组成的 π 型低通滤波器两级滤波，滤除高频分量取出直流分量，滤波之后的信号输入给运放 A_1 所构成的同相放大电路进行电压放大，然后通过由运放 A_2 所构成的电压比较器与可变门限进行比较，从而实现对功率的监测。运放 A_2 构成的为单门限电压比较器，通过调节电位器 R_{P1} 可改变门限电压。

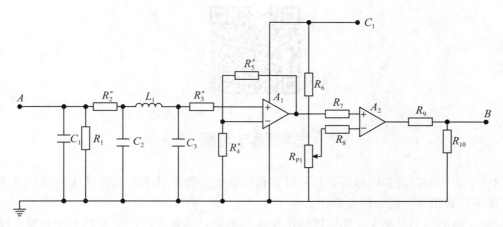

图 4.2.9　功率监测电路

本 章 小 结

1. 电路中引入正反馈,当满足振幅和相位起振条件、平衡条件时,电路将产生具有一定频率和幅度的信号。

2. 根据选频网络不同,正弦波振荡器可分为 *RC* 振荡电路、*LC* 振荡电路和晶体振荡电路。*RC* 振荡电路又称为音频振荡电路,一般用来产生低频信号;*LC* 振荡电路可用来产生 1MHz 以上的信号,在通信系统中较为常用。

3. 运放工作在非线性区,可以实现模拟量到数字量的转换,输入为模拟信号,输出为数字信号,输出只有两种可能取值,即高电平和低电平。电压比较器输入端电流为零,"虚断"依然成立,且在同相输入端电位等于反相输入端电位时输出电压产生跳变。

4. 单门限电压比较器电路简单、灵敏度高,抗干扰能力差;迟滞比较电路具有两个门限电压,抗干扰能力强。

5. *RC* 正弦波振荡电路实验视频请扫描下方二维码观看。

6. 电压比较器实验视频请扫描下方二维码观看。

思考题与习题

4.1 正弦波振荡器的振幅平衡条件和相位平衡条件是什么？正弦波振荡器的起振振幅平衡条件和相位平衡条件各是什么？

4.2 指出图示电路中，哪些可能产生振荡电路，哪些不能产生振荡电路？如果能够产生振荡，并说明是何种类型的振荡电路。

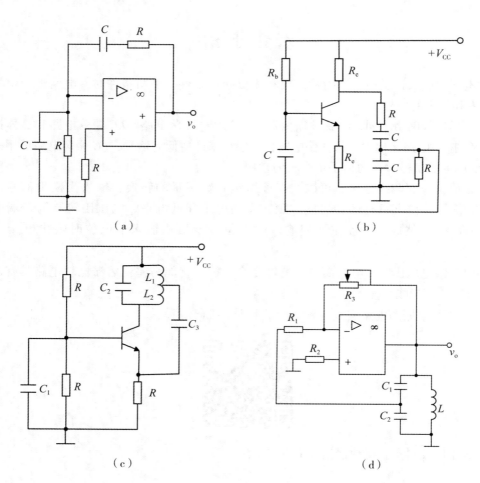

题 4.2 图

4.3 为了实现下述各要求，试问应分别选择何种类型的振荡电路？

（1）产生 100Hz~20kHz 的正弦波信号；

（2）产生 200Hz~1MHz 的正弦波信号。

4.4 三点式正弦波振荡器的交流等效电路如图所示，为满足振荡的相位平衡条件，请在图中标出运算放大电路 A 的同相和反相输入端。

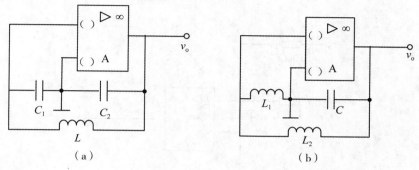

题 4.4 图

4.5 在图示电路中，稳压管 D_Z 的 $V_Z = 6v$，$V_D = 0$，$R_2 = 2R_3$，$v_i = 4\sin\omega t$ V，试画出 v_o 的波形。

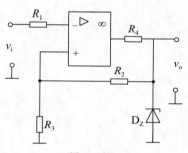

题 4.5 图

4.6 图所示电路中，A_1 为理想运放，A_2 为比较电路，二极管 D 也是理想器件，$R_b = 56.5k\Omega$，$R_c = 5.1k\Omega$，BJT 的 $\beta = 50$，$V_{BE} = 0.7V$。比较器 A_2 供电电压是 $\pm 12V$。

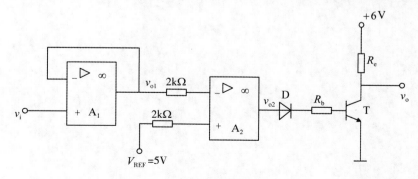

题 4.6 图

试求：（1）当 $v_I = 3V$ 时，v_o 是多少？

（2）当 $v_I = 7V$ 时，v_o 是多少？

（3）当 $v_I = 10\sin\omega t$ V 时，试画出 v_I、v_{o2} 和 v_o 的波形。

4.7　一比较电路如图所示，设运放是理想的，且 $V_{REF} = -2V$，运放的电源电压是 $\pm V_{CC} = \pm 6V$，试求出门限电压值，画出比较电路的传输特性 $v_o = f(v_I)$。

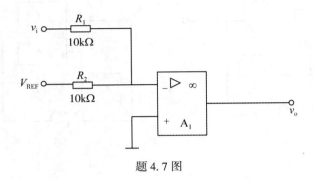

题 4.7 图

第五章　直流稳压电源

在电子电路中，通常需要电压稳定的直流电源供电，但是电力网所提供的是 50Hz 交流市电，所以必须把 220V 交流电变成稳定不变的直流电。小功率直流电源的组成框图如图 5.0.1 所示，它由电源变压器、整流、滤波和稳压电路等四部分组成。

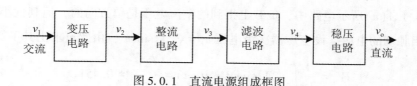

图 5.0.1　直流电源组成框图

利用变压器将交流电网电压 v_1 变为所需要的交流电压 v_2；然后经整流电路，把 v_2 变成单向脉动直流电压 v_3；再经滤波电路，把 v_3 变成平滑的直流电压 v_4；最后经过稳压电路，把 v_4 变成基本不受电网电压波动和负载变化影响的稳定的直流电压 v_o。

第一节　整流电路

所谓"整流"，就是运用二极管的单向导电性，把大小、方向都变化的交流电变成单相脉动的直流电。常见的单相小功率整流电路有半波、全波、桥式和倍压整流等形式。

一、半波整流电路

图 5.1.1(a)所示是一个最简单的单相半波整流电路，它由电源变压器 T_r，整流二极管 D 和负载电阻 R_L 组成。为分析方便，在下面的分析中，将整流管作为理想二极管。

（一）工作原理

变压器 T_r 将电网电压 v_1 变换为合适的交流电压 v_2，当 v_2 为正半周时，二极管 D 正向导通，电流经二极管流向负载，在 R_L 上得到一个极性为上正下负的电压；而当 v_2 为负半周时，二极管 D 反偏截止，电流为零。因此在负载电阻 R_L 上得到的是单相脉动电压 v_L，如图 5.1.1(b)所示。

（二）整流电路主要技术指标

1. 输出电压平均值

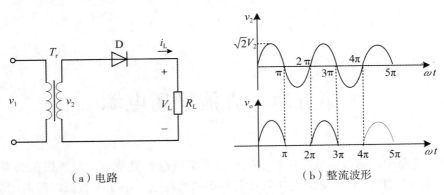

（a）电路　　　　　　　　　　　（b）整流波形

图 5.1.1　单相半波整流

在图 5.1.1(a)所示电路中，负载上得到的整流电压是单方向的，但其大小是变化的，是一个单相脉动的电压。设变压器次级电压 $v_2 = \sqrt{2}\,V_2\sin\omega t$，由此可求出其平均电压值为

$$V_{\text{o}} = \frac{1}{2\pi}\int_0^\pi \sqrt{2}\,V_2\sin\omega t \cdot \mathrm{d}(\omega t) = \frac{\sqrt{2}\,V_2}{\pi} = 0.45V_2$$

2. 输出电流即流过负载的直流电流

$$I_{\text{L}} = \frac{V_L}{R_L} \approx \frac{0.45V_2}{R_L}$$

3. 脉动系数 S

脉动系数 S 是衡量整流电路输出电压平滑程度的指标。脉动系数 S 定义为整流输出电压中最低次谐波的幅值与直流分量之比。

由于负载上得到的电压 v_{o} 是一个非正弦周期信号，可用傅里叶级数展开为

$$v_{\text{o}} = \sqrt{2}\,V_2\left(\frac{1}{\pi} + \frac{1}{2}\sin\omega t - \frac{2}{3\pi}\cos\omega t + \cdots\right)$$

因此，脉动系数为

$$S = \frac{\dfrac{1}{2}\sqrt{2}\,V_2}{\dfrac{1}{\pi}\sqrt{2}\,V_2} = \frac{\pi}{2} \approx 1.57$$

4. 整流二极管的参数

在半波整流电路中，流过整流二极管的平均电流与流过负载的平均电流相等，即

$$I_{\text{D}} = I_{\text{L}} \approx \frac{0.45V_2}{R_{\text{L}}}$$

当整流二极管截止时，加于两端的最大反向电压为

$$V_{\text{RM}} = \sqrt{2}\,V_2$$

因此，在选择整流二极管时，其额定正向电流必须大于流过它的平均电流 I_{D}，其反向击穿电压必须大于它两端承受的最大反向电压 V_{RM}。

半波整流电路的特点是结构简单，但输出直流电压值低，脉动系数大，一般只在对直流电源要求不高的情况下选用。

二、单相桥式整流电路

为了克服半波整流电路电源利用率低、整流电压脉动系数大的缺点，常采用全波整流电路，最常用形式是桥式整流电路。它由 4 个二极管接成电桥形式，如图 5.1.2 所示。

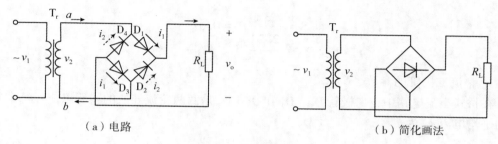

（a）电路　　　　　　　　　　　（b）简化画法

图 5.1.2　单相桥式整流

（一）工作原理

当电源变压器 T_r 初级加上电压 v_1 次级就有电压 v_2，设 $v_2 = \sqrt{2} V_2 \sin\omega t$。

在 v_2 的正半周，a 点电位高于 b 点电位，二极管 D_2、D_4 截止，D_1、D_3 导通，电流 i_1 的通路是 $a \rightarrow D_1 \rightarrow R_L \rightarrow D_3 \rightarrow b$，这时负载电阻 R_L 上得到一个正弦半波电压如图 5.1.3 中 0 ~ π 段所示。

在 v_2 的负半周，b 点电位高于 a 点电位，二极管 D_1、D_3 截止，D_2、D_4 导通。电流 i_2 的通路是 $b \rightarrow D_2 \rightarrow R_L \rightarrow D_4 \rightarrow a$，同样在负载电阻 R_L 上得到一个正弦半波电压，如图 5.1.3 中的 π - 2π 段所示。

在以后各个半周期内，将重复。

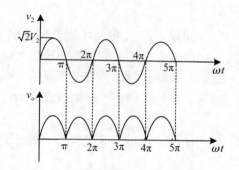

图 5.1.3　桥式整流电路输出波形

（二）主要技术指标

1. 负载上的直流输出电压 V_o 和直流输出电流 I_L

用傅里叶级数对图 5.1.3 中的波形进行分解后可得

$$v_o = \sqrt{2} V_2 \left(\frac{2}{\pi} - \frac{4}{3\pi}\cos2\omega t - \frac{4}{15\pi}\cos4\omega t - \frac{4}{35\pi}\cos6\omega t - \frac{2}{\pi}\cos2\omega t - \cdots \right)$$

式中，直流分量（恒定分量）即为负载电压 v_o 的平均值，故直流输出电压为

$$V_o = \frac{2}{\pi}\sqrt{2}V_2 = 0.9V_2$$

直流输出电流为

$$I_L = \frac{V_o}{R_L} = 0.9\frac{V_2}{R_L}$$

2. 脉动系数

$$S = \frac{\dfrac{4\sqrt{2}V_2}{3\pi}}{\dfrac{2\sqrt{2}V_2}{\pi}} = 0.67$$

3. 整流二极管的参数

在桥式整流电路中，二极管 D_1、D_3 和 D_2、D_4 是两两轮流导通的，所以流经每个二极管的平均电流 I_D 为

$$I_D = \frac{1}{2}I_L = \frac{0.45V_2}{R_L}$$

二极管截止时，管子两端承受的最高反向工作电压可以从图 5.1.2 中看出，在 v_2 正半周时，D_1、D_3 导通，D_2、D_4 截止，忽略导通管的正向压降，截止管 D_2、D_4 所承受的最高反向工作电压为 v_2 的最大值，即

$$V_{RM} = \sqrt{2}V_2$$

同理，在 V_2 的负半周，D_1，D_3 也承受同样大小的反向工作电压。

由以上分析可知，在变压器次级电压相同的情况下，单相桥式整流电路输出电压平均值高，脉动系数小，管子承受的反向电压和半波整流电路一样。虽然二极管用得多，但小功率二极管体积小、价格低廉，因此单相桥式整流电路得到了广泛的应用。

第二节　电容滤波电路

整流电路可以把交流电压转换成脉动直流电压，这种脉动直流电压中不仅包含有直流分量，而且有交流分量。把脉动直流电压中的交流分量去掉，获得平滑直流电压的过程称为滤波，而把能完成滤波作用的电路称为滤波器。

滤波器一般由电容、电感等元件组成。利用电容器的充放电或电感元件的感应电动势具有阻碍电流变化的作用来实现滤波任务的。

图 5.2.1 所示为单相桥式整流电容滤波电路。滤波电容 C 并联在负载 R_L 两端。其工作原理简述如下。负载 R_L 未接入时的情况：设电容器 C 两端初始电压为零。接入交流电源后，当 v_2 为正半周时，v_2 通过 D_1、D_3 向 C 充电；v_2 为负半周时，经 D_2、D_4 向 C 充电，充电时间常数为

$$\tau_C = R_d C$$

式中，R_d 为整流电路的内阻(包括变压器次级绕组的直流电阻和二极管的正向电阻)。由

于 R_d 一般很小，电容器 C 很快充到交流电压 v_2 的最大值 $\sqrt{2}V_2$，由于 C 无放电回路，故 C 两端的电压 v_C 保持在 $\sqrt{2}V_2$，输出为一个恒定的直流，如图 5.2.1（b）中纵坐标左边部分所示。

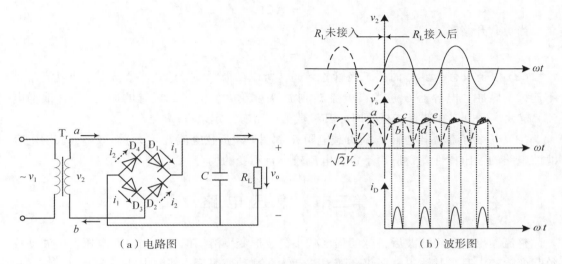

（a）电路图　　　　　　　　　　　（b）波形图

图 5.2.1　单相桥式整流电容滤波电路

接入负载 R_L 的情况：变压器次级电压 v_2 从 0 开始上升（即正半周开始）时接入负载 R_L，由于电容器 C 在负载未接入前已充了电，故刚接入负载时 $v_2 < v_C$，二极管受反向电压作用而截止，电容器 C 经 R_L 放电，放电时间常数为

$$\tau_d = R_L C$$

因 τ_d 一般较大，故电容两端的电压 v_C 按指数规律慢慢下降，其输出电压 $v_o = v_C$，如图 5.2.1（b）中的 ab 段所示。与此同时，交流电压 v_2 按正弦规律上升。当 $v_2 > v_C$ 时，二极管 D_1、D_3 受正向电压作用而导通，此时 v_2 经二极管 D_1、D_3 一方面向负载 R_L 提供电流，另一方面向电容器 C 充电，此时充电时间常数 $\tau_C = (R_L /\!/ R_o)C$，因 R_L 通常远大于 R_o，故 $\tau_C \approx R_o C$ 数值很小，电容器 C 两端电压波形如图 5.2.1（b）中 bc 段所示。图中 bc 段的阴影部分为充电电流在整流电路内阻 R_o 上产生的压降。v_C 随着交流电压 v_2 升高到接近最大值 $\sqrt{2}V_2$。然后 v_2 又按正弦规律下降。当 $v_2 < v_C$ 时，二极管受反向电压作用而截止，电容器 C 又经 R_L 放电，因放电时间常数 $\tau_d = R_L C$ 较大，故 v_C 波形如图 5.2.1（b）中的 cd 段所示。电容器 C 如此周而复始地进行充放电，负载上便得到如图 5.2.1（b）所示的一个近似锯齿波的电压 $v_o = v_C$，使负载电压的波动大为减小。

由以上分析可知：

（1）$R_L C$ 越大，电容器 C 放电速率越慢，则负载电压中的交流成分越小，负载上平均电压即直流输出电压 V_o 越高。

为了得到平滑的直流输出电压 V_o，一般取

$$R_\mathrm{L}C = (3 - 5)\frac{T}{2}$$

式中，T 为交流电压的周期，工频交流电 $T = 0.02\mathrm{s}$。滤波电容的数值一般为数十微法到数千微法，此时，直流输出电压 V_o 约为

$$V_\mathrm{o} = 1.2V_2$$

当负载开路时，

$$V_\mathrm{o} = \sqrt{2}V_2$$

（2）由于只有 $v_2 > v_C$ 时，二极管才导通，所以二极管的导通角小于 π，导通电流 i_D 是不连续的脉冲。电容器 C 越大，电流 i_D 脉冲幅度越大，流过二极管的冲击电流（浪涌电流）越大。所以，在选择二极管时，其参数值应留有一定余量。

（3）电路直流输出电压 V_o 随负载电阻 R_L 减小（即负载电流 I_L 增大）而减小，表明电容滤波电路的输出特性差，适用于负载电流较小且不变的场合。

第三节　稳 压 电 路

整流输出电压经滤波后，脉动程度减小，波形变平滑。但是，当电网电压发生波动或负载变化较大时，其输出电压仍会随着波动。在这种情况下，滤波电路是无能为力的，必须在滤波电路之后再加上稳压电路。常用的稳压电路有并联型稳压电路、串联型稳压电路、集成稳压电路和开关型稳压电路。

一、并联型稳压电路

构成并联型稳压电路的重要元件是稳压二极管。用稳压二极管 D_z 和限流电阻 R 组成的稳压电路，如图 5.3.1 所示。因为稳压二极管与负载电阻 R_L 并联，故称为并联型稳压电路。图中 V_o 是经整流、滤波电路输出的直流电压。

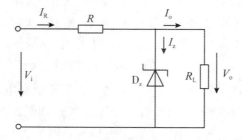

图 5.3.1　并联型稳压电路

下面分析这个电路的稳压原理。

（1）负载电阻 R_L 不变，而交流电网电压波动时的情况。稳压电路的输入电压 V_i 是随交流电网电压的波动而变化的，当交流电网电压升高使 V_i 增大时，将导致输出电压 V_o 升

高，即稳压二极管两端电压要升高。由稳压二极管的反向击穿特性可知，只要该管两端电压有少量增加，则流过管子的反向工作电流 I_z 将显著增加，于是，流过限流电阻 R 的电流 $I_R = I_z = I_o$ 将显著增加，R 两端的电压降就增大，致使 V_i 的增加量基本上都降在 R 上，因而保持输出电压 V_o 基本不变。上述稳压过程可表示如下：

$$V_i\uparrow \rightarrow V_o\uparrow \rightarrow I_z\uparrow \rightarrow I_R\uparrow \rightarrow V_R=(I_R R)\uparrow$$
$$V_o\downarrow \longleftarrow $$

当 V_i 减小而引起 V_o 减小时，其稳压过程可作类似分析。

（2）交流电网电压（即输入电压 V_i）不变，而负载 R_L 变化时的情况。当负载 R_L 减小时，负载电流 I_L 将增大，流过限流电阻 R 的电流 I_R 将增大，在 R 上的压降增大，使输出电压 V_o 减小，即稳压二极管两端电压要减小，使流过管子的反向工作电流 I_o 大大减小，I_o 的增加量被 I_z 的减小量所补偿，使电流 I_R 基本不变，R 上的压降就不变，从而保持输出电压 V_o 基本不变。上述过程也可简单表示如下：

$$R_L\downarrow \rightarrow I_o\uparrow \rightarrow I_R\uparrow \rightarrow V_R=(I_R R)\uparrow \rightarrow V_o\downarrow \rightarrow I_z\downarrow \rightarrow I_R\downarrow \rightarrow V_R\downarrow$$
$$V_o\uparrow \longleftarrow $$

同理，可分析负载 R_L 增加，负载电流 I_o 减小时的稳压过程。

由上述可见，稳压二极管的稳压作用，实际上是利用它的反向工作电流 I_z 的变化引起限流电阻 R 上的压降变化来实现的。这表明限流电阻具有双重作用：一是限制整流滤波电路的输出电流，使稳压二极管在反向击穿时流过的反向电流不超过 I_{zmax}，保护稳压管；二是起调节作用，将稳压二极管的反向工作电流 I_z 的变化转换成电压的变化并承担下来，从而使输出电压 V_o 趋于稳定。

二、串联型稳压电路

前面介绍的稳压二极管稳压电路（并联型稳压电路），线路简单，用的元件少，但输出电流小，且输出电压由稳压二极管的型号（参数 V_z）决定，不能任意调节，故限制了它的应用范围。目前广泛采用串联型稳压电路。

（一）基本电路

串联型稳压电路如图 5.3.2 所示，通常由调整电路、比较放大电路、基准电压源和取样电路 4 部分组成。其中，V_i 是输入电压，来自整流滤波电路的输出；V_o 是输出电压；R_1、R_2、R_W 组成分压器，用来反映输出电压 V_o 的变化，称为取样环节，其取样电压加在集成运放 A 的反相输入端；稳压二极管 D_z 及限流电阻 R 组成稳压电路，提供一个基准电压 V_z，加在集成运放 A 的同相输入端，与其反相输入端加的取样电压相比较，用来产生一个差值信号。该稳压电路称为基准电压环节；集成运放 A 构成差动放大电路，主要作用是将差值信号放大，以控制调整管 T 工作，此差动放大电路称为比较放大环节；调整管 T 与负载串联，输出电压 $V_o = V_i - V_{CE}$，通过控制 T 的工作状态调整其管压降 V_{CE}，达到稳定输出电压 V_o 的目的，称 T 为调整环节。

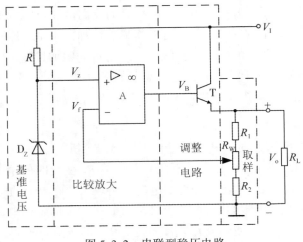

图 5.3.2　串联型稳压电路

(二)稳压原理

在图 5.3.2 电路中，当因某种原因使输入电压 V_i 波动或负载电阻 R_L 发生变化时，都将导致输出电压发生变化。其稳压原理简述如下：

当输入电压 V_i 增加，或负载电阻 R_L 增大时，输出电压 V_o 要增加，取样电压 $V_f = \dfrac{V_o}{R_1 + R_2 + R_W}(R_2 + R_W^n)$ 也要增加(其中，R_W^n 为电位器滑动触点下半部分的电阻值)，V_f 与基准电压 V_z 相比较，其差值电压经集成运放 A 放大后使调整管的基极电位 V_B 降低，I_B 减小，I_C 减小，集电极与发射极间电压 V_{CE} 增大，使 V_o 下降，从而维持 V_o 基本不变，实现稳压。上述稳压过程可表示为

$$V_i \uparrow 或 R_L \uparrow \rightarrow V_o \uparrow \rightarrow V_f \uparrow \rightarrow V_B \downarrow \rightarrow I_B \downarrow \rightarrow I_C \downarrow \rightarrow V_{CE} \uparrow$$

$$V_o \downarrow \longleftarrow \hspace{4cm}$$

同理，当输入电压 V_i 减小或负载 R_L 减小时，亦将使输出电压 V_o 维持稳定。

(三)输出电压调节范围

由集成运放虚短概念有

$$V_f = V_z$$

而

$$V_f = \frac{V_o}{R_1 + R_2 + R_W}(R_2 + R_W^n)$$

故

$$V_o = \frac{V_2}{R_2 + R_W^n}(R_1 + R_2 + R_W)$$

令取样电路分压比为 N，则

$$N = \frac{V_f}{V_o} = \frac{R_2 + R_W^n}{R_1 + R_2 + R_W}$$

于是有

$$V_o = \frac{V_z}{N}$$

上式表明，只要改变取样电路的分压比 N，就可以调节输出电压 V_o 的大小。N 越小，V_o 越大；N 越大，V_o 越小。当 R_o 调至最上端(N 最大时)，得输出电压最小值

$$V_{omin} = \frac{V_z}{N_{max}} = \left(1 + \frac{R_1}{R_2 + R_W}\right)V_z$$

当 R_o 调至最下端(N 最小) 时，得输出电压最大值

$$V_{omax} = \frac{V_z}{N_{min}} = \left(1 + \frac{R_1 + R_W}{R_2}\right)V_z$$

输出电压的调节范围在 $V_{omin} \sim V_{omax}$ 之间。

三、集成稳压器及其应用

随着集成电路工艺的发展，串联型稳压电路中的调整环节、比较放大环节、基准电压环节、取样环节，以及它的附属电路都可以制作在一块硅片内，形成集成稳压组件，称为集成稳压电路或集成稳压器。与其他集成组件一样，集成稳压器具有体积小、可靠性高、使用灵活、价格低廉等优点。目前生产的集成稳压器种类很多，具体电路结构也往往有不少差异。按照引出端不同可分为三端固定式、三端可调式和多段可调式等。三端集成稳压器有输入端、输出端和公共端(接地)三个接线端点，由于它所需外接元件少，便于安装调试，工作可靠，因此在实际使用中得到广泛应用。

(一)固定式三端集成稳压器

1. 一般介绍

常用的三端集成稳压器有 W7800 系列、W7900 系列。成品采用塑料或金属封装，W7800 系列外型及管脚排列如图 5.3.3 所示。W7800 系列：1 端为输入端，2 端为输出端，3 端为公共端。W7900 系列：3 端为输入端，2 端为输出端，1 端为公共端。

(a) W7800金属封装外形图　(b) W7800塑料封装外形图　(c) W7800方框图

图 5.3.3　W7800 系列稳压器外型及方框图

W7800 系列为正电压输出，可输出固定电压 5V、6V、9V、l2V、15V、18V、24V 等七个档次。其输出电压值是用型号后两位数字表示的，如 W7805 表示输出电压为+5V，其余类推。这个系列产品的输出电流采用如下方式表示：W78L00，输出电流为 0.1A；W78M00，输出电流为 0.5A；W7800，输出电流为 1.5A；W78H00，输出电流为 5A；W78P00，输出电流为 10A。

与之对应的 W7900 系列为负电压输出，输出固定电压数值和输出电流数值表示方法与 W7800 系列完全相同。如 W7905 表示输出电压为-5V，输出电流为 1.5A。

2. 主要性能参数

W7800 系列三端集成稳压器主要性能参数如表 5.3.1 所示，其中：

表 5.3.1　三端稳压器 W7800 的主要参数

参 数 名 称	单位	参 数 值
最大输入电压 V_{imax}	V	35
输出电压 V_o	V	5、6、9、12、15、18、24
最小输入、输出电压差值 $(V_i - V_o)_{min}$	V	2~3
最大输出电流 I_{omax}	A	1.5
电压调整率 S_V	无	0.1~0.2
输出电阻 R_o	mΩ	30~150

最大输入电压 V_{imax} 是指保证稳压器安全工作时所允许输入的最大电压。

输出电压 V_o 是指稳压器正常工作时，能输出的额定电压。

最小输入、输出电压差值 $(V_i - V_o)_{min}$ 是指保证稳压器正常工作时所允许的输入与输出电压的最小差值。

最大输出电流 I_{omax} 是指保证稳压器安全工作时所允许输出的最大电流。

电压调整率 S_V 是指输入电压每变化 1V 时输出电压相对变化值的百分数，即

$$S_V = \frac{\frac{\Delta V_o}{\Delta I_o}}{\Delta V_i} \times 100\%$$

S_V 值越小，稳压性能越好。

输出电阻 R_o 是指在输入电压变化量 ΔV_i 为 0 时，输出电压变化量 ΔV_o 与输出电流变化量 ΔI_o 的比值。即

$$R_o = \frac{\Delta V_o}{\Delta I_o}\bigg|_{\Delta V_i = 0}$$

它反映负载变化时的稳压性能。R_o 越小，即 ΔV 小，稳压性能越好。

3. 基本应用电路

1）固定输出的基本稳压电路

图 5.3.4（a）所示为输出电压固定的基本稳压电路。为了确保正常工作，最小输入电压应比固定输出电压高 2~3V。其输出电压数值和输出电流数值由所选用的三端集成稳压器决定。如需 12V 输出电压，1.5A 输出电流，就选用 W7812；如需 5V 输出电压，0.5A 输出电流，就选用 W7805。电路中 C_1、C_2 的作用是完成滤波消除高频噪声，防止电路自激振荡；输入输出之间接保护二极管 D 是为了避免输入短路，C_2 反向放电损坏稳压器。如果需用负电源，可改用 W7900 系列三端稳压器，电路基本结构不变，如图 5.3.4（b）所示。

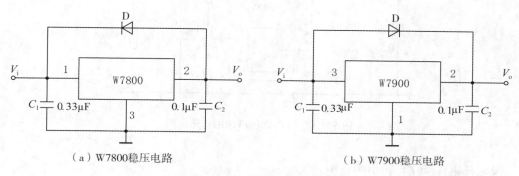

（a）W7800稳压电路   （b）W7900稳压电路

图 5.3.4 固定输出的三端稳压电路

2）扩流电路

因三端稳压器的输出额定电流有限，当所需电流超过组件输出电流时，外接功率管可扩大输出电流，稳压器的电流扩展电路如图 5.3.5 所示。

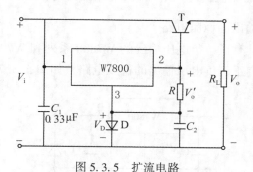

图 5.3.5 扩流电路

由图 5.3.5 可见，负载电流由三极管的集电极电流提供，而它的基极电流由 W7800 驱动。设稳压器的输出电流的最大值为 I_{omax}，流过电阻 R 的电流为 I_R，则晶体管的最大基极电流 $I_{Bmax} = I_{omax} - I_R$，因此，负载电流的最大值为

$$I_{Lmax} = (1 + \beta)(I_{omax} - I_R)$$

　　电路中的二极管 D 可以补偿功率管 T 的发射结电压 V_{BE} 对 V_o 的影响，这是因为 $V_o = V_o' - V_{BE} + V_D = V_o'$。同时也可对 V_{BE} 进行温度补偿。

　　3）输出电压可调的稳压电路

　　用 W7800 系列中的三端集成稳压器 W7805 与集成运放 A 组成的输出电压可调的稳压电路如图 5.3.6 所示。由于集成运放 A 的输入阻抗很高，输出阻抗很低，用它做成电压跟随器便能较好地克服三端集成稳压器静态工作电流 I_Q 变化对稳压精度的影响。

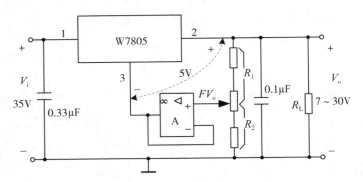

图 5.3.6　输出电压可调的稳压电路

　　设取样电压为 FV_o，由图可得：

$$FV_o = \frac{R_2}{R_1 + R_2} V_o = V_o - 5$$

$$V_o = \left(1 + \frac{R_2}{R_1}\right) \cdot 5$$

　　调节电位器改变 $\dfrac{R_2}{R_1}$ 的比值，V_o 可在 7~30V 范围内调整。

　　4）具有正、负电压输出的稳压电路

　　将同种规格的分别具有正、负电压输出的 W7800 系列和 W7900 系列三端集成稳压器配合使用，便能组成具有正、负电压输出的稳压电路，如图 5.3.7 所示。

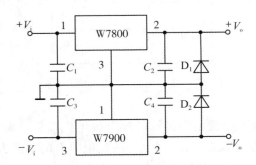

图 5.3.7　输出正负电压的稳压器

图 5.3.7 中，W7800 系列和 W7900 系列三端集成稳压器分别接成固定输出基本稳压电路，但具有公共接地端。

(二) 可调式三端集成稳压器 W317(W117) 系列

1. 简介

W317(W117) 系列可调三端集成稳压器为第二代三端集成稳压器。输出正电压，其调压范围为 1.2~37V，最大输出电流为 1.5A。与之对应的 W337(W137) 系列为负电压输出，其电路基本结构、性能、功能与 W317(W117) 系列基本相同。W117 的外形及方框图如图 5.3.8 所示。

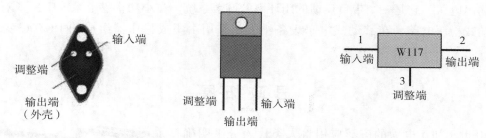

图 5.3.8　W117 外形及方框图

2. W317 和(W117)可调三端集成稳压器的典型应用

W317(W117) 的典型应用电路如图 5.3.9 所示。

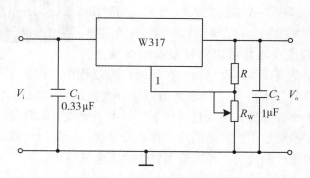

图 5.3.9　W317 典型应用电路

图 5.3.9 中，V_i 为整流滤波电路输出电压；C_1、C_2 用于消除高频噪声，防止电路自激振荡，R、R_w 组成输出电压 V_o 调整电路，调节 R_w，即可调整输出电压 V_o 的大小。

与 W7800 系列稳压器相比，它设计独特，精巧，输出电压连续可调且稳压精度高，最大输入、输出电压差可达 40V，工作温度范围为 0~125℃。因此，适合将它作为一种通用化、标准化的集成稳压器，用于需要非标准输出电压值的各种电子设备的电源中。

本 章 小 结

1. 在电子系统中，经常需要将交流电网电压转换成稳定的直流电压，为此要用整流、滤波和稳压等环节来实现。

2. 在整流电路中，是利用二极管的单向导电性将交流电转变为脉动的直流电。为抑制输出直流电压中的纹波，通常在整流电路后接有滤波环节。在直流输出电流较小且负载几乎不变的场合，采用电容输入式滤波电路，而负载电流大的功率场合，采用电感输入式滤波电路。

3. 串联反馈式稳压电路的调整管式工作在线性放大区，利用控制调整管的管压降来调整输出电压，它是一个带负反馈的闭环有差调节系统。在小功率供电系统中，多采用串联反馈式稳压电路，在移动式电子设备中，多采用由集成稳压器组成的 DC/DC 变换器供电。

思 政 拓 展

20 世纪初，电力的广泛应用将人类代入分工明确、大批量生产的流水线模式和电气时代。早期发电站均采用爱迪生旗下公司的直流供电系统，但其输电距离近，电能只能有效地传输到离中央电厂不到两公里的区域，超过这个范围，电压便会大幅度降低；为了降低线路损耗，就要采用较粗的铜线，成本随之大大增加。当时由于整流逆变技术的种种限制，这个问题始终得不到很好的解决。而交流电的优点刚好可以弥补直流电的缺点，于是特斯拉极力推广交流技术。没想到，在他推广的过程中，遭到了爱迪生的百般阻挠，爱迪生竭力证明其弊端。1893 年 1 月于芝加哥举办的一次世界博览会开幕礼中，特斯拉一手拿着电线，一手拿着灯泡，在众目注视下，展示了交流电同时点亮了几万盏灯泡的供电能力，震慑全场，也展示了交流电的可靠性和安全性。特斯拉打破固有传统观念和思维模式，以追求创新的勇气和魄力，使人类大踏步进入电气时代。

思考题与习题

5.1　有一单相桥式的整流电路如图所示，试分析在出现下述的故障时会出现什么现象？

（1）D_1 的正负极接反；

（2）D_2 短路；

（3）D_1 开路。

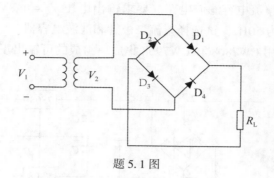

题 5.1 图

5.2   判断下列说法是否正确。

(1)整流电路可将正弦电压变为脉动的直流电压。   (   )

(2)电容滤波电路适用于小负载电流，而电感滤波电路适用于大负载电流。 (   )

(3)在单相桥式整流电容滤波电路中，若有一个整流管断开，输出电压平均值变为原来的一半。   (   )

5.3   选择合适的答案填入空内。

(1)整流的目的是_____。

    A. 将交流变为直流   B. 将高频变为低频   C. 将正弦波变为方波

(2)在单相桥式整流电容滤波电路中，若有一个整流管接反，则_____。

    A. 输出电压约为 $2U_D$ B. 变为半波整流   C. 整流管将因电流过大而烧坏

(3)直流稳压电源中滤波电路的特点是_____。

    A. 将交流变为直流   B. 将高频变为低频

    C. 将交、直流混合量中的交流成分滤掉

(4)滤波电路要选用_____。

    A. 高通滤波电路   B. 低通滤波电路   C. 带通滤波电路

5.4   试从反馈的角度分析图示串联型稳压电路的工作原理及影响稳压性能的主要因素。

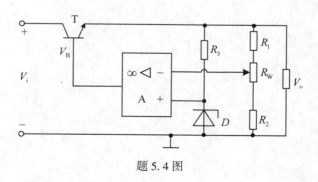

题 5.4 图

5.5　设计一桥式整流电容滤波电路。要求输出电压 $V_o = 4.8V$，已知负载电阻 $R_L = 100\Omega$，交流电源频率为 50Hz，试选择整流二极管和滤波电容器。

5.6　图示电路采用 CW7808 和 CW7908 集成块组成的可输出正负电源的稳定电路。

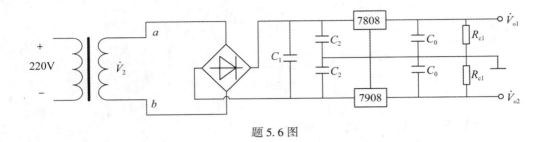

题 5.6 图

（1）标出输出电压的大小和极性。

（2）简述电路的工作原理。

第六章　数字逻辑基础

当今社会已进入到了信息数字化的时代，计算机、数字电视、雷达、通信、数控机床等军事、生活、生产中数字技术的影响无所不在，而数字技术是建立在数字信号与数字电路的基础上的。

第一节　数字信号基础概念

一、数字信号

客观世界存在的信号按其规律分为两类：一类是连续信号，另一类是离散信号。在模拟电子技术中，我们研究的是随时间连续变化的电信号，即模拟信号。而这一部分我们要研究的数字信号则是在时间上、数值上都是离散的电信号，如学生成绩记录，工厂的产品统计等。目前广泛使用的典型数字信号是矩形波。数字信号常用抽象出来的二值信息 1 和 0 表示。对于数字信号 1 和 0，可以用开关的断开和闭合表示；也可用电位的高和低来表示，还可以用信号的有无来表示等。

数字电路是用来处理数字信号的电子线路，实现各种功能的数字电路相互连接就可形成数字系统，如电子计算机等。数字电路由数字部件组成，进行数字信号的产生、变换、传输、寄存、控制等，数字电路主要研究电路的组成结构、工作原理及逻辑功能。数字电路的各种功能是通过逻辑运算和逻辑判断来实现的，因此，数字电路又称为逻辑电路。

现实世界中大量的信号是模拟信号，通过数字系统对模拟信号进行处理或运算，能够提高精度、防止干扰等，具有很多优势。因此，常常利用模/数（A/D）和数/模（D/A）转换电路，进行模拟与数字信号的变换，实现模拟信号的数字化处理。

二、数制及数码

（一）数制

数制就是数的进位制，按照进位规律的不同，形成了不同进制的计数制式。

1. 十进制数

我们熟悉的计数制式是十进制（Decimal），十进制数是由 0、1、2、3、4、5、6、7、8、9 十个不同的数码组成。其数是自左向右由高位到低位排列，计数规律是"逢十进一"，即以 10 为基数的计数体制。

每一个十进制数码处于不同(数)位置时，所代表的数值是不同的。例如，十进制数 666，虽然三个数码都是 6，但左边的是百位数，它表示 600，即 6×10^2；中间一位是十位数，它表示 60，即 6×10^1；右边的一位为个位数，它表示 6，即 6×10^0，用数学式可表示为

$$(666)_{10} = 6 \times 10^2 + 6 \times 10^1 + 6 \times 10^0$$

式中，10^2、10^1、10^0 分别为百位、十位、个位的"权"。由此可见，位数越高，权值越大，十进制数相邻高位权值是相邻低位权值的 10 倍。

上述十进制整数表示法，可扩展到表示小数，小数点右边各位数码的权值是基数 10 的负次幂，例如，十进制小数 0.142 可表示为

$$(0.142)_{10} = 1 \times 10^{-1} + 4 \times 10^{-2} + 2 \times 10^{-3}$$

一般来说，任意十进制数 $(N)_{10}$ 可表示为

$$(N)_{10} = \sum_{-\infty}^{+\infty} K_i \times 10^i \tag{6.1.1}$$

式中，K_i 为基数 10 的第 i 次幂的系数，它可以是 0～9 中的任一个数码；i 是 $-\infty \sim +\infty$ 之间的任意一个整数。

从计数电路的角度来看，采用十进制是不方便的。因为十进制的每个数码都应与电路状态对应，这在技术上、经济上都很难。

2. 二进制数

二进制(Binary)数是由 0 和 1 两个数码组成，与十进制数一样，自左向右由高位到低位排列，其计数规律是"逢二进一"，即以 2 为基数的计数体制。

这样，每一个数码处于不同位置时，所代表的权重不同，数值也就不同。例如，二进制数 10101 可表示为

$$(10101)_2 = 1 \times 2^4 + 0 \times 2^3 + 1 \times 2^2 + 0 \times 2^1 + 1 \times 2^0$$

式中，2^4、2^3、2^2、2^1、2^0 分别为相应位的"权"，相邻高位的权值是相邻低位权值的 2 倍。

同样，二进制数的表示法，也可扩展到表示小数，小数点右边各位数码的权值是基数 2 的负次幂。例如，二进制小数 0.1011 可表示为

$$(0.1011)_2 = 1 \times 2^{-1} + 0 \times 2^{-2} + 1 \times 2^{-3} + 1 \times 2^{-4}$$

因此，任意二进制数 $(N)_2$ 可表示为

$$(N)_2 = \sum_{i=-\infty}^{+\infty} K_i \times 2^i \tag{6.1.2}$$

式中，K_i 为基数 2 的 i 次幂的系数，它可以为 0 或为 1；i 为 $-\infty \sim +\infty$ 之间的任意整数。

3. 二进制数与十进制数之间的相互转换

1) 二进制数转换成十进制数

采用"乘权求和"法可以把二进制数转换成十进制数，即把二进制数按权展开，然后把所有各项的数值相加便可得到等值的十进制数值。

例 6.1.1　试将二进制数 1010.101 转换成十进制数。

解：$(1010.101)_2 = (1 \times 2^3 + 0 \times 2^2 + 1 \times 2^1 + 0 \times 2^0 + 1 \times 2^{-1} + 0 \times 2^{-2} + 1 \times 2^{-3})_{10} = (8 + 2 + 0.5 +$

$0.125)_{10} = (10.625)_{10}$

2）十进制数转换成二进制数

十进制数转换成二进制数时，可将十进制数的整数部分和小数部分分开，然后分别转换。对整数部分可采用"除 2 取余倒记法"，即对十进制整数逐次用 2 除，并依次记下余数，一直除到商数为零。然后把全部余数，按相反的次序排列起来，就是等值的二进制整数；对小数部分可采用"乘 2 取整顺记"法，即对十进制小数逐次用 2 乘，并依次记下整数，一直乘到取整位数满足精度要求（即小数点后取几位）。然后把全部整数，按取整顺序排列起来，就是等值的二进制小数。最后将二进制形式的整数和小数相加，便得到相应十进制数所对应的二进制数。

例 6.1.2　试将十进制数 13.86 转换成二进制数。

解：首先将十进制数 13.86 分成整数 13 和小数 0.86。

整数转换采用除 2 取余倒记法，即小数转换采用乘 2 取整顺记法。

```
2 | 13  ——— 余1  读      0.86×2=1.72 ——— 取出1  读
2 |  6  ——— 余0  数      0.72×2=1.44 ——— 取出1  数
2 |  3  ——— 余1  方      0.44×2=0.88 ——— 取出0  方
2 |  1  ——— 余1  向      0.88×2=1.76 ——— 取出1  向
```

$(13)_{10} = (1101)_2$，$(0.86)_{10} \approx (0.1101)_2$，$(13.86)_{10} \approx (1101.1101)_2$

值得注意的是，十进制小数在乘 2 转换时有时存在着无限循环，需按设定误差取舍。

4. 八进制数与十六进制数

二进制数位数较多，书写和记忆不便，因而常用八进制（Octal）数和十六进制（Hexadecimal）数来表示二进制数。八进制数和十六进制数分别以八和十六为基数，计数规律分别是"逢八进一"和"逢十六进一"。

八进制数采用 0、1、2、3、4、5、6、7 八个不同的数码组成，而十六进制数则采用 0、1、2、3、4、5、6、7、8、9、A、B、C、D、E、F 十六个不同的数码组成，它们的表示可仿二进制数。每 1 位八进制数对应 3 位二进制数，每 1 位十六进制数对应 4 位二进制数。在二进制数与八进制数转换时，可将 3 位二进制数分为一组，对应 1 位八进制数，反之亦然；而二进制数与十六进制数转换时，可将 4 位二进制数与 1 位十六进制数对应。如：

$(10\ 011\ 100\ 101\ 101\ 001\ 000)_2 = (2345510)_8 = (1001\ 1100\ 1011\ 0100\ 1000)_2 = (9CB48)_{16}$

（二）数码

用十进制数来表示一种特定的编号就是编码，如邮政编码、电话号码等。数字系统中的信息可分为数值、文字符号两类，它们在计算机中也用二进制数码表示，这个特定的二进制数码称为代码，建立这种代码与十进制数值、字母、符号的一一对应的关系成为编码。

若所需编码的信息有 N 项，则所需的二进制数码的位数 n 应满足如下关系：

$$2^n \geqslant N$$

常用的编码有：二 - 十进制码（BCD 码），格雷码，美国信息交换标准代码（ASCII）等。部分编码的特点如表 6.1.1 所示。

表 6.1.1　常用的编码

$b_3 b_2 b_1 b_0$ $2^3 2^2 2^1 2^0$	十进制数	BCD 码			格雷码 $G_3 G_2 G_1 G_0$
		8421 码	5421 码	余 3 码	
0000	0	0	0		0000
0001	1	1	1		0001
0010	2	2	2		0011
0011	3	3	3	0	0010
0100	4	4	4	1	0110
0101	5	5		2	0111
0110	6	6		3	0101
0111	7	7		4	0100
1000	8	8	5	5	1100
1001	9	9	6	6	1101
1010	10		7	7	1111
1011	11		8	8	1110
1100	12		9	9	1010
1101	13				1011
1110	14				1001
1111	15				1000

1. BCD 码

十进制数有 0~9 十个数码，要用四位二进制数才能表示一位十进制数，但四位二进制代码共有 0000~1111 十六种状态，而 BCD 码只需十种状态，所以，必须选取其中十种状态作为 BCD 码。方案很多，通常是取四位二进制代码的前十种状态 0000~1001 表示 0~9 十个数码，而去掉后面六种状态（1010~1111）。这时，四位二进制代码各位具有的权从高位到低位依次为 8、4、2、1，故称为 8421 码。8421 码也称为 8421BCD 码。将各位代码乘权相加，即可得到该二进制代码所表示的十进制数。如 1001 所表示的十进制数是 8+0+0+1=9。

2. 格雷码

格雷码也是一种 BCD 码,但是它遵循另外两种特性。

(1)循环特性。在两个二值代码中,不相同码位的位数称为这两个代码的距离,表6.1.1 中 9 和 10 对应的两个代码分别为 1101 和 1111,仅次低位不同,它们之间的距离为 1。如果把格雷码中的第一个代码 0001 与最后一个代码 1000 也看作相邻的代码,那么各相邻两位代码之间的距离均为 1,故称它为单位距离码。这种特性又称为循环特性,具有循环特性的编码称为循环码。格雷码是一种循环码。

在数字电路中,由于循环码具有循环特性,当数值递增或递减时,将不会出现瞬变过程,从而提高了电路的抗干扰能力和可靠性,也有助于提高电路的工作速度。

(2)反射特性。若以格雷码的最高位 0 和 1 的交界处为对称轴,处于轴对称位置的各对代码除最高位不同外,其余各位均相同,这一特点为反射特性。上述最高为称为反射位。有反射特性的编码称为反射码。格雷码是具有反射特性的循环码。这种编码的反射特性将有可能简化把代码变换回信息的译码电路。

3. 美国信息交换标准代码(ASCII)

ASCII 码的全称为 American Standard Code for Information Interchange,它是当前最常用的表示各种符号的编码方法,其部分代码如表 6.1.2 所示。图 6.1.1 左侧表示计算机键盘上若干个英文字母的键,如按下按钮开关 A,则编码器将输出 A 的 ASCII 代码 1000001,并经过并行到串行的变换电路,向计算机串行地输出这一代码。如果键入的符号为 C = A + B,则串行输出的二进制代码为 1000011 0101101 1000001 0101011 1000010。

表 6.1.2 键盘及信号变换

字符	ASCII 码	字符	ASCII 码	字符	ASCII 码
null	0100000	4	0110100	K	1001011
.	0101110	5	0110101	L	1001100
(	0101000	6	0110110	M	1001101
+	0101011	7	0110111	N	1001110
$	0100100	8	0111000	O	1001111
*	0101010	9	0111001	P	1010000
)	0101001	A	1000001	Q	1010001
−	0101101	B	1000010	R	1010010
/	0101111	C	1000011	S	1010011
,	0101100	D	1000100	T	1010100
'	0100111	E	1000101	U	1010101
=	0111101	F	1000110	V	1010110

续表

字符	ASCII 码	字符	ASCII 码	字符	ASCII 码
0	0110000	G	1000111	W	1010111
1	0110001	H	1001000	X	1011000
2	0110010	I	1001001	Y	1011001
3	0110011	J	1001010	Z	1011010

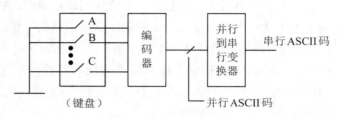

图 6.1.1　键盘及信号变换

三、数字电路特点

（1）数字电路基本工作在二值信号，只有 0 和 1 两个基本数字，反映在电路上就是低电位和高电位两种状态，常用二极管的导通、截止，以及三极管的饱和、截止两种截然不同的状态代表。

（2）数字电路主要研究对象是电路的输入和输出之间的逻辑关系，即电路的逻辑功能；主要进行电路的逻辑分析和逻辑设计，主要的研究工具是逻辑代数。

（3）数字电路的结构简单、工作速度快、精度高、功能强、可靠性好、功耗小，便于集成化和系列化，产品的价格低、通用性好、使用方便。

数字电路的基础是基本逻辑运算与基本逻辑门电路，数字电路不仅具有算术运算的能力，而且还具备一定的"逻辑思维"能力，即按照人们设计好的规则，进行逻辑推理和判断。因此，人们才能够制造出各种智能仪表、数控装置和计算机等，实现生产管理的高度自动化。

目前，数字技术的应用已极为广泛。随着集成电路技术的进一步发展，特别是大规模（LSI）和超大规模（VLSI）集成器件的发展，使得各电子系统性能不断增强，可靠性不断提高，成本不断降低，体积不断缩小，数字技术应用越来越广。同时，数字逻辑分析与设计方法也在不断地发展，数字电路的概念也在发生变化。例如，在嵌入式系统中，已将元器件制造技术、电路设计技术、系统构成技术等融为一体，元器件、电路、系统的概念已经趋于模糊。数字电路随着新技术的发展正在不断地完善、发展和更新。本篇仅介绍数字电路的基础知识，着力突出器件性能、电路功能和电路分析方法，以达到学以致用的目的。

第二节　逻　辑　代　数

一、逻辑代数概念

用来描述逻辑关系的数学方法称为逻辑代数，又称为布尔代数或开关代数，它是研究逻辑电路的数学工具。与普通代数类似，也是用字母 A，B，C，…来表示变量，变量按一定的运算规则进行运算，并组成代数式，用 $L(A，B，C，…)$ 或 $F(A，B，C，…)$ 等表示，称为逻辑函数或逻辑代数。逻辑代数中的三种最基本的运算是：逻辑与，逻辑或，逻辑非。但逻辑代数与普通代数有本质上的区别：在逻辑代数中变量只有 0 和 1 两种取值，而且 0 和 1 不表示数量的大小，仅表示两种对立的逻辑状态，称为逻辑 0 和逻辑 1。

二、逻辑代数基本定理

（一）基本定律

$A + 0 = A$ $A \cdot 0 = 0$

$A + 1 = A$ $A \cdot 1 = A$

$A + A = A$ $A \cdot A = A$

$A + \bar{A} = 1$ $A \cdot \bar{A} = 0$

$A = \bar{\bar{A}}$

（二）运算规律

1. 与普通代数相同的运算规律

交换律：$A + B = B + A$ $A B = B A$

结合律：$A + (B + C) = (A + B) + C$ $A(BC) = (AB)C$

分配律：乘法分配律 $A(B + C) = AB + AC$

加法分配律（普通代数中没有此规律）：$A + BC = (A + B)(A + C)$

2. 逻辑代数特殊运算规律

摩根定律：
$$\overline{A + B} = \bar{A} \cdot \bar{B} \tag{6.2.1}$$

$$\overline{A \cdot B} = \bar{A} + \bar{B} \tag{6.2.2}$$

上述基本定律和运算规律可直接利用真值表证明。对逻辑变量各种可能取值，若对应公式等号两边的值都相等，则等式成立。

例如，要证明摩根定律，列出真值表如表 6.2.1 所示。由表可见：

$$\overline{A + B} = \bar{A} \cdot \bar{B}$$

$$\overline{A \cdot B} = \bar{A} + \bar{B}$$

表 6.2.1　真 值 表

变　量	函　数　值			
$A\ \ B$	$\overline{A \cdot B}$	$\overline{A} + \overline{B}$	$\overline{A+B}$	$\overline{A} \cdot \overline{B}$
0　0	1	1	1	1
0　1	1	1	0	0
1　0	1	1	0	0
1　1	0	0	0	0

　　摩根定律是一个非常有用的定理，在化简函数和设计逻辑电路时，有着广泛的用途。摩根定律可以扩展到多个变量，即

$$\overline{A \cdot B \cdot C} = \overline{A} + \overline{B} + \overline{C}$$

$$\overline{A + B + C} = \overline{A} \cdot \overline{B} \cdot \overline{C}$$

(三) 常用公式

　　公式 1：$AB + A\overline{B} = A$。

　　证明：$AB + A\overline{B} = A(B + \overline{B}) = A$。

　　上式说明在一个与或表达式中，若两个与项中分别包含了互为反变量的数 (B 和 $\overline{B}$)，而其他变量都相同，则可将这两个与项合并为一项，消去互为反变量的数，只保留公有变量。

　　公式 2：$A + AB = A$。

　　证明：$A + AB = A(1 + B) = A$。

　　上式说明在一个与或表达式中，如果一项(或者一个与项)是另一个与项的因子，则包含这个因子的与项是多余的。

　　公式 3：$A + \overline{A}B = A + B$。

　　证明：$A + \overline{A}B = (A + \overline{A})(A + B)$。

　　上式说明在一个与或表达式中，如果一个与项的非是另一个与项的一个因子，则这个因子是多余的。公式 2、公式 3 又称为吸收律。

　　公式 4：$AB + \overline{A}C + BC = AB + \overline{A}C$。

　　证明：$AB + \overline{A}C + BC = AB + \overline{A}C + BC(A + \overline{A})$

$$= AB + \overline{A}C + ABC + \overline{A}BC$$

$$= (AB + ABC) + (\overline{A}C + \overline{A}BC)$$

$$= AB + \overline{A}C。$$

　　推论：$AB + \overline{A}C + BCDEF = AB + \overline{A}C$。

证明：从左往右变：

$$AB + \overline{A}C + BCDEF = AB + \overline{A}C + BC + BCDEF$$
$$= AB + \overline{A}C + BC$$
$$= AB + \overline{A}C$$

公式 4 及推论说明在一个与或表达式中，如果两个与项中，一项包含了原变量 A，另一项包含了反变量 $\overline{A}$，而这两项其余的因子都是第三个与项的因子，则第三个与项是多余的。该项称为冗余项，公式 4 及推论称为冗余律。

（四）基本规则

1. 代入规则

在任何一个逻辑等式中，如果将等式两边的某变量 A 都用一个函数代替，则等式依然成立，这个规则称为代入规则。

例如，$B(A + C) = BA + BC$，则 $B[(A + D) + C] = B(A + D) + BC$。代入规则可以扩展所有定律的应用范围。

2. 反演规则

根据摩根定律，求一个逻辑函数 L 的反函数时，可将 L 中与变成或，或变成与；再将原变量换为反变量，反变量换为原变量；并将 1 变为 0，0 变为 1；则所得的逻辑函数就是 L 的反函数 $\overline{L}$。这个规则称为反演规则。

例如，$L = \overline{A}\,\overline{B} + CD + 0$，则 $\overline{L} = (A + B) \cdot (\overline{C} + \overline{D}) \cdot 1$。

3. 对偶规则

一个逻辑函数 L 表达式中，若把与变成或，或变成与；1 变为 0，0 变为 1；则所得的逻辑函数就是 L 的对偶函数 L'。

例如，$L = (A + \overline{B}) \cdot (A + C)$，则 $L' = A \cdot \overline{B} + A \cdot C$。

一个等式成立，则它的对偶式也成立。

反演规则、对偶规则在应用时，一定要保持原来的运算顺序；对反变量以外的非号，应保持不变。

第三节　逻辑函数的变换与化简

在逻辑代数中，将表示逻辑关系的表达式称为逻辑函数表达式。写成一般形式为：
$$L(A,\ B,\ C,\ \cdots)$$
式中，A、B、C 为逻辑变量，当其取值确定以后，L 的值就确定，我们就称 L 是 A、B、C 的逻辑函数。

利用逻辑代数的公式和定律可以对逻辑函数进行恒等变换和化简。

一、逻辑函数的表达式

(一)逻辑函数不同形式的表达式

描述同一个逻辑关系的逻辑函数不是唯一的，它可以有多种不同形式的表达式。

例如：
$$F = AB + \bar{A}C \qquad\qquad \text{与或表达式}$$
$$= \overline{\overline{AB} \cdot \overline{\bar{A}C}} \qquad\qquad \text{与非 - 与非表达式}$$
$$= (\bar{A} + B)(A + C) \qquad \text{或与表达式}$$
$$= \overline{\overline{\bar{A} + B} + \overline{A + C}} \qquad \text{或非 - 或非表达式}$$
$$= \overline{A \cdot \bar{B} + \bar{A} \cdot \bar{C}} \qquad \text{与或非表达式}$$

(二)逻辑函数的最简表达式

在数字系统或电路中，逻辑函数的功能是要逻辑电路来实现的，逻辑电路是由逻辑门构成的，逻辑门电路用来实现逻辑表达式中的与、或、非运算。把逻辑门构成的图形称为逻辑图，它其实也是逻辑函数或逻辑功能的另一种表示方法。

理论上逻辑表达式越简单，需要的逻辑门越少，与之对应的逻辑图就越简单，这样的逻辑电路就可节省器件，降低成本。因此，必须使逻辑表达式简化为最简式。由于每种形式的逻辑表达式都可以转换与简化，因而逻辑函数的最简表达式的定义就不相同。其中，与或表达式最常见，而且很容易利用逻辑代数的公式将其转换成其他形式的表达式，故我们以与或表达式为例，说明最简式的定义。所谓最简与或表达式，是指表达式中乘积项的个数最少，且每个乘积项中变量的个数最少。

二、公式法变换和化简逻辑函数

逻辑函数常用化简方法有公式法和图形法。公式化简法就是利用逻辑代数的运算定律和公式对逻辑函数进行化简。在公式化简法中常采用下列方法。

(一)并项法

利用 $A + \bar{A} = 1$ 公式，将两项合并为一项，消去一个变量。例如：$ABC + AB\bar{C} = AB(C + \bar{C}) = AB$。

(二)吸收法

利用公式 $A + AB = A$，消去多余的项。例如：$A\bar{B} + A\bar{B}CD = A\bar{B}$。

(三)消去法

利用公式 $A + \bar{A}B = A + B$，消去多余的因子。例如：$\bar{A} + AC = \bar{A} + C$。

（四）配项法

利用公式 $A + \bar{A} = 1$，将某一乘积项乘以 $A + \bar{A}$ 后，拆成两项，再与其他乘积项合并化简。例如：

$$AB + \bar{A}\,\bar{C} + B\bar{C} = AB + \bar{A}\,\bar{C} + B\bar{C}(A + \bar{A})$$
$$= AB + \bar{A}\,\bar{C} + ABC + \bar{A}B\,\bar{C}$$
$$= AB + AB\bar{C} + \bar{A}\,\bar{C} + \bar{A}B\bar{C}$$
$$= AB + \bar{A}\,\bar{C}$$

公式化简法化简逻辑函数时常常综合运用上述方法。

例 6.3.1 化简 $L = AD + A\bar{D} + A\,\overline{BC} + \bar{B}C + B$。

解：$L = AD + A\bar{D} + A\,\overline{BC} + \bar{B}C + B$

$= A + A\,\overline{BC} + \bar{B}C + B$

$= A + B + C$

例 6.3.2 化简 $L = \overline{\overline{\overline{AB} + \bar{C}}} + \overline{A \cdot \overline{\bar{B} + C}} + ABC$。

解：$L = \overline{\overline{\overline{AB} + \bar{C}}} + \overline{A \cdot \overline{\bar{B} + C}} + ABC$

$= A\bar{B}C + AB\bar{C} + ABC$

$= A\bar{B}C + AB\bar{C} + ABC + ABC$

$= (A\bar{B}C + ABC) + (AB\bar{C} + ABC)$

$= AC + AB$

由上述例题可见，公式化简法的优点是适合任意变量的逻辑函数化简。但由于逻辑函数的多样性，应用公式法化简并没有一套完整的步骤可以遵循，化简后式子的是否最简也没有判断标准，不能直观判断。因此用公式化简法，除了熟记公式外，只有通过多练习，积累经验，提高化简技巧。

三、卡洛图变换和化简逻辑函数

应用公式法化简逻辑函数在很大程度上取决于人们掌握和运用逻辑代数公式的熟练程度，以及积累的经验和技巧。逻辑函数即便能得到化简，在很多情况下也难以确定得到的结果是最简式。采用图形法化简就能克服这些问题，图形法化简是指利用卡诺图对逻辑函数化简的方法，它不需要特殊的技巧，只要遵循一定的规则就能比较简便地从卡诺图上得到逻辑函数的最简与或表达式，是一种较为标准化的逻辑函数化简方法。

（一）逻辑函数的最小项

1. 最小项的定义

n 个变量 X_1，X_2，$\cdots$，X_n 的最小项是 n 个变量的乘积，每个变量都以它的原变量或反变量的形式在乘积项中出现，且仅出现一次。

设 A、B、C 是三个逻辑变量，若按照最小项原则构成乘积项，便会得到 $\overline{A}\,\overline{B}\,\overline{C}$、$\overline{A}\,\overline{B}C$、$\overline{A}B\overline{C}$、$\overline{A}BC$、$A\,\overline{B}\,\overline{C}$、$A\overline{B}C$、$AB\overline{C}$、$ABC$ 八个乘积项，这八个乘积项就称为变量 A、B、C 的最小项。不符合上述原则构成的乘积项，如 $\overline{AB}$、$ABC\overline{C}$ 等都不能称为最小项。显然，三个变量共有 2^3 个最小项。对 n 个变量来说，共有 2^n 个最小项。

2. 最小项的性质

对上述三个变量的最小项进行分析，可看出最小项具有下列性质：

（1）对任意一个最小项，只有一组变量取值使之值为 1；不同的最小项，使它的值为 1 变量取值也不同。

（2）对于变量的任一组取值，任意两个最小项乘积为 0；而所有最小项的和为 1。

3. 最小项的表示

为了叙述和书写方便，通常都用 m 表示最小项，并将最小项加以编号，编号的方法是：使最小项值等于 1 对应的变量取值当作二进制数，其对应的十进制数就是该最小项的编号。例如，$\overline{A}\,\overline{B}\,\overline{C}$ 使其值等于 1，对应变量的取值是 000，相当于十进制数 0，所以它的编号是 0，记作 m_0；$\overline{A}BC$ 使其值等于 1，对应变量的取值是 011，相当于十进制数 3，所以它的编号是 3，记作 m_3，其余类推。

在逻辑代数中，任何逻辑函数都可以表示成最小项之和的形式，称为最小项表达式。为了求得逻辑函数最小项表达式，首先应将逻辑函数转换成与或表达式，然后对与或表达式中缺少变量的乘积项配项，直到每个乘积项都成为最小项。

例 6.3.3　将 $L = \overline{(AB + \overline{A}\,\overline{B} + \overline{C})\,\overline{AB}}$ 展开成最小项表达式。

解：$L = \overline{(AB + \overline{A}\,\overline{B} + \overline{C})\,\overline{AB}}$

$= \overline{(AB + \overline{A}\,\overline{B} + \overline{C})} + AB$

$= \overline{AB} \cdot \overline{\overline{A}\,\overline{B}} \cdot C + AB$

$= (\overline{A} + \overline{B})(A + B)C + AB$

$= \overline{A}BC + A\overline{B}C + AB(C + \overline{C})$

$= \overline{A}BC + A\overline{B}C + AB\overline{C} + ABC$

它常写成下列形式：$L = m_3 + m_5 + m_6 + m_7 = \sum\limits_m (3、5、6、7)$。

（二）卡诺图及其画法

为了便于化简，把逻辑函数的所有最小项用图形即小方格表示。小方格在排列时，应使几何位置相邻的小方格，在逻辑上也是相邻的。所谓逻辑相邻，是指两个小方格所表示的最小项只有一个因子互为反变量即互补，而其余因子相同。按照这种相邻性原则排列的最小项方格图称为卡诺图。如图 6.3.1 所示，分别是二、三、四变量的卡诺图。

因为 n 个变量的逻辑函数，有 2^n 个最小项。因此，相对应的卡诺图应有 2^n 个方格。所以，二、三、四变量卡诺图分别有 4、8、16 个方格，每个方格对应一个最小项。方格中的十进制数字是最小项的编号，也是卡诺图中方格的编号。在方格图外面标出了行与列各变量的取值。例如，三变量卡诺图中的 1 号方格，行变量 A 取值是 0，列变量 B、C 取值是 0、1，因此，1 号方格对应变量 A、B、C 的取值是 001，它对应的最小项是 $\overline{A}\,\overline{B}C$；又如，四变量卡诺图中的 7 号方格，对应变量 A、B、C、D 的取值是 0111，它对应的最小项是 $\overline{A}BCD$。因此，卡诺图中方格及其编号与最小项是一一对应的。

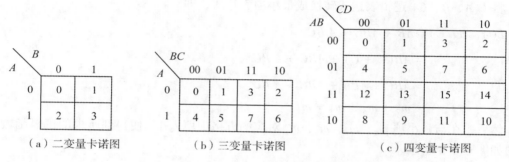

图 6.3.1 二、三、四变量的卡诺图

在卡诺图中，必须保证几何位置相邻的方格对应的最小项，具有逻辑相邻性。为此，卡诺图中行和列变量的取值必须按 00、01、11、10 的顺序排列。

需要注意的是，卡诺图中同一行的最左和最右方格，同一列的最上和最下方格也是逻辑相邻的，即具有循环邻接的特性。由此可知，四个角的方格也是逻辑相邻的。依照同样方法，可以画出五变量以上卡诺图。但因变量增多，卡诺图变得复杂，故应用较少。

（三）逻辑函数的卡诺图表示方法

任何逻辑函数都可以用卡诺图表示。其基本方法是：根据逻辑函数表达式中含有的变量数，画出相应变量卡诺图，然后，对应于逻辑函数表达式中所包含的每一个最小项，在卡诺图对应编号的小方格中填 1，无对应项的方格填 0 或不填。所得结果即为该逻辑函数的卡诺图。

例 6.3.4 用卡诺图表示逻辑函数 $L(A、B、C、D) = \sum_m (2、5、7、8、9)$。

解：该逻辑函数含有四个变量，画四变量卡诺图。

因为给出的逻辑函数是最小项表达式，可直接在对应于编号为 2、5、7、8、9 最小项的方格中填 1，得该逻辑函数的卡诺图如图 6.3.2 所示。

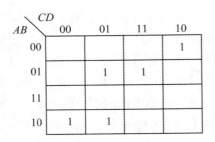

图 6.3.2　例 6.3.4 卡诺图

例 6.3.5　画出 $A(A、B、C) = AB + \overline{A}BC + \overline{A}\,\overline{B}C$ 的卡诺图。

解：该逻辑函数含有三个变量，画三变量卡诺图。

将 $L(A、B、C)$ 逻辑表达式转换成最小项表达式，即

$$L(A、B、C) = AB + \overline{A}BC + \overline{A}\,\overline{B}C$$
$$= AB(C + \overline{C}) + \overline{A}BC + \overline{A}\,\overline{B}C$$
$$= ABC + AB\overline{C} + \overline{A}BC + \overline{A}\,\overline{B}C$$
$$= m_7 + m_6 + m_3 + m_1$$

然后，在与最小项 m_7，m_6，m_3，m_1 对应的方格中填入 1，便得到所求的逻辑函数卡诺图如图 6.3.3 所示。

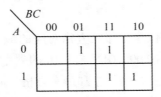

图 6.3.3　例 6.3.5 卡诺图

(四)逻辑函数的卡诺图化简

卡诺图化简逻辑函数的依据是它的逻辑相邻性，即几何位置相邻小方格对应的最小项只有一个因子互补，利用求和可消去互补变量，实现化简。例如，具有逻辑相邻性的最小项 ABC、$AB\overline{C}$，利用求和，即 $ABC + AB\overline{C} = AB(C + \overline{C}) = AB$ 实现化简。这个化简过程实际上就是合并最小项的过程。

由此例看出，两个相邻的最小项可合并成一项，并消去一个互补变量。同理，四个相邻的最小项也可合并成一项，消去两个互补变量，八个相邻的最小项同样可合并成一项，消去三个互补变量。根据上述合并最小项的原则，可进而说明卡诺图化简逻辑函数的步骤：

(1)画出表示逻辑函数的卡诺图；

（2）画包围圈合并最小项。画包围圈的原则是：

①每个包围圈包围填 1 的方格数应尽可能多，但必须相邻且为 2^n（n 为 0 或正整数）个，即 1、2、4、8、16 个方格。

②卡诺图中所有填 1 的方格都应至少被圈过一次，不能漏圈。若某填 1 方格不能与相邻方格组成包围圈，则要单独画圈。

③每个包围圈中应至少保证有一个填 1 的方格未被圈过两次，否则包围圈就重复多余了。

（3）将各包围圈合并最小项的结果逻辑加，便得到最简与或表达式。

注意：在写包围圈的乘积项表达式时，对应 1 写原变量，对应 0 写反变量。0 到 1 或 1 到 0 的变量被消去。

例 6.3.6　用卡诺图化简逻辑函数 $L(A，B，C，D) = \sum_m (0，2，5，7，8，10，12，13，14，15)$。

解：（1）依照用卡诺图表示逻辑函数的方法，画出该逻辑函数卡诺图，如图 6.3.4 所示。

（2）画包围圈合并最小项，如图 6.3.4 所示。

（3）写出各包围圈合并最小项结果进行逻辑加，得最简逻辑表达式：

$$L(A，B，C，D) = A\overline{D} + \overline{B}\,\overline{D} + BD$$

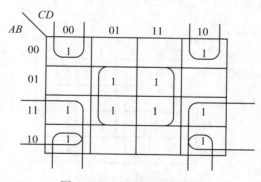

图 6.3.4　卡诺图及包围圈

（五）具有无关项的逻辑函数的化简

在实际应用中，经常会遇到这样的问题，即输入变量的取值不是任意的，函数变量的某些取值根本不会出现，或者不允许出现。我们把对输入变量取值所加的限制，称为约束。由于每一组输入变量的取值都是一个，而且仅有一个最小项的值为 1，所以当限制某些输入变量的取值不能出现时，可以用它们对应的最小项恒等于 0 来表示，这些恒等于 0 的最小项称为约束项。在存在约束项的情况下，由于约束项的值始终等于 0，所以既可以将约束项写进逻辑函数式中，也可以将约束项从函数式中删掉，而不会影响函数值。

有时还会遇到另外一种情况，就是输入变量在某些取值下函数值是 1 还是 0 皆可，并不影响电路的功能，我们称这些函数组合对应的最小项为任意项。

我们将约束项和任意项，统称为逻辑函数式中的无关项。这里所说的"无关"，是指是否把这些最小项写入逻辑函数式无关紧要，可以写入也可以删除。

无关项的意义在于，在卡诺图中可以随意将它的值当作 1 或 0 而不会影响逻辑函数的值。具体取何值，可以根据使逻辑函数得到最简化而定。

无关项的表示方法是这样的，假定某逻辑函数的最小项 $\overline{A}BC$、$AB\overline{C}$ 为无关项，则可用数学式表示为 $\sum_d(3, 6)$，式中，d 表示无关项，表明编号为 3、6 的最小项为无关项。具有无关项的逻辑函数则称为具有无关项的逻辑函数。在卡诺图中常用"×"表示无关项，在真值表中无关项的函数值也用"×"表示。表明它的值可取 1 或取 0。

在化简具有无关项的逻辑函数时，如果充分利用无关项条件，则可获得更为简化的逻辑表达式。

例 6.3.7　试用卡诺图化简逻辑函数

$$L(A, B, C, D) = \sum_m(1, 2, 5, 6, 9) + \sum_d(10, 11, 12, 13, 14, 15)$$

解：首先根据逻辑表达式画出四变量卡诺图，在编号为 m_1、m_2、m_5、m_6、m_9 的小方格中填上 1，在编号为 $m_{10}\sim m_{15}$ 的小方格中填上"×"，如图 6.3.5 所示。"×"的值可当作 1，也可当作 0，视对化简有利而定。从卡诺图上看可将 m_{13} 和 m_{10}、m_{14} 的值当作 1，分别画入两个包围圈内，由此可得最简逻辑表达式：$L = \overline{C}D + C\overline{D}$。

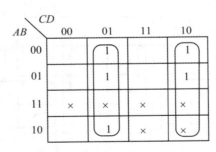

图 6.3.5　卡诺图及包围圈

由此例可见，在利用卡诺图化简具有无关项的逻辑函数时，只要某无关项能和其他填 1 的方格组成较大包围圈时，其值一定取 1，而其余无关项则取 0，这样才能实现化简结果为最简。

本 章 小 结

1. 数字信号是在时间上、数值上都是离散的电信号，常用抽象出来的二值信息 1 和 0 表示。对于数字信号 1 和 0，可以用开关的断开和闭合表示，也可用电位的高和低来表示，还可以用信号的有无来表示等。

2. 由于数字电路中器件工作在开关状态，数字电路采用二进制的数制方式。为了使用方便，还有八进制和十六进制。用二进制数编码，有很多种方案。对十进制数的编码是 BCD 码，最常用的是 8421BCD 码。

3. 逻辑代数是数字电路分析和设计的工具。逻辑电路可由逻辑函数表示，还可以真值表、卡诺图的方法呈现，它们之间可以相互转换。

4. 逻辑代数有一些基本定律、运算规律、常用公式和三个基本规则，使用这些定律、规律、公式和规则，可以对逻辑函数进行简化或变化，以便得到最简单的或所需的逻辑关系，实现数字电路设计的最简化。

5. 逻辑函数有最小项的表达式，逻辑函数的化简最常用的是公式法和卡诺图法。

6. 借助于逻辑代数和卡诺图，可以将逻辑函数表达式进行变换，用基本逻辑门或集成逻辑门组成复杂的逻辑电路，实现各种逻辑功能。

思考题与习题

6.1　将下列二进制数转换为十进制数。

(1) $(110010111)_2$;

(2) $(101011.1101)_2$。

6.2　将下列十进制数转换为二进制数。

(1) $(45)_{10}$;

(2) $(63.92)_{10}$。

6.3　用逻辑代数公式证明下列等式。

(1) $ABC + \bar{A} + \bar{B} + \bar{C} = 1$;

(2) $\bar{A}\bar{B} + A\bar{B} + \bar{A}B = \bar{B} + \bar{A}$;

(3) $AB + \bar{A}\bar{B} = \overline{\bar{A}B + A\bar{B}}$。

6.4　试用公式法化简下列公式。

(1) $L = A(\bar{A} + B) + B(B + C) + B$;

(2) $L = (\bar{A} + \bar{B} + \bar{C})(B + \bar{B} + C)(C + \bar{B} + \bar{C})$;

(3) $L = (A + AB + ABC)(A + B + C)$;

(4) $L = \overline{CD + \bar{C}\bar{D} \cdot \overline{AC} + \bar{D}}$;

(5) $L = \overline{BC + AB + A\bar{C}}$。

6.5　分别写出下列各函数的反演和对偶表达式。

(1) $L = AB + \bar{A}C + B\bar{C}$;

(2) $L = \overline{ABD + \bar{A}BC + B\,\overline{CD}}$。

6.6　分别写出下列函数的或与、与非 – 与非、与或非表达式。

$$L = AD + B\bar{D} + \bar{C}$$

6.7　用图形化简法将下列函数化简成最简与或表达式。

（1）$L = \overline{A}\ \overline{C}D + \overline{A}B\overline{D} + ABD + A\overline{C} \cdot \overline{D}$；

（2）$L = \overline{A}\ \overline{B}C + AD + B\overline{D} + C\overline{D} + A\overline{C} + \overline{A}\ \overline{D}$；

（3）$L = (\overline{A}\ \overline{B} + B\overline{D})\overline{C} + BD\overline{\overline{A}\ \overline{C}} + D \cdot \overline{\overline{A} + \overline{B}}$。

6.8　写出下列函数的最小项表达式。

（1）$L = AB + \overline{A}C + B\overline{C}$；

（2）$L = AC + \overline{B} + \overline{C}$；

（3）$L = AD + B\overline{D} + \overline{C}$。

第七章 逻辑门电路

第一节 逻辑门电路的基本概念

逻辑门电路是指具有多个输入端和一个输出端,并按照一定的逻辑规律工作的开关电路,就像门一样按一定的条件"开"或"关"。所谓逻辑,是指条件与结果的因果关系,用电子电路来实现逻辑关系,它的输入、输出量一般均为电压。以电路输入作为条件,输出作为结果,电路的输出与输入之间就表示了一定的逻辑关系,依逻辑关系的不同就引出了不同的逻辑门电路。

一、逻辑门电路的种类

常用逻辑门电路很多,可分为基本逻辑门电路,包括与门电路、或门电路和非门电路;复合逻辑门电路,包括与非门电路、或非门电路和与或非门电路;特殊逻辑门电路,包括异或门电路、同或门电路、三态门电路以及集电极开路与非门电路等。

这些逻辑门电路可采用集成化工艺制作,当电路是由晶体管-晶体管组成,则称为TTL集成逻辑门电路,简称TTL门电路;当电路是由P沟道场效应管PMOS管和N沟道场效应管NMOS管组成,则称为CMOS集成逻辑门电路,简称CMOS门电路。

TTL门电路和CMOS门电路仅内部结构和制作材料不同,相应逻辑门电路的表示符号、功能等完全相同。本教材以介绍TTL门电路为主。

二、逻辑门电路逻辑状态的表示方法

逻辑门电路的输入、输出信号都是用电位的高低或有无来表示的,对于这样的逻辑状态,通常采用熟知的数字符号"0"和"1"来对应。但这里的0和1不再具有数量大小的概念,而只是作为一种符号,表示两种对立的逻辑状态,称为逻辑0和逻辑1。

在数字电路、逻辑门电路中,习惯将"电位"称作"电平",对于TTL集成电路,通常将小于0.4V的电平称为低电平,而将大于2.4V的电平称为高电平。

三、正逻辑和负逻辑的规定

当用逻辑1表示高电位,逻辑0表示低电位,称为正逻辑;当用逻辑0表示高电位,逻辑1表示低电位,称为负逻辑。对于同一个电路,可以采用正逻辑,也可以采用负逻辑,对电路本身性能无任何影响。本教材在讨论各种逻辑关系时均采用正逻辑。

第二节　逻辑门电路

一、基本逻辑门

(一)与门电路

能实现与逻辑关系的电路称为与门电路。所谓与逻辑关系，是指当决定某件事的各种条件全部具备时，这件事才会发生的因果关系。如图7.2.1所示便是满足与逻辑关系的一个实例。对灯而言，只有当开关A与B全部闭合时，灯才亮；否则，灯就灭。因此，该电路中的结果(灯亮)与条件(开关闭合)之间构成了与逻辑关系。

与门电路的逻辑符号如图7.2.2所示，图中A、B为输入端，L为输出端。其条件和结果的逻辑关系是由与门电路的输入端和输出端状态(1和0)的逻辑关系所决定的。在分析和设计逻辑电路时，为方便起见，常将输入和输出逻辑关系用所谓"逻辑表达式"表示出来。与门的逻辑表达式为

$$L = A \cdot B$$

式中，"·"读作逻辑乘或者读作"与"，表示两种事物具有与的关系，书写时"·"可省略。

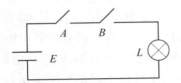 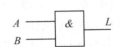

图 7.2.1　满足与逻辑关系的电路　　　图 7.2.2　与门电路的逻辑符号

以上是两输入端与门电路逻辑表达式，对于多输入端与门电路其逻辑表达式可记为

$$L = A \cdot B \cdot C \cdot \cdots$$

上述逻辑关系，可采用列表方式将其所有可能的取值或组合表示出来，其方法是：依逻辑表达式对输入变量A，B，C，$\cdots$各种可能取值依次进行排列，经运算求出L值。把它们排列在一起组成的表格称为真值表，真值表是逻辑电路分析与设计的一个基本工具。两输入端与门的真值表如表7.2.1所示。

由真值表可以看出，与门电路的逻辑功能是：(输入)有0(输出)为0；(输入)全1(输出)为1。

表 7.2.1　两输入与门的真值表

输入		输出
A	B	L
0	0	0
0	1	0
1	0	0
1	1	1

（二）或门电路

能实现或逻辑关系的电路称为或门电路。所谓或逻辑关系，是指在决定一件事情的各种条件中，只要有一个或几个条件具备，这件事情就会发生的因果关系。如图 7.2.3 所示便是满足或逻辑关系的一个实例。对于灯而言，只要开关 A 或 B 任一个闭合，灯就会亮；只有开关 A、B 全部断开，灯才灭。表明该电路中的结果（灯亮）与条件（开关闭合）之间构成或逻辑关系。

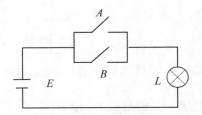 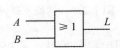

图 7.2.3　满足或逻辑关系的电路　　　图 7.2.4　或门逻辑符号

或门电路的逻辑符号如图 7.2.4 所示。其中，A、B 为输入端，L 为输出端。或门的逻辑表达为

$$L = A + B$$

式中，"+"读作逻辑加或者读作"或"，表示两输入具有或的关系。或门输入端可以不止两个，其逻辑关系同样满足逻辑加。两输入端或门的真值表如表 7.2.2 所示。由真值表可以看出或门电路的功能是：有 1 为 1，全 0 为 0。

表 7.2.2　两输入或门真值表

输入		输出
A	B	L
0	0	0
0	1	1
1	0	1
1	1	1

（三）非门电路

能实现非逻辑关系的电路称为非门电路，所谓非逻辑关系，就是结果和条件处于相反状态的因果关系。如图7.2.5所示便是满足非逻辑关系的一个实例。当开关A闭合时灯灭；当开关A断开时灯亮。这就是说，结果（灯亮）与条件（开关闭合）之间构成非逻辑关系。

非门电路的逻辑符号如图7.2.6所示。它是一个具有单个输入端A和单个输出端L的门电路，它的输出、输入之间满足非逻辑关系，即：输入为高电平时，输出为低电平，输入为低电平时，输出为高电平。非门的逻辑表达式为

$$L = \overline{A}$$

式中，"$\overline{A}$"读作A反或A非，表明非门的输出与输入总是相反的，所以，非门实际上就是反相器；非门的真值表如表7.2.3所示。由真值表可以看出非门电路的功能是：输入为0输出1，输入为1输出0。

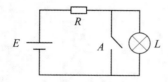

图7.2.5　满足非逻辑关系的电路　　　　图7.2.6　非门电路的逻辑符号

上述三种门电路是最基本的逻辑门，代表了三种最基本的逻辑运算，是逻辑电路的基础。如将这些门电路适当组合，便构成复合逻辑门电路。

表7.2.3　非门真值表

输入	输出
A	L
0	1
1	0

二、复合逻辑门

（一）与非门电路

将一个与门和一个非门联接起来，就构成了一个与非门电路，其逻辑符号如图7.2.7所示。与非门电路的逻辑表达式为

$$L = \overline{A \cdot B}$$

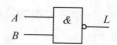

图 7.2.7 与非门电路的逻辑符号

依据上式可列出与非门的真值表，如表 7.2.4 所示。由真值表可知，与非门的特点是"有 0 为 1，全 1 为 0"。

表 7.2.4 与非门真值表

输入		输出
A	B	L
0	0	1
0	1	1
1	0	1
1	1	0

要注意的是，逻辑符号中的小圆圈代表的就是非的意思，后面的逻辑电路也都如此。

（二）或非门电路

将一个或门和一个非门联接在一起就构成或非门电路。其逻辑符号如图 7.2.8 所示。或非门的逻辑表达式为

$$L = \overline{A + B}$$

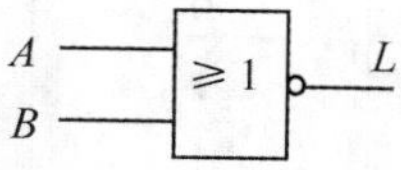

图 7.2.8 或非门电路逻辑符号

依据上式可列出或非门的真值表，如表 7.2.5 所示。由真值表可知，或非门的逻辑功

表 7.2.5 或非门真值表

输入		输出
A	B	L
0	0	1
0	1	0
1	0	0
1	1	0

能是：有 1 为 0，全 0 为 1，即只要有一个输入端为高电平，输出就为低电平；只有当所有输入端都为低电平，输出才为高电平。

三、与或非门电路

与或非门是由两个或者多个与门、一个或门及一个非门串接而成，其逻辑表示符号如图 7.2.9 所示。

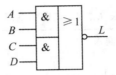

图 7.2.9　与或非门逻辑符号

与或非门的逻辑运算的先后秩序是，输入端分别各自先与，然后再或，最后非。其逻辑表达式为

$$L = \overline{AB + CD}$$

依据上式可列出与或非门的真值表，如表 7.2.6 所示。由真值表可以看出，与或非门

表 7.2.6　与或非门的真值表

输　入				输出
A	B	C	D	L
0	0	0	0	1
0	0	0	1	1
0	0	1	0	1
0	0	1	1	0
0	1	0	0	1
0	1	0	1	1
0	1	1	0	1
0	1	1	1	0
1	0	0	0	1
1	0	0	1	1
1	0	1	0	1
1	0	1	1	0
1	1	0	0	1
1	1	0	1	1
1	1	1	0	1
1	1	1	1	0

的逻辑功能是：每个与门输入端至少有一个为 0 时，输出为 1，任何一个与门输入端全为 1 时，输出为 0。

四、异或门电路

异或门是判断两个输入信号是否相同的常用门电路。异或门的逻辑符号如图 7.2.10 所示。A 和 B 为输入端，L 为输出端。它的内部逻辑结构图如图 7.2.11 所示。其逻辑表达式为

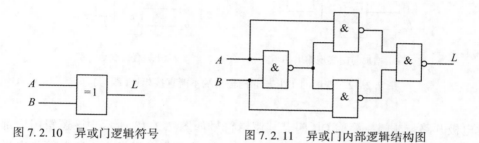

图 7.2.10　异或门逻辑符号　　　图 7.2.11　异或门内部逻辑结构图

$$L = \overline{A}B + A\overline{B}$$

可简化写成

$$L = A \oplus B$$

依据逻辑表达式可列出异或门真值表如表 7.2.7 所示。从真值表可以看出，异或门的逻辑功能是：相同为 0，不同为 1，完成异或功能。

表 7.2.7　异或门真值表

输入		输出
A	B	L
0	0	0
0	1	1
1	0	1
1	1	0

五、特殊逻辑门电路

（一）集电极开路与非门

在实际使用中，有时需要将多个与非门的输出端相与，可通过增加一级与门来实现，电路如图 7.2.12(a) 所示，实现的功能是 $L = L_1 L_2$。那么，能不能将与非门的两输出端直接连接，实现相与的功能呢？普通的 TTL 门电路输出端是不能直接相与的。如图 7.2.12

（b）中假定 $L_1 = 1$，即上面与非门输出高电平；$L_2 = 0$，即下面与非门输出低电平，直接相与就会在两个门的内部产生自上而下的大电流 I，导致功耗过高使与非门损坏。

一般把这种门电路输出直接用导线连接，形成相与功能的连接方式称为"线与"。下面要介绍的集电极开路与非门就可克服上述缺点，能实现线与功能。

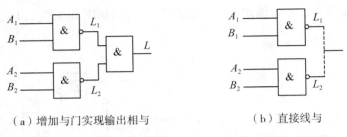

（a）增加与门实现输出相与　　　　（b）直接线与

图 7.2.12　普通的 TTL 与非门输出端不能直接相连（线与）

集电极开路与非门，简称 OC 门。其逻辑符号如图 7.2.13 所示。该逻辑门内部电路与 TTL 基本电路相比，突出特点是输出级未接三极管和集电极电阻，三极管集电极处于开路悬空状态，故称为集电极开路与非门。使用时，必须在输出端外接电阻 R_C 和电源 V_CC，才能正常工作，如图 7.2.14 所示。此时，集电极开路与非门具备与非门逻辑功能，逻辑表达式为

$$L = \overline{A \cdot B}$$

集电极开路与非门的典型应用是实现线与。当将多个集电极开路与非门输出端连接在一起时，只需外接一个公用电阻 R_C 即可，电路如图 7.2.15 所示，输出为

$$L = \overline{A_1 \cdot B_1} \cdot \overline{A_2 \cdot B_2}$$

可以看出，两个 OC 门中假定 A 门导通输出高电平，B 门截止输出低电平，这时只会产生由 V_CC 经 R_C 和 B 门的导通电流，两个 OC 门之间不会产生导通电流造成不良影响。

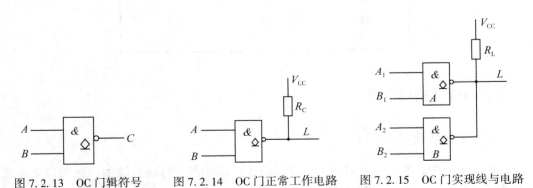

图 7.2.13　OC 门辑符号　　　图 7.2.14　OC 门正常工作电路　　　图 7.2.15　OC 门实现线与电路

142

(二)三态门

三态与非门电路(简称三态门)的逻辑符号如图7.2.16(a)(b)所示。

普通逻辑门电路只有0和1两种状态,三态门除有这两种逻辑状态外,还有一个高阻状态称为第三态。它与普通与非门电路的不同就是多了一个控制端(又称使能端)EN,三态门的工作状态受EN控制。

对于图7.2.16(a)来说,当使能端为1(高电平)时,三态门处于工作状态(此时称为高电平使能有效态),其逻辑功能与普通与非门相同,逻辑表达式为

$$L = \overline{A \cdot B}$$

当使能端为0(低电平)时,不管输入端A、B状态如何,这时若从输出端L看进去,电路处于高阻态(相当断开),可认为此时电路的全部功能被禁止,故又称禁止态。

图7.2.16(b)的使能控制正好与图7.2.16(a)相反,称使能端为低电平有效态,其表示变为$\overline{EN}$。当使能端为0时,三态门处于工作状态,实现与非门逻辑功能;当使能端为1时,处于高阻态(禁止态)。使用时要注意两者的区别。

(a)高电平使能工作　　　　　(b)低电平使能工作

图7.2.16　三态与非门电路(简称三态门)的逻辑符号

三态门的典型应用是总线控制,利用三态门可以实现用一根导线轮流传送若干个不同的数据或信号,电路如图7.2.17所示。图中共用的那根导线称为总线,只要让各个三态门的控制端轮流处于高电平,那么总线就会轮流传送这几个三态门的输出信号,这样就可用一根总线分时地传送不同的数据或信号,从而避免了各门之间的干扰。这种用总线来传送数据或信号的方法,在计算机和各种数字系统中被广泛应用。

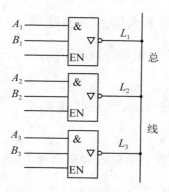

图7.2.17　三态门的典型应用电路

第三节　TTL集成逻辑门的使用常识

一、TTL集成电路产品的外形封装

TTL集成电路目前大都采用双列直插式外形封装，其外引线脚（管脚）的编号识别方法是把标志凹槽置于左边，从外壳顶部看，靠近标记下方的引线脚为第1脚，而后按逆时针方向数即可读出第2，3，4，…各引线脚号，如图7.3.1所示。各引线脚号功能可依据集成电路型号查阅TTL集成电路手册。

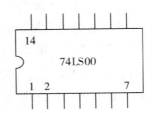

图7.3.1　TTL集成电路双列直插式外形封装

二、国产TTL集成电路系列

TTL集成电路有54/74通用（即标准）系列，其中54为军品、74为民品。国产TTL集成电路共分五个系列：T1000、T2000、T3000、T4000、和T000系列。T1000系列相当于国际54/74系列，T2000系列相当于国际54/74H高速系列，T3000系列相当于国际54/74S肖特基系列（进一步提高工作速度）；T4000系列相当于国际54/74LS低功耗肖特基系列。T000系列又分为两个子系列：T000中速系列和T000高速系列。前者除某些电参数稍有不同外，性能基本上与T1000系列类同，后者与T2000系列类同。我国以T1000、T2000、T3000和T4000四个系列作为主要产品系列。不同系列相同型号的产品仅工作速度、功耗等参数不同，其逻辑功能完全一样。

三、TTL集成逻辑门电路多余输入端的处理

对TTL集成逻辑门电路多余输入端的处理原则是：不改变原电路逻辑关系，保证电路能稳定可靠工作。

（一）与门、与非门不用的输入端应接高电平

具体方法是：

（1）将不用的输入端直接或经一个电阻R接电源V_{CC}，如图7.3.2（a）所示。此方法采用最多。

（2）将不用的输入端与使用端并联，如图7.3.2（b）所示。

（3）将不用的输入端悬空，如图 7.3.2（c）所示。对于 TTL 集成电路其输入端悬空相当于接高电平，即处于逻辑 1 状态。

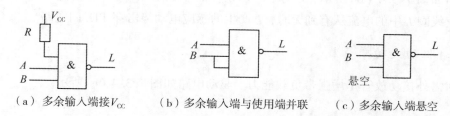

（a）多余输入端接 V_{CC}　　　　（b）多余输入端与使用端并联　　　　（c）多余输入端悬空

图 7.3.2　TTL 集成与非门不用输入端处理

悬空的概念在以后各种数字器件或电路应用时常常会遇到，但必须指出：悬空的输入端易引入干扰，导致电路工作不可靠，因而这种方法仅适用于实验室。

另外，TTL 集成电路其输入端与地之间外接不同的电阻时，表现为不同的电平。一般输入端外接电阻 $R \geqslant 2k\Omega$ 时，该输入端视为高电平；而外接电阻 $R \leqslant 100k\Omega$ 时，该输入端视为低电平。

（二）或门、或非门多余输入端应接低电平

具体方法是：

（1）将不用的输入端直接接地，如图 7.3.3（a）所示。

（2）将不用的输入端与使用端并联，如图 7.3.3（b）所示。最好采用前一种方法。

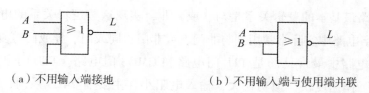

（a）不用输入端接地　　　　　　　（b）不用输入端与使用端并联

图 7.3.3　或非门不用输入端的处理

四、TTL 集成逻辑门电路外接负载问题

（一）直接驱动发光二极管 LED

查 TTL 集成电路手册知 TTL 门电路允许注入电流（灌电流）为 16mA，而输出电流（拉电流）为 0.4mA，而发光二极管 LED 发光时的工作电流约为 10mA，故只能采用图 7.3.4（a）所示接法驱动，L 低电平时发光二极管 LED 发光，R 为限流电阻。

(二)直接驱动小功率继电器

电路如图 7.3.4(b)所示,L 为 5V 小功率继电器的线圈,D 为续流二极管起保护作用,防止线圈 L 中的电流从有到无时,L 产生的感应电动势击穿 TTL 门电路。

(三)驱动大功率负载

这时需外接功放管 T 增强带负载能力。驱动电路如图 7.3.4(c)所示。

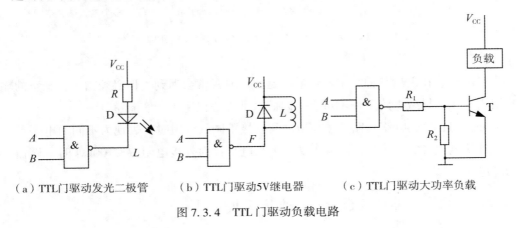

(a)TTL门驱动发光二极管　　(b)TTL门驱动5V继电器　　(c)TTL门驱动大功率负载

图 7.3.4　TTL 门驱动负载电路

本 章 小 结

1. 数字电路最基本的逻辑关系是与、或、非,实现这些逻辑关系的电路是与门、或门和非门,数字电路中实际常常用到与非门、或非门、同或门、异或门等复合逻辑门。

2. 集成门电路中最常见的是 TTL 门电路和 CMOS 门电路。TTL 门电路发展早,驱动能力较强,工作速度快,但功耗大,输入电阻小,主要有 74LS 系列,在中小规模电路中应用较多。近年来应用较多的是 CMOS 集成门电路,它的功耗和抗干扰能力则远优于 TTL,几乎所有得超大规模存储器件,以及 PLD 器件都采用 CMOS 工艺制造,费用低。

3. TTL 门电路和 CMOS 门电路除了常用的与非门、或非门、同或门、异或门之外,还有集电极开路与非门(OC 门)、三态门等特殊的逻辑门。

思 政 拓 展

电子产品的组成离不开集成电子电路,集成电子电路是由几十个甚至成百上千个元器件构成的。如果把数字电路比作一个大厦的话,基本门电路就是构成这个大厦最基本的砖石，归根结底，数字电子技术就是在逻辑与、或、非基础上搭建而成的。正如古人云"九层之台，起于累土。"在集成电子电路中，当一个元器件发生损坏或者不能工作时，对于整个集成电子电路而言，就会存在状态不稳定甚至崩盘的危险。需要认识到，小事的发展演变会促成大事的形成，这是事物的发展规律，提醒我们谨小慎微和慎终如始。

思考题与习题

7.1 试列出三输入端与门、或门、与非门、或非门、异或门的真值表。画出它们的逻辑符号，写出相应的逻辑表达式。

7.2 对应图示各总种波形，试分别画出 L 的波形。

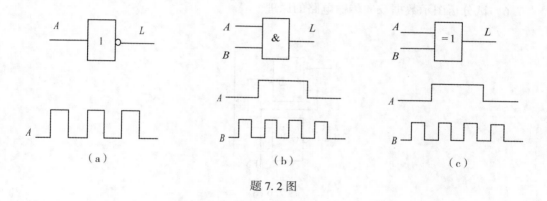

题 7.2 图

7.3 改正图示 TTL 电路中的错误。

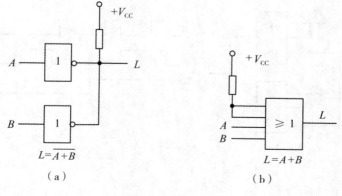

题 7.3 图

7.4　试说明能否将与非门、或非门、异或门当作反相器使用，如果可以，各输入端应如何连接？

7.5　试写出图示电路的输出表达式。

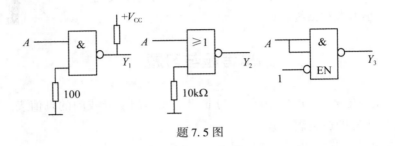

题 7.5 图

7.6　试分析图示数据双向传输电路的原理。

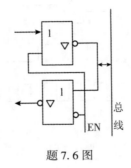

题 7.6 图

7.7　试分析图示电路，画出输出波形。

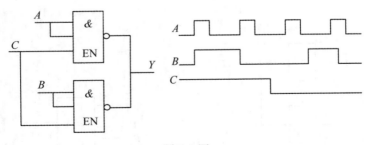

题 7.7 图

第八章　组合逻辑电路

第六章介绍的逻辑代数知识，是数字电路的基本分析和设计工具；第七章介绍的与门、或门、非门等逻辑门电路，是数字电路的基本单元。将这些逻辑门电路按一定规律组合起来，就可以构成实现各种功能的逻辑电路，运用逻辑代数的知识可以对其进行分析，还能按照使用的要求设计各种逻辑电路。按照逻辑电路的功能及其特点，数字电路通常分为组合逻辑电路和时序逻辑电路。本章讨论组合逻辑电路及相关基础知识。

第一节　小规模组合逻辑电路

任何时刻，电路的输出状态仅由同一时刻各输入状态的组合决定，则这类逻辑电路称为组合逻辑电路。组合逻辑电路的结构框图，如图 8.1.1 所示。它可用如下逻辑函数来描述：

$$L_i = f_i(A_1, A_2, \cdots, A_n)$$

式中，L_1，L_2，$\cdots$，L_m 表示不同的输出；A_1，A_2，$\cdots$，A_n 为输入变量。组合逻辑电路的特点是：

（1）电路中不包含具有记忆功能的器件；

（2）输出与输入之间无反馈；

（3）电路结构简单，通常由各种逻辑门电路组合而成。

图 8.1.1　组合逻辑电路的结构框图

一、小规模组合逻辑电路的分析

逻辑电路即用逻辑符号表示的逻辑图。所谓组合逻辑电路的分析，就是根据给定的逻辑电路，写出其逻辑表达式，分析它的逻辑功能。分析组合逻辑电路可按下述步骤进行：

（1）由逻辑图写出逻辑表达式。通常从输入端开始，依次逐级写出各个门电路的逻辑表达式，最后写出输出端的逻辑表达式。

（2）化简逻辑表达式。采用公式法或图形法均可，最终要写出最简逻辑表达式。

（3）依最简逻辑表达式列真值表。

（4）根据最简逻辑表达式或真值表，分析其逻辑功能（若由最简逻辑表达式能看出电路功能，步骤（3）可省略）。

例 8.1.1 分析图 8.1.2 所示逻辑电路的逻辑功能。

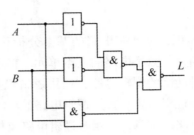

图 8.1.2 例 8.1.1 逻辑电路

解：（1）由逻辑图写出逻辑表达式 $L = \overline{\overline{\overline{A}\,\overline{B}}\cdot\overline{AB}}$。

（2）化简 $L = \overline{\overline{\overline{A}\,\overline{B}}\cdot\overline{AB}} = \overline{A}\,\overline{B} + AB$。

（3）列真值表。依据最简逻辑表达式列出真值表如表 8.1.1 所示。

表 8.1.1 电路真值表

输入		输出
A	B	L
0	0	1
0	1	0
1	0	0
1	1	1

（4）分析逻辑功能

由真值表可见，该逻辑电路功能是：输入相同输出 1，输入相异输出 0，正好与异或功能相反，称为同或逻辑，记为 $L = A \odot B$ 或者称为异或非逻辑，记为 $L = \overline{A \oplus B}$。实现同或逻辑关系的逻辑门称为同或门，同或门的逻辑符号如图 8.1.3 所示。

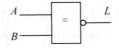

图 8.1.3 同或门的逻辑符号

二、小规模组合逻辑电路的设计

所谓组合逻辑电路的设计，就是根据实际工程的逻辑功能要求，设计出实现该要求的逻辑电路。一般组合逻辑电路的设计步骤是：

（1）分析实际工程要求，设定输入、输出变量，进行逻辑赋值。

（2）根据逻辑功能要求列出真值表。

（3）根据真值表写出逻辑表达式，观察真值表，输出函数值为 1 则对应一项乘积项。若输出函数值为 1，则对应的输入变量值为 1 取原变量，变量值为 0 则取反变量，写出该乘积项。把所有输出函数值为 1 的乘积项相加得到函数与或逻辑表达式。

逻辑表达式也可写成或转换为其他形式，实现不同形式逻辑表达式电路使用的逻辑门不同。

（4）化简逻辑表达式。

（5）根据化简得到的最简逻辑表达式画出逻辑电路图。

例 8.1.2　设计一个三人表决电路，多数赞成时，议案能够通过，否则不能通过。

解：（1）根据逻辑要求设定逻辑变量、列出真值表。

设 A、B、C 为参加表决的三人，其取值为 1 表示赞成，取值为 0 表示不赞成。表决结果用 L 表示，若多数赞成则 $L=1$ 表示议案通过，否则 $L=0$ 表示议案没有通过。列出真值表如表 8.1.2 所示。

表 8.1.2　三人表决真值表

A	B	C	L
0	0	0	0
0	0	1	0
0	1	0	0
0	1	1	1
1	0	0	0
1	0	1	1
1	1	0	1
1	1	1	1

（2）由真值表写出逻辑表达式。可先写出函数值 $L=1$ 对应输入变量表达式；然后逻辑加，即

$$L = \overline{A}BC + A\overline{B}C + AB\overline{C} + ABC$$

（3）化简逻辑表达式。可采用图形法化简，画出卡诺图如图 8.1.4 所示，求得最简逻辑表达式为

$$L = BC + AC + AB$$

也可采用公式法化简：

$$L = \overline{A}BC + A\overline{B}C + AB\overline{C} + ABC$$
$$= \overline{A}BC + A\overline{B}C + AB\overline{C} + ABC + ABC + ABC$$
$$= BC(\overline{A} + A) + AC(\overline{B} + B) + AB(\overline{C} + C)$$
$$= BC + AC + AB$$

（4）由最简逻辑表达式画出逻辑图，如图 8.1.5 所示。逻辑表达式中的与、或运算，分别选用与、或门实现。

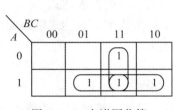

图 8.1.4 卡诺图化简

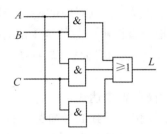

图 8.1.5 三人表决逻辑电路图

图 8.1.5 逻辑电路需用与门和或门两种基本逻辑门组成，而工程上大量使用的是与非门。当采用与非门实现上述逻辑功能时，需将与或逻辑表达式转换成与非—与非表达式。表达式转换可采用二次求非及摩根定律实现，即

$$L = BC + AC + AB$$
$$= \overline{\overline{BC + AC + AB}}$$
$$= \overline{\overline{BC} \cdot \overline{AC} \cdot \overline{AB}}$$

依该式便可画出用与非门实现的三人表决逻辑电路，如图 8.1.6 所示。

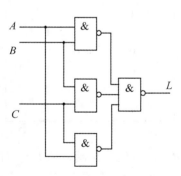

图 8.1.6 用与非门实现的三人表决逻辑图

门电路是组合逻辑电路的基本单元，设计组合逻辑电路的关键是建立和化简逻辑表达式，以便用最少的门电路来实现所需逻辑功能。随着集成技术的发展，目前电路设计已主要采用中规模、大规模集成芯片来实现。因此，设计思想和方法有所变化，关键在于根据具体情况，选择合适的芯片，尽可能减少所用集成器件的数量和种类，减少连线，提高可靠性。

第二节 中规模组合逻辑电路

下面介绍几种常用中规模集成组合逻辑器件，不仅是为了熟悉和掌握相应集成器件的功能、使用方法，也是为了进一步学习和掌握组合逻辑电路的分析方法和设计方法，从而建立用中规模集成组合器件设计组合电路的思想。

一、加法器

在数字电路中，常需对两个数进行加、减、乘、除算术运算，目前这些运算在数字计算机中都是化作若干步加法运算进行的。因此，加法运算是最基本的运算。完成加法运算的逻辑电路称为加法器，加法器是构成算术运算器的基本单元。

加法器有半加器和全加器之分，如 $(1011)_2+(0011)_2$ 中最低位 1+1 与次低位 1+1 的相加时有所不同，前者不考虑进位直接相加，我们称之为半加，实现半加的电路为半加器；而后者除了本位的两个数相加外，还要考虑比它低的位的运算结果即进位，通常称为全加，实现全加的电路为全加器。工程上大量使用的是全加器。

（一）半加器

半加器逻辑电路与符号如图 8.2.1 所示。A 和 B 表示两个二进制加数，S 表示本位和，向高位的进位用 C 表示。半加器的真值表如表 8.2.1 所示，由电路或真值表可写出其逻辑表达式为

$$S = \overline{A}B + A\overline{B} = A \oplus B$$
$$C = AB$$

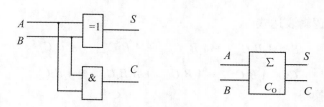

图 8.2.1 半加器逻辑电路与符号

表 8.2.1 半加器真值表

A	B	C	S
0	0	0	0
0	1	0	1
1	0	0	1
1	1	1	0

（二）全加器

实际应用中往往都是多位二进制数的相加，需要用全加器。全加器的逻辑符号如图 8.2.2 所示。其中，A_i 为被加数（$i = 0$，1，2，$\cdots$，n 表示任意位，以下相同），B_i 为加数，C_{i-1} 为来自相邻低位的进位数，S_i 为本位和，C_i 表示送往相邻高位的进位数。由二进制数相加规律可以列出全加器真值表，如表 8.2.2 所示。

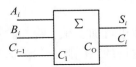

图 8.2.2 全加器逻辑符号

表 8.2.2 全加器真值表

A_i	B_i	C_{i-1}	C_i	S_i
0	0	0	0	0
0	0	1	0	1
0	1	0	0	1
0	1	1	1	0
1	0	0	0	1
1	0	1	1	0
1	1	0	1	0
1	1	1	1	1

由真值表写出逻辑表达式

$$S = \overline{A}_i \overline{B}_i C_{i-1} + \overline{A}_i B_i \overline{C}_{i-1} + A_i \overline{B}_i \overline{C}_{i-1} + A_i B_i C_{i-1}$$

$$C_i = \overline{A}_i \overline{B}_i C_{i-1} + A_i \overline{B}_i C_{i-1} + A_i B_i \overline{C}_{i-1} + A_i B_i C_{i-1}$$

对上式进行变换得

$$S_i = \overline{A}_i (\overline{B}_i C_{i-1} + B_i \overline{C}_{i-1}) + A_i (B_i C_{i-1} + B_i C_{i-1})$$

$$= \overline{A}_i (B_i \oplus C_{i-1}) + A_i (\overline{B_i \oplus C_{i-1}})$$

$$= A_i \oplus B_i \oplus C_{i-1}$$

$$C_i = C_{i-1} (\overline{A}_i B_i + A_i \overline{B}_i) + A_i B_i (C_{i-1} + \overline{C}_{i-1})$$

$$= C_{i-1} (A_i \oplus B_i) + A_i B_i$$

$$= \overline{\overline{C_{i-1} (A_i \oplus B_i) + A_i B_i}}$$

$$= \overline{\overline{C_{i-1} (A_i \oplus B_i)} \cdot \overline{A_i B_i}}$$

用异或门及与非门构成的全加器逻辑电路如图 8.2.3 所示。

一个全加器可实现两个一位二进制数的相加，若将多个全加器作链式连接，即将低位的进位输出端与相邻高位的进位输入端相连，便能实现多位二进制数相加。图 8.2.4 所示为一个四位二进制加法器。$A_3A_2A_1A_0$ 和 $B_3B_2B_1B_0$ 为两个四位二进制数，每位相加的进位信号 $C_3C_2C_1C_0$ 分别送给相邻高位作为输入信号。因此，任一位加法运算必须在其低位运算完成之后才能进行，这种进位方式称为串行进位，故该加法器称为串行进位加法器，显然它的运算速度较慢，为了克服这一缺点，可以采用超前进位加法器，其相关内容可参阅有关文献。

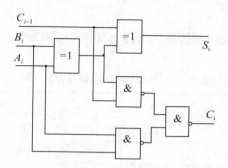

图 8.2.3　用异或门及非门构成的全加器逻辑电路

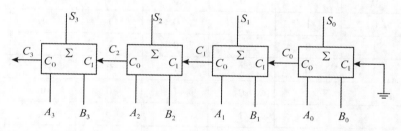

图 8.2.4　四位二进制加法器

在实际应用中，更多地是使用集成加法器芯片，国产的 74LS692 就是具有串行进位的四位加法器，其引脚排列图如图 8.2.5 所示。$A_4A_3A_2A_1$ 和 $B_4B_3B_2B_1$ 为相加的两个四位二进制数输入端，$S_4S_3S_2S_1$ 为其对应的和位输出端。C_I 为最低位的进位输入端，C_0 为最高位的进位输出端，主要用来扩展加法器的位数。V_{CC} 和 GND 分别为电源和接地端，使用非常方便。四位超前进位加法器 74LS283，它的功能、外引脚排列均与 74LS692 相同，可取而代之，运算速度可提高 3.5 倍以上。

全加器除了完成加法运算外，还可用在其他不同场合。

例 8.2.1　用 74LS692 设计码制转换电路，将 8421BCD 码转换为余 3 码。

解：设 $ABCD$ 表示四位 8421BCD 码，$Y_3Y_2Y_1Y_0$ 表示四位余 3 码，根据两者的关系列出真值表如表 8.2.3 所示。由表可以得到

$$Y_3Y_2Y_1Y_0 = ABCD + 0011$$

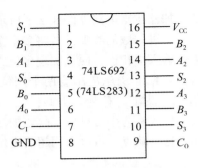

图 8.2.5　74LS692 引脚图

因此，用 74LS692 实现码制转换的电路，如图 8.2.6 所示。

表 8.2.3　8421BCD 码转换为余 3 码

输　　入				输　　出			
A	B	C	D	Y_3	Y_2	Y_1	Y_0
0	0	0	0	0	0	1	1
0	0	0	1	0	1	0	0
0	0	1	0	0	1	0	1
0	0	1	1	0	1	1	0
0	1	0	0	0	1	1	1
0	1	0	1	1	0	0	0
0	1	1	0	1	0	0	1
0	1	1	1	1	0	1	0
1	0	0	0	1	0	1	1
1	0	0	1	1	1	0	0

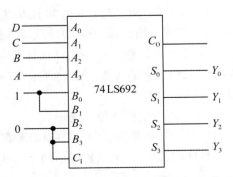

图 8.2.6　74LS692 实现 8421BCD 码转换为余 3 码电路

二、编码器

在数字系统中，将若干个二进制数码 0 和 1，按一定规律编排组合成代码，用来表示某种特定的含义（如十进制数、符号、信号等），称为编码，完成编码工作的逻辑电路称为编码器。

（一）普通二进制编码器

普通二进制编码器是将信号编为二进制代码的电路。因为一位二进制数仅有 0 和 1 两个数码，故只能表示两个信号，若要表示更多的信号，则要采用多位二进制数。n 位二进制数有 2^n 种不同组合，可以表示 2^n 个信号。下面通过具体例子说明二进制编码器的组成和工作原理。

例 8.2.2　设计一个编码器，将 I_0、I_1、I_2、I_3、I_4、I_5、I_6、I_7 八个信号编为二进制代码。

解：（1）确定二进制代码的位数。因为待编码的信号有八个，由 $2^n = 8$ 可知 $n = 3$，即二进制代码为三位，设为 ABC。

（2）列真值表（编码表）。将待编码的信号 $I_1 \sim I_7$，作为输入量，与之对应的二进制代码 ABC 作为输出量，列出真值表如表 8.2.4 所示。表中的对应关系完全是人为的，可任意设定，原则是方便记忆和有利于编码器电路的连接。

表 8.2.4　三位二进制编码器真值表

输入	输出		
	A	B	C
I_0	0	0	0
I_1	0	0	1
I_2	0	1	0
I_3	0	1	1
I_4	1	0	0
I_5	1	0	1
I_6	1	1	0
I_7	1	1	1

（3）由真值表写出逻辑表达式：

$$A = I_4 + I_5 + I_6 + I_7$$
$$B = I_2 + I_3 + I_6 + I_7$$
$$C = I_1 + I_3 + I_5 + I_7$$

（4）由逻辑表达式画出逻辑图。因表达式已是最简形式，可直接依表达式画出逻辑图，如图 8.2.7 所示。若要用与非门实现，可将表达式转换成与非-与非式，再画出相应逻辑图即可。

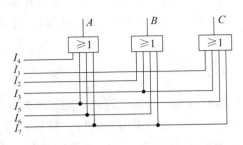

图 8.2.7　三位二进制编码器逻辑图

由图 8.2.7 看出，当输入端有信号输入时，即可输出相应的二进制代码。例如 I_2 端有信号输入，而其余端无信号输入时，即 $I_2 = 1$，$I_1 = I_3 = I_4 = I_5 = I_6 = I_7 = 0$，则输出 $ABC = 010$，这就是 I_2 的编码；同理，I_6 端有信号输入，则 $I_6 = 1$，其余为 0，输出 $ABC = 110$，为 I_6 的编码；当 $I_1 \sim I_7$ 均无信号输入，即 $I_1 \sim I_7$ 全为 0，输出 $ABC = 000$，即为 I_0 的编码。

(二)优先编码器

上面介绍的编码器，由于某一时刻只能对一个输入信号进行编码，因此，不允许同一时刻有两个或两个以上的信号输入。但在数字电路系统中，特别是在计算机系统中，经常会出现同一时刻有多个信号输入的情况，这时需要对各个输入进行判断，对最重要的输入优先响应而完成编码，这种编码电路称为优先编码器。优先编码器允许多个信号同时输入，但只对优先级别最高的输入信号进行编码。下面以优先编码器 74LSl48 为例说明。

74LSl48 为二进制优先编码器，其引脚排列图如图 8.2.8 所示。$\overline{I_0}$、$\overline{I_1}$、$\overline{I_2}$、$\overline{I_3}$、$\overline{I_4}$、$\overline{I_5}$、$\overline{I_6}$、$\overline{I_7}$ 为八个信号输入端，输入端上带非号，表示低电平有效，即输入低电平信号时实现编码；$\overline{Y_2}$、$\overline{Y_1}$、$\overline{Y_0}$ 为三个输出信号端，带非号表示反码输出，即输出低电平有效。由于该编码器有八个输入，三个输出，故又称为 8 线-3 线优先编码器。图中，S 为输入使能(控制)端，低电平有效；Y_S 输出使能(控制)端；$\overline{Y_{EX}}$ 为优先编码标志端，也是低电平有效。

74LS148 的真值表如表 8.2.5 所示。由真值表看出：当输入使能端 $\overline{S} = 1$ 时，无论 $\overline{I_0} \sim \overline{I_7}$，有无编码信号输入，输出 $\overline{Y_2}\,\overline{Y_1}\,\overline{Y_0}$ 始终为高电平 111，优先编码标志 $\overline{Y_{EX}}$ 端和输出使能端 Y_S 也都为高电平 1，表明此时编码器未工作，即禁止编码。只有当 $\overline{S} = 0$ 时，编码器才能正常工作。此时，只要有一个输入端有低电平信号输入，则 $\overline{Y_{EX}} = 0$，表明已完成编码；否则 $\overline{Y_{EX}} = 1$，表明未实现编码。另外，当八个输入端均无低电平信号输入或只有 I_0 端有低电平信号输入时，输出状态相同均为 111。这时可依据 $\overline{Y_{EX}}$ 端状态加以区别，当 $\overline{Y_{EX}} = 0$

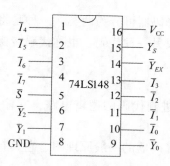

图 8.2.8　74LS148 引脚图

时，表明它是 I_0 的编码；否则，表明是输入端无低电平信号输入的非编码输出。输出使能端 Y_S，只有在 $\bar{S}=0$，且八个输入端均无低电平信号输入时才为 0。它用作芯片扩展，即与另一片 74LS85 的输入使能端 $\bar{S}$ 连接，构成更多输入端的优先编码器。

表 8.2.5　74LS148 真值表

输入									输出				
$\bar{S}$	$\bar{I}_0$	$\bar{I}_1$	$\bar{I}_2$	$\bar{I}_3$	$\bar{I}_4$	$\bar{I}_5$	$\bar{I}_6$	$\bar{I}_7$	$\bar{Y}_2$	$\bar{Y}_1$	$\bar{Y}_0$	Y_S	$\bar{Y}_{EX}$
1	×	×	×	×	×	×	×	×	1	1	1	1	1
0	1	1	1	1	1	1	1	1	1	1	1	0	1
0	×	×	×	×	×	×	×	0	0	0	0	1	0
0	×	×	×	×	×	×	0	1	0	0	1	1	0
0	×	×	×	×	×	0	1	1	0	1	0	1	0
0	×	×	×	×	0	1	1	1	0	1	1	1	0
0	×	×	×	0	1	1	1	1	1	0	0	1	0
0	×	×	0	1	1	1	1	1	1	0	1	1	0
0	×	0	1	1	1	1	1	1	1	1	0	1	0
0	0	1	1	1	1	1	1	1	1	1	1	1	0

74LS148 输入信号优先级排队次序依次为 $\bar{I}_7\bar{I}_6\cdots\bar{I}_0$，优先编码器的工作原理是，当 $\bar{I}_7$ 为低电平时，不管 $\bar{I}_0\cdots\bar{I}_6$，的电平如何，输出 $\bar{Y}_2\bar{Y}_1\bar{Y}_0$ 始终为 000，这也就是说，$\bar{I}_7$ 的编码请求无任何附加条件。而 $\bar{I}_0$ 的编码请求则受到的限制最大，除了 $\bar{I}_0$ 本身应为低电平外，$\bar{I}_0\sim\bar{I}_7$ 必须全部是高电平。只有当级别高的高位输入端没有低电平信号输入时，才能对级别低的低位输入信号进行编码。

三、译码器

译码是编码的逆过程。将二进制代码的特定含义"翻译"出来，称为译码。实现译码功能的逻辑电路称为译码器。译码器可分为两类，一种是将代码转换成与之一一对应的有效信号；另一种是将代码转换成另一种代码，也称代码转换器。

（一）二进制译码器

二进制译码器是"翻译"二进制代码的逻辑电路，它输入的是二进制代码，输出的是表示代码含义的有效信号。

如图 8.2.9 所示是二进制译码器的一般原理图。它具有 n 个输入端 $X_0 \sim X_{n-1}$ 和 2^n 个输出端 $\overline{Y}_0 \sim \overline{Y}_{2^n-1}$。它可输入 n 位二进制代码，而 n 位二进制代码有 2^n 种组合，故有 2^n 个输出信号，每个输出信号都对应一种输入代码的组合。图中输出端上的非号表示输出低电平信号有效。

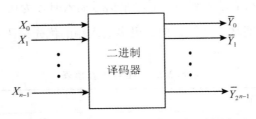

图 8.2.9　二进制译码器的一般原理图

假定输入为三位二进制代码 $A_2 A_1 A_0$，则有 $2^3 = 8$ 个输出信号。它们之间的对应关系，用真值表 8.2.6 表示。

表 8.2.6　三位二进制译码器的真值表

输	入		输				出			
A_2	A_1	A_0	$\overline{Y}_0$	$\overline{Y}_1$	$\overline{Y}_2$	$\overline{Y}_3$	$\overline{Y}_4$	$\overline{Y}_5$	$\overline{Y}_6$	$\overline{Y}_7$
0	0	0	0	1	1	1	1	1	1	1
0	0	1	1	0	1	1	1	1	1	1
0	1	0	1	1	0	1	1	1	1	1
0	1	1	1	1	1	0	1	1	1	1
1	0	0	1	1	1	1	0	1	1	1
1	0	1	1	1	1	1	1	0	1	1
1	1	0	1	1	1	1	1	1	0	1
1	1	1	1	1	1	1	1	1	1	0

由真值表可见，对应于输入 A_2、A_1、A_0 每一种组合代码，只有一个输出信号为低电平 0，其余均为高电平 1。依真值表可以写出各输出端的最简逻辑表达式：

$$\overline{Y}_0 = \overline{\overline{A}_2 \overline{A}_1 \overline{A}_0} \qquad \overline{Y}_1 = \overline{\overline{A}_2 \overline{A}_1 A_0}$$

$$\overline{Y}_2 = \overline{\overline{A}_2 A_1 \overline{A}_0} \qquad \overline{Y}_3 = \overline{\overline{A}_2 A_1 A_0}$$

$$\overline{Y}_4 = \overline{A_2 \overline{A}_1 \overline{A}_0} \qquad \overline{Y}_5 = \overline{A_2 \overline{A}_1 A_0}$$

$$\overline{Y}_6 = \overline{A_2 A_1 \overline{A}_0} \qquad \overline{Y}_7 = \overline{A_2 A_1 A_0}$$

由逻辑表达式可画出三位二进制译码器逻辑图，如图 8.2.10 所示。由于它具有三根输入线和八根输出线，故又称为 3 线-8 线译码器，简称 3/8 线译码器。

当输入某个二进制代码时，译码器相应输出端便会输出一个低电平信号。例如，输入代码 $A_2 A_1 A_0 = 000$ 时，$\overline{Y}_0$ 输出为 0，其他输出端都为 1，即译码器将输入的三位二进制代码 000 译成了 $\overline{Y}_0$ 端的低电平输出信号。其余类推。

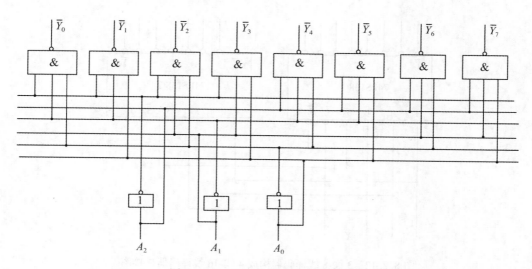

图 8.2.10　三位二进制译码器逻辑图

上述 3/8 线译码器已有集成器件，如 74LSl38 就是一个 3/8 线译码器，其引脚排列图，如图 8.2.11 所示。A_2、A_1、A_0 是译码器的三个输入端，$\overline{Y}_0 \sim \overline{Y}_7$ 是它的八个输出端。它的工作原理与前面介绍的 3/8 线译码器相同，也是将输入的二进制代码译成相应的低电平输出信号，但它设置了三个使能(控制)输入端 S_A、$\overline{S}_B$、$\overline{S}_C$，用以控制译码器的工作。只有当 $S_A = 1$、$\overline{S}_B = \overline{S}_C = 0$ 时，才允许译码，三个条件中任何一个不满足就禁止译码，无论输入状态如何，输出恒为 1~1。由于设置了多个使能(控制)输入端，因而不用附加任何电路，就可方便地扩大译码器的译码功能。图 8.2.12 所示，就是用两个 3/8 线译码器构成的 4/16 线译码器连接图。

图 8.2.12 中，$X_3 X_2 X_1 X_0$ 为输入的二进制代码，将 $X_2 X_1 X_0$ 送至译码器 74LS138(1) 和 74LS138(2) 的输入端 A_2、A_1、A_0，而将 X_3 送至 74LS138(1) 的 $\overline{S}_B$、$\overline{S}_C$ 和 74LS138(2) 的 S_A。当 $X_3 = 0$ 时，74LS138(1) 允许译码，而 74LS138(2) 译码被禁止，此时译码输出

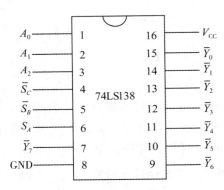

图 8.2.11 74LS138 引脚图

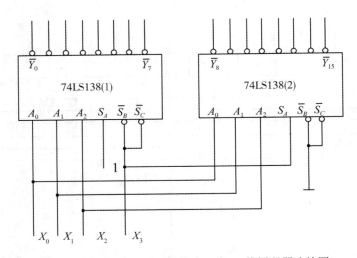

图 8.2.12 3 线-8 线译码器构成 4 线-16 线译码器连接图

$\overline{Y}_0 \sim \overline{Y}_7$；当 $X_3 = 1$ 时，74LS138（2）具有译码功能，而 74LS138（1）译码被禁止，译码输出 $\overline{Y}_8 \sim \overline{Y}_{15}$。这样，利用使能（控制）输入端而不用任何附加电路，就可方便地扩大译码功能。

译码器的典型应用是作为其它芯片的片选（使能）信号，如图 8.2.13 所示。

此外，由上面 3 线-8 线译码器的真值表和输出表达式可以看出，3 线-8 线译码器能产生 3 变量函数的全部最小项，每一个输出对应一个最小项（低电平有效），因此能方便地实现各种逻辑函数。

例 8.2.3 用 3 线-8 线译码器 74LS138 实现函数 $L = A \oplus B \oplus C$。

解：第一步，将函数 L 的最小项表达式写出 $L(A, B, C) = \sum m(1, 2, 4, 7)$。

第二步，确定 3 线-8 线译码器的输入与控制变量。将变量 A、B、C 分别接到 3 线-8 线译码器的 A_2、A_1、A_0，S_A、$\overline{S}_B$、$\overline{S}_C$ 取 100。

第三步，输出为 $L = m_1 + m_2 + m_4 + m_7 = \overline{\overline{m_1} \cdot \overline{m_2} \cdot \overline{m_4} \cdot \overline{m_7}}$，用与非门可实现，画出电

路图,如图 8.2.14 所示。

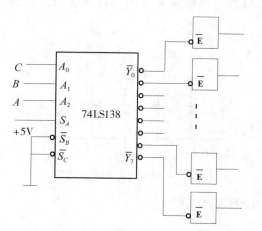

图 8.2.13 用译码器作片选的电路

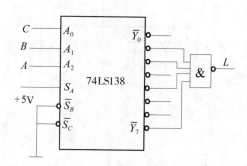

图 8.2.14 74LS138 实现函数 L 电路

(二)数码显示译码器

在数字测量仪表、数字电子计算机和其他数字系统中,常常需要将各种测量和运算结果用人们习惯的十进制数字显示出来,以便读取数据,了解电路的工作情况,这就需要用数字显示电路来实现。数字显示电路通常由数码显示器和数码显示译码器等部分组成。

1. 数码显示器

数码显示器是用来显示数字、文字或符号的器件。常用的数码显示器有辉光数码管、荧光数码管、半导体数码管 LED、液晶显示器 LCD 等四种,后三种都设计成图 8.2.15 所示七段笔画形状显示数码。通过控制不同发光段组合来显示不同数码。例如,当 a、b、c 三段亮,显示数码 7;a、b、c、d、g 五段亮,显示数码 3,等等。

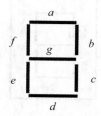

图 8.2.15 七段字形分段图

目前,七段半导体数码管 LED 和液晶显示器 LCD 使用最多。

1)半导体数码管 LED

通常用特殊的半导体材料,如磷砷化镓、磷化镓等化合物制成 PN 结,当外加正向偏压时,会辐射发光,辐射波长决定了发光颜色。它能发出红、绿、黄等不同颜色的光。将单个这样的 PN 结封装成器件就是发光二极管。半导体数码管的七段笔画 a、b、c、d、e、f、g 每段都对应一个发光二极管,这些发光二极管有共阳极和共阴极两种接法,分别如图 8.2.16(a)(b)所示。

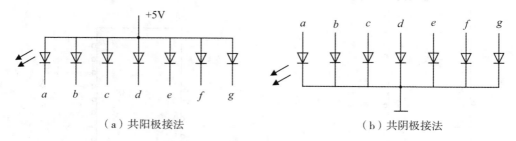

（a）共阳极接法　　　　　　　　（b）共阴极接法

图 8.2.16　半导体数码管基本结构

共阳极接法在使用时,公共阳极接高电平(+5V),当字段为低电平时,该字段发光,共阴极接法在使用时,公共阴极接低电平(地),字段为高电平时,该字段发光。当有选择地给某些字段加上合适的电平时,就可显示出不同的数码。

如图 8.2.17 所示为带小数点的七段共阴极半导体数码管 BS201 的引脚排列图。h 为小数点也是一只发光二极管,其阴极也与公共阴极相连。使用时,将公共阴极接地,若要显示数字 4,应在 b、c、f、g 四段加上高电平,若要显示数字 8,则应在 $a \sim g$ 各段都加上高电平,若要显示小数点,则 h 端应接高电平。但必须注意不能将+5V 直接与 $a \sim g$ 及 h 输入端相接(应接限流电阻),否则会烧毁 PN 结。

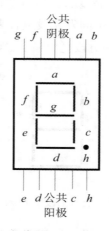

图 8.2.17　带小数点的七段共阴极半导体数码管 BS201 的引脚排列图

半导体数码管的优点是:亮度较强,清晰,工作电压低(1.5~3V),体积小,寿命长,可靠性高,缺点是工作电流较大(每段 5~10mA)。

2）液晶显示器 LCD

液晶为液态晶体的简称，它是一种介于液态和固态之间的有机化合物。它既有液体的流动性，又具有固态晶体的某些光学特性。液晶对电场、光、温度、力等外界条件变化特别敏感，并可以把上述外界信息转变为可视信号。液晶在电场作用下会产生各种电光效应，现以动态散射效应为例，说明液晶显示数码的原理。

在两电极之间夹一薄层经特定处理的液晶，其分子排列整齐。此时，液晶对外部入射光没有散射作用，呈透明色。当在两电极间加上电压，液晶中的离子（预先在液晶中掺入杂质所形成）在外加电场作用下产生定向运动，在运动过程中，使液晶分子受到碰撞而旋转，破坏了它的整齐排列，成为无规则的紊乱状态，对外部入射光产生散射，这就是所谓的动态散射效应，也是液晶的显示原理。当断开两电极间的电压时，经短暂延迟液晶又重新恢复原来的整齐排列状态。

利用动态散射效应制成的七段数码显示器在两块薄玻璃板上涂敷二氧化锡透明导电层，光刻成七段正面电极和 8 字反面电极。正、反面电极对准，封装成间隙约为 $10\mu m$ 的液晶盒，灌注液晶后密封而成。当在液晶显示器任一段正面电极和反面电极间，加适当大小的电压，则该段内的液晶产生散射效应，实现显示。

用液晶制成的显示器，其优点是工作电压低、微功耗、结构简单、成本低。然而，液晶本身不发光，它是一种被动的显示器件，它借助自然光和外来光显示数码，尚存在不够清晰，响应速度低等问题。

下面以驱动半导体数码管 LED 为例，介绍相应的显示译码器。

2. 七段字形译码器

七段字形译码器的输入是四位二进制数码，输出是七位显示码，其功能是将二-十进制代码 BCD 码译成七段字形控制信号，以驱动七段显示器显示相应的十进制数字。

在数字显示电路中，LED 显示器的各字段 a、b、c、d、e、f、g 均要与译码器相应输出端连接，由于 LED 显示器有共阳极和共阴极两种接法，使其字段发光的驱动电平不同，因此，对译码器输出信号的要求就不同，当采用共阴极接法 LED，七段字形译码器的真值表就应如表 8.2.7 所示。如果采用共阳极接法 LED，则译码器的输出状态与之相反。

由于数字显示电路应用非常广泛，因此，显示译码器已作为标准器件，制成了中规模集成电路。如图 8.2.18 所示是七段字形译码器 74LS49 的引脚排列图。A_3、A_2、A_1、A_0 是它的输入端，用于输入 BCD 代码；$Y_a \sim Y_g$ 是它的输出端，分别对应于半导体数码管字形的 $a \sim g$ 段，输出高电平有效，因而适用于共阴极接法的 LED；$\bar{I}_B$ 称为灭灯输入端，低电平有效，当 $\bar{I}_B = 0$ 时，不管其输入端 A_3、A_2、A_1、A_0 的状态如何，所有输出全为 0，导致数码管各段全部熄灭（灭灯）。只有当 $\bar{I}_B = 1$ 时，译码器才能正常工作有译码输出。

表 8.2.7　七段字形译码器真值表

输　入				输　出							显示数码
D	C	B	A	a	b	c	d	e	f	g	
0	0	0	0	1	1	1	1	1	1	0	0
0	0	0	1	0	1	1	0	0	0	0	1
0	0	1	0	1	1	0	1	1	0	1	2
0	0	1	1	1	1	1	1	0	0	1	3
0	1	0	0	0	1	1	0	0	1	1	4
0	1	0	1	1	0	1	1	0	1	1	5
0	1	1	0	1	0	1	1	1	1	1	6
0	1	1	1	1	1	1	0	0	0	0	7
1	0	0	0	1	1	1	1	1	1	1	8
1	0	0	1	1	1	1	1	0	1	1	9

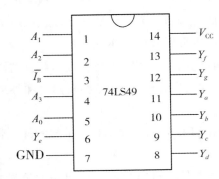

图 8.2.18　74LS49 引脚图

74LS49 七段字形译码器的输出 $Y_a \sim Y_g$ 为集电极开路(OC)输出，使用时必须外接电阻。图 8.2.19 所示就是由 74LS49 和半导体数码管 LED 构成的译码显示电路原理示意图，它能完成 BCD 码的译码和显示功能。

常用的 BCD-7 段译码/驱动器还有 74LS47、74LS48、74HC4511 等，74LS47 用来驱动共阳极发光二极管显示器，而 74LS48、74HC4511 用来驱动共阴极发光二极管显示器。与 74LS49 一样，74LS47 为集电极开路输出，用时要外界电阻；而 74LS48、74HC4511 的内部有升压电阻，因此无须外接电阻(可直接与显示器相连)。此外，74LS48、74HC4511 有灯测试输入使能端、动态灭零输入使能端、静态灭零输入使能端、动态灭零输出使能端，用于检查芯片的好坏、高位或低位零时显示器全灭等控制，使用时请查阅相关资料。

四、数据选择器

数据选择器又称多路选择器，简记为 MUX。其基本逻辑功能是：在 n 个选择信号控制下，可从 2^n 个输入数据中，选择一个作为输出。例如，当 $n=2$ 时，即有两个选择信号，

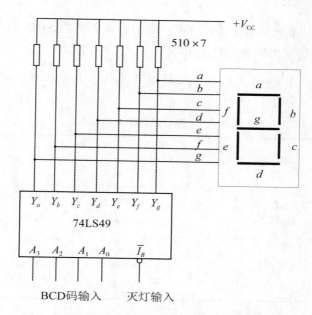

图 8.2.19　74LS49 外接上拉电阻驱动半导体数码管

可从 $2^2=4$ 个输入数据中，选择一个作为输出，称为 4 选 1MUX；当 $n=3$ 时，即有三个选择信号，可从 $2^3=8$ 个输入数据中，选择一个作为输出，则称为 8 选 1MUX，依此类推。

数据选择器应用广泛，也已作为标准器件，制成了中规模集成电路。如图 8.2.20 所示为双 4 选 1 数据选择器 74LS153 的引脚排列图。在同一个封装中有两个 4 选 1MUX。图中，A_1、A_0 是选择输入端为两个 MUX 所共有，D_3、D_2、D_1、D_0 为数据输入端，Y 为数据输出端，$\overline{S}$ 为使能（选通）输入端，它们是各自独立的。$\overline{S}$ 表示低电平有效，即当 $\overline{S}=0$ 时 MUX 正常工作，具有按选择输入端 A_1、A_0 的状态，控制选通输入数据的逻辑功能；当 $\overline{S}=1$ 时，不论数据输入端输入什么数据，输出 Y 都为 0，MUX 禁止工作。

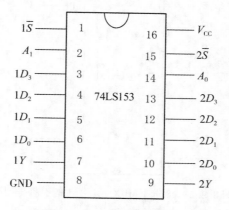

图 8.2.20　74LS153 引脚图

74LSl53MUX 的功能表如表 8.2.8 所示。根据功能表，当 $\overline{S}=0$ MUX 正常工作时，可以写出 74LSl53MUX 的输出函数逻辑式为

$$Y = \overline{A_1 A_0} D_0 + \overline{A_1} A_0 D_1 + A_1 \overline{A_0} D_2 + A_1 A_0 D_3$$

表 8.2.8　74LSl53MUX 功能表

输　　入			输　　出
$\overline{S}$	A_1	A_0	Y
1	×	×	0
0	0	0	D_0
0	0	1	D_1
0	1	0	D_2
0	1	1	D_3

除了 4 选 1MUX 以外，还有 8 选 1、16 选 1MUX，其工作原理基本相同。如 8 选 1MUX74LS151，它的引脚排列如图 8.2.21 所示，功能表如表 8.2.9 所示。当使能端 $\overline{G}$ 低电平有效时，输出 Y 的表达式为 $Y = \sum_{i=0}^{7} m_i D_i$，式中，$m_i$ 为控制变量 A_2、A_1、A_0 的最小项。

输出变量 W 是输出 Y 的非，$W = \overline{Y}$，即 8 选 1MUX 74LS151 包含互为相反的输出。

数据选择器除了具有从多路输入数据中，选择一路输出的基本功能之外，利用它的输出表达式包含所有控制变量最小项的特点，可以构成任何功能的组合电路。

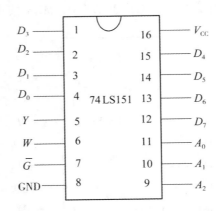

图 8.2.21　8 选 1 MUX 74LS151 的引脚排列图

表 8.2.9 8 选 1 MUX 74LS151 的功能表

输 入				输 出
$\overline{G}$	A_2	A_1	A_0	Y
1	×	×	×	0
0	0	0	0	D_0
0	0	0	1	D_1
0	0	1	0	D_2
0	0	1	1	D_3
0	1	0	0	D_4
0	1	0	1	D_5
0	1	1	0	D_6
0	1	1	1	D_7

例 8.2.4 利用 8 选 1 MUX 74LS151 产生逻辑函数 $L = \overline{X}YZ + X\overline{Y}Z + XY$。

解：把式 $L = \overline{X}YZ + X\overline{Y}Z + XY$。变换成最小项表达式：

$$L = \overline{X}YZ + X\overline{Y}Z + XYZ + XY\overline{Z}。$$

将上式写成： $L = m_3D_3 + m_5D_5 + m_6D_6 + m_7D_7$

由该式可知，m_0、m_1、m_2、m_4 的控制变量 D_0、D_1、D_2、D_4 应为 0，而 D_3、D_5、D_6、D_7 都应为 1。由此可画出该逻辑函数产生器的逻辑图，如图 8.2.22 所示。

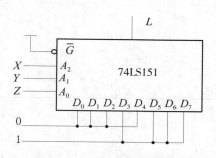

图 8.2.22 74LS151 逻辑函数产生器逻辑图

数据选择器构成可编序列信号发生器颇为方便，现以 4 选 1MUX 为例加以说明。4 选 1MUX 有四路并行数据输入 $D_3 \sim D_0$，控制选择输入 A_1A_0 使其按二进制编码依次由 00 ~ 11 变化时，则四路并行输入数据便依次被选择传送到输出端，转换成串行数据输出，如图 8.2.23 所示。只要预先将并行数据输入端置 0 或 1，在选择输入 A_1A_0 控制下，数据选择器便可输出所要求的序列信号，成为可编序列发生器。

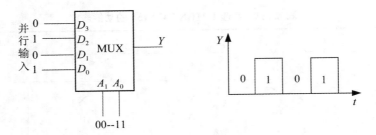

图 8.2.23　4 选 1MUX 实现串行数据输出

五、数值比较器

在数字系统中，常常要对两个二进制数值进行比较。能对两个位数相同的二进制数进行比较，并判断它们大小的电路称为数值比较器。

（一）一位数值比较器

将两个一位二进制数 A、B 进行比较，有 $A > B$、$A = B$、$A < B$ 三种结果，分别用 $Y_{A>B}$、$Y_{A=B}$、$Y_{A<B}$ 表示。设比较结果成立为 1，反之为 0，可列出其真值表，见表 8.2.10。

表 8.2.10　一位二进制数数值比较器真值表

输　　入		输　　出		
A	B	$Y_{A>B}$	$Y_{A=B}$	$Y_{A<B}$
0	0	0	1	0
0	1	0	0	1
1	0	1	0	0
1	1	0	1	0

由表知：

$$Y_{A>B} = A\overline{B}$$

$$Y_{A=B} = \overline{A}\,\overline{B} + AB = \overline{\overline{A}B + A\overline{B}}$$

$$Y_{A<B} = \overline{A}B$$

一位比较电路的逻辑电路如图 8.2.24。

（二）集成数值比较器

多位二进制数码的比较是从高位到低位逐位进行的，先由高位定大小，只有在高位相同时才对低位进行比较。74LS85 是 4 位数值比较器，其引脚排列图，如图 8.2.25 所示。

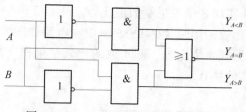

图 8.2.24　一位比较电路的逻辑电路

其中，$I_{A>B}$、$I_{A=B}$、$I_{A<B}$ 是 3 个低位级联输入端。74LS85 是 4 位数值比较器的功能表如表 8.2.11 所示。

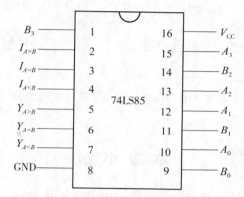

图 8.2.25　四位数值比较器 74LS85 引脚图

表 8.2.11　74LS85 四位数值比较器功能表

比较输入				级联输入			输　　出		
$A_3 B_3$	$A_2 B_2$	$A_1 B_1$	$A_0 B_0$	$I_{A>B}$	$I_{A=B}$	$I_{A<B}$	$Y_{A>B}$	$Y_{A=B}$	$Y_{A<B}$
$A_3 > B_3$	×	×	×	×	×	×	1	0	0
$A_3 < B_3$	×	×	×	×	×	×	0	0	1
$A_3 = B_3$	$A_2 > B_2$	×	×	×	×	×	1	0	0
$A_3 = B_3$	$A_2 < B_2$	×	×	×	×	×	0	0	1
$A_3 = B_3$	$A_2 = B_2$	$A_1 > B_1$	×	×	×	×	1	0	0
$A_3 = B_3$	$A_2 = B_2$	$A_1 < B_1$	×	×	×	×	0	0	1
$A_3 = B_3$	$A_2 = B_2$	$A_1 = B_1$	$A_0 > B_0$	×	×	×	1	0	0
$A_3 = B_3$	$A_2 = B_2$	$A_1 = B_1$	$A_0 < B_0$	×	×	×	0	0	1
$A_3 = B_3$	$A_2 = B_2$	$A_1 = B_1$	$A_0 = B_0$	1	0	0	1	0	0
$A_3 = B_3$	$A_2 = B_2$	$A_1 = B_1$	$A_0 = B_0$	0	0	1	0	0	1
$A_3 = B_3$	$A_2 = B_2$	$A_1 = B_1$	$A_0 = B_0$	×	1	×	0	1	0
$A_3 = B_3$	$A_2 = B_2$	$A_1 = B_1$	$A_0 = B_0$	0	0	0	1	1	0
$A_3 = B_3$	$A_2 = B_2$	$A_1 = B_1$	$A_0 = B_0$	1	0	1	0	0	0

例 8.2.5　用 74LS85 实现 8 位二进制数值比较。

解：8 位二进制数值比较需用两片 74LS85 组成，电路如图 8.2.26 所示。其中，芯片 2 为高 4 位比较，芯片 1 为低 4 位比较。低 4 位的比较结果作为高位的级联输入，芯片 1 的级联输入取 $I_{A=B}=1$，其他接 0。

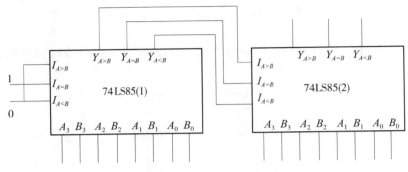

图 8.2.26　用 74LS85 实现 8 位二进制数值比较器

本 章 小 结

1. 组合电路的输出只与电路该时刻的输入有关，电路没有记忆功能。

2. 组合电路的分析是通过写出电路的表达式、列真值表等方法，得到电路的逻辑功能。

3. 组合电路的设计是对给定的逻辑功能，选取合适的参数和器件，设计并画出逻辑电路。

4. 常用的集成组合器件有比较电路、全加器、编码器、译码器、数据选择器等，各集成器件由功能表描述其功能和使用方法。

5. 集成组合器件组成的各种应用电路，要按照器件功能表得到逻辑表达式，分析电路的逻辑功能。

6. 常用的集成组合器件用使能端来扩展电路的逻辑功能，用集成器件设计逻辑电路具有较强的技巧性，是组合电路主要的设计方法。

7. 三人表决器实验请扫描下方二维码观看。

思考题与习题

8.1 试分析图示逻辑电路的功能。

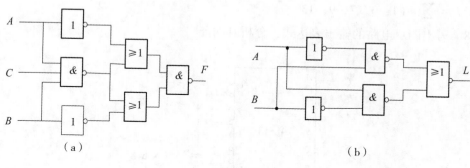

题 8.1 图

8.2 图示为某组合逻辑电路的输入 A、B、C 和输出 L 的波形，试写出其逻辑关系式。

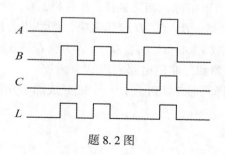

题 8.2 图

8.3 保密锁上有三个键钮 ABC，要求：三个键钮同时按下，或 AB 两个同时按下，或按下 AB 中的任一键时，锁就能被打开，而当不符合上述组合状态时，将使电路发出报警响声，试设计此保密逻辑电路。

8.4 某导弹发射场有正、副指挥员一名，操纵员二名，当正副指挥员同时发出命令时，只要两名操纵员有一人按下发射控制电钮，即可产生一个点火信号将导弹发射出去。试用与非门设计一个组合逻辑电路完成点火的控制。

8.5 用 3 线-8 线译码器和与非门实现下列函数。

(1) $L_1 = AB + \overline{ABC}$；

(2) $L_2 = ABC + \bar{A}(B + C)$；

(3) $L_3 = \overline{AB} + A\overline{C} + A\overline{BC}$。

8.6 设 AB 表示一个两位二进制数，试用 3 线－8 线译码器和必要的与非门设计 AB 的平方运算电路。

8.7 分别用 4 选 1 和 8 选 1 数据选择器和必要的门实现下列函数。

(1) $L = \sum m(2, 4, 5, 7)$；

(2) $L = \sum m(1, 3, 7, 9, 13)$。

8.8 写出图示电路的输出表达式，分析其功能。

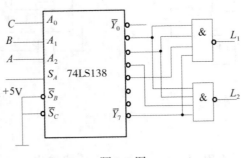

题 8.8 图

8.9 某产品有 $ABCD$ 四项指标，当达到 A、B 合格，C、D 中任一项合格以上，则产品合格；或者当达到 A 不合格，B、C、D 全部合格，产品也合格。

(1) 试列出产品合格函数 $F(A, B, C, D)$ 的最小项表达式；

(2) 分别用 74138 译码器和与非门电路实现这个函数。

8.10 试用 3 线－8 线译码器 74138 设计一个能完成图示功能的电路。其中 A、B、C、D 为输入，F 为输出。

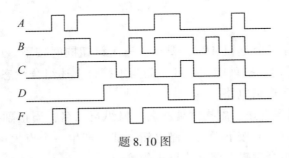

题 8.10 图

8.11 试用 8 选 1 数据选择器重做上题。

8.12 写出图示电路输出函数表达式，说明电路功能。

8.13 图示电路中，K_1、K_0 为控制信号，X、Z 为输入，Y 为输出。试列出电路的真值表，分析在选择信号 K_0、K_1 取不同值时，电路可以获得几种逻辑功能。

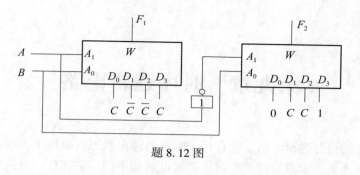

题 8.12 图

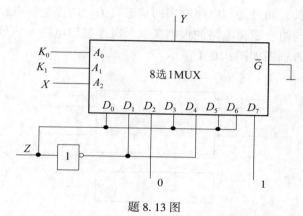

题 8.13 图

8.14 试分别用 74LS138 和 74LS151 实现函数 $F = \overline{A}B + AD + \overline{B}\,\overline{C}\,\overline{D}$。

8.15 试用 4 位数值比较器和 4 位全加器构成 4 位二进制数码转换成 8421BCD 码的转换电路。

第九章 时序逻辑电路

上一章讨论的组合逻辑电路，它在任一时刻的输出状态仅取决于当时输入信号，而与以前的电路状态无关。本章要讨论的时序逻辑电路却不同，它在任一时刻的输出状态不仅与当时的输入信号有关，而且还与电路原来的状态有关。时序逻辑电路具有记忆功能，这一点是时序逻辑电路与组合逻辑电路的根本区别。时序逻辑电路一般是由组合电路加反馈电路构成的，其组成方框图如图 9.0.1 所示。

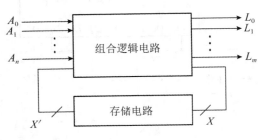

图 9.0.1 时序逻辑电路方框图

时序逻辑电路具有如下特点：

(1)电路由组合逻辑电路和存储电路两部分构成。存储电路的作用是记忆给定时刻前的输出信号，作为产生新状态的条件。

(2)输出-输入之间至少有一条反馈路径。

时序逻辑电路的基本单元是触发器，常用电路有寄存器、计数器等数字逻辑部件。本章将介绍它们的工作原理、逻辑功能及应用。

第一节 双稳态触发器

在各种复杂的数字电路中，不但需要对二值信号进行算术运算和逻辑运算，还经常需要将这些信号和运算结果保存起来，为此，需要使用具有记忆功能的基本逻辑单元。能够存储 1 位二值信号的基本单元电路，统称为触发器。触发器是组成时序逻辑电路的基本单元。

为了实现记忆一位二值信号的功能，触发器必须具备以下两个基本特点：

(1)具有两个能自行保持的稳定状态，用来表示逻辑状态的 0 和 1，或二进制数的 0 和 1。

（2）根据不同的输入信号，在触发信号的控制下，稳定状态可以置成 0 或 1。

由于采用的电路结构形式不同，触发信号的触发方式也不一样。触发方式分为电平触发、脉冲触发和边沿触发三种。在不同的触发方式下，当触发信号到达时，触发器的状态转换过程具有不同的动作特点。

同时，由于控制方式的不同(即信号的输入方式以及触发器状态随输入信号变化的规律不同)，根据触发器逻辑功能的不同分为 RS 触发器、D 触发器、JK 触发器、T 触发器等几种类型。

一、RS 触发器

（一）基本 RS 触发器

基本 RS 触发器逻辑电路及其逻辑符号如图 9.1.1(a)(b)所示。它由两个与非门交叉联接而成，是构成其他各类触发器的基础，故称为基本 RS 触发器。

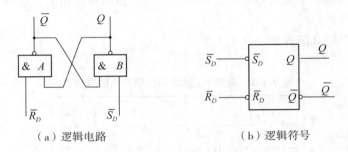

(a) 逻辑电路　　　　　　　(b) 逻辑符号

图 9.1.1　基本 RS 触发器逻辑电路及其逻辑符号

$\overline{R}_D$ 和 $\overline{S}_D$ 是它的两个输入端。$\overline{R}_D$ 和 $\overline{S}_D$ 输入端处的小圆圈表示低电平有效，平时这两个端应接高电平，维持触发器状态不变。只有当 $\overline{R}_D$ 或 $\overline{S}_D$ 接收到低电平信号时，才可能使触发器的状态产生翻转。

Q 和 $\overline{Q}$ 是它的两个互补输出端。一般将 Q 端的状态定义为触发器的状态，如 $Q = 0$，$\overline{Q} = 1$，称触发器为 0 态；$Q = 0$，$\overline{Q} = 1$，称触发器为 1 态。这表明基本 RS 触发器具有 0、1 两个稳定状态(有两个稳定状态的触发器统称双稳态触发器)，因而可用来表示一位二进制数，即具有记忆功能。

基本 RS 触发器逻辑功能如下。

（1）$\overline{S}_D = 1$，$\overline{R}_D = 0$。

不论触发器原来的状态如何，触发器状态将翻转为 0 态，即 $Q = 0$，$\overline{Q} = 1$。

因为 $\overline{R}_D = 0$ 导致 A 门输出 $\overline{Q} = 1$，从而使 B 门的两个输入全为 l，使得其输出 $Q = 0$，按照规定这时触发器处于 0 态。由于是 $\overline{R}_D$ 端加低电平使触发器置 0 态，所以称 $\overline{R}_D$ 端为置 0

端，又称复位端。

（2）$\overline{S}_D = 0$，$\overline{R}_D = 1$。

不管触发器原来状态如何，触发器状态将翻转为 1 态，即 $Q = 1$，$\overline{Q} = 0$。

因为 $\overline{S}_D = 0$ 导致 B 门输出 $Q = 1$，从而使 A 门的两个输入全为 1，使得其输出 $\overline{Q} = 0$，按照规定这时触发器处于 1 态。由于是 $\overline{S}_D$ 端加低电平使触发器置 1 态，所以称 $\overline{S}_D$ 端为置 1 端，又称置位端。

（3）$\overline{S}_D = 1$，$\overline{R}_D = 1$。

因为两个输入端 $\overline{S}_D$ 和 $\overline{R}_D$ 都没接收到低电平信号，故触发器保持原来状态不变。

（4）$\overline{S}_D = 0$，$\overline{R}_D = 0$。

在此条件下，导致 $Q = \overline{Q} = 1$，破坏了触发器两个输出端 Q 与 $\overline{Q}$ 的互补逻辑关系，属非正常状态。当两个输入端的低电平信号同时撤除后，由于两个与非门的工作速度差异，将不能确定触发器是处于 1 态还是 0 态，即状态不定。所以在使用时，这种输入方式应当避免，成为约束条件。

上述逻辑关系的真值表如表 9.1.1 所示。

表 9.1.1　基本 RS 触发器逻辑关系的真值表

$\overline{R}_D$	$\overline{S}_D$	Q
0	1	0
1	0	1
1	1	不变
0	0	不定

可见，基本 RS 触发器的逻辑功能为：（对 $\overline{R}_D$、$\overline{S}_D$ 输入信号而言）全 1 不变；全 0 避免；有 1 有 0，Q_D 与 $\overline{R}_D$ 相同。工作特点是低电平直接触发。

目前，基本 RS 触发器已制成集成器件，如 74LS279（T4279）内含四个基本 RS 触发器，其引脚排列图，如图 9.1.2 所示。其功能同前述，其中有两个基本 RS 触发器均有两个 $\overline{S}_D$ 输入端，组成相与关系，可以提供更大的使用灵活性。

基本 RS 触发器结构简单、使用方便，广泛应用于开关消噪声电路、键盘输入电路以及某些特定的场合。

常用机械开关电路如图 9.1.3（a）所示。当开关 K 在闭合或断开的几毫秒时间内，金属触点之间会产生碰撞抖动，产生接触噪声干扰，输出信号波形如图 9.1.3（b）所示。该信号加入系统后，将会造成干扰引起误动作。

在开关 K 后面串接基本 RS 触发器，便构成开关防抖电路，如图 9.1.3（c）所示。该电

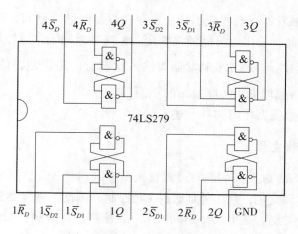

图 9.1.2 74LS279 引脚排列图

路能有效地消除噪声干扰。当开关 K 由 B 掷到 A 时，动触点和下面静触点第一次接触时，$\overline{S}_D = 1$，$\overline{R}_D = 0$，则 $Q = 0$，输出为低电平。触点因抖动跳开时，有 $\overline{S}_D = 1$，$\overline{R}_D = 1$，触发器输出状态不变，仍保持低电平；当触点再次接通时，又有 $\overline{S}_D = 1$，$\overline{R}_D = 0$，输出仍为低电平，消除了噪声干扰。当开关 K 由 A 掷到 B 时，按照同样的分析方法可知能输出稳定的高电平。输出波形如图 9.1.3（d）所示。

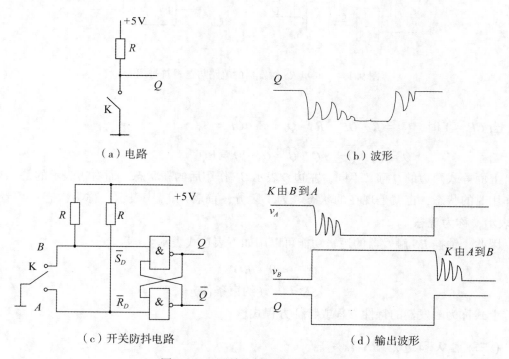

（a）电路　　　　　　　　　　　　　（b）波形

（c）开关防抖电路　　　　　　　　　　（d）输出波形

图 9.1.3 开关防抖电路及输出波形

但是，基本 RS 触发器在有些应用场合也存在很多问题。例如，当输入端信号在一段时间内发生多次变化时，输出也可能随之而变，无法在时间上加以控制，即存在着多次翻转(空翻)的现象。其次，基本 RS 触发器对输入状态有一定限制，使用中禁止出现 $\overline{S}_D = 0$，$\overline{R}_D = 0$ 的情况，这也增加了实际使用的不便。

采用时钟控制的触发器便可弥补上述不足。

(二)钟控 RS 触发器

前面介绍的基本 RS 触发器的翻转过程直接由输入信号控制，而实际上常常要求系统中各触发器在规定时刻变化，且由外加时钟 CP 控制。因此，触发器通常是钟控型的，有同步、主从、边沿等类型。这里仅介绍同步 RS 触发器，其他钟控 RS 触发器功能基本与之类似。

同步 RS 触发器的电路与逻辑符号如图 9.1.4 所示。由图可知，输入信号 S、R 要经门 G_3 和 G_4 传递，这两个门同时受 CP 信号控制。

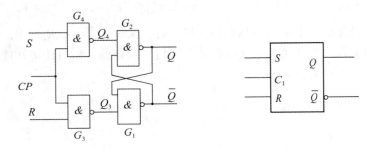

图 9.1.4　同步 RS 触发器的电路与逻辑符号图

当 $CP = 1$ 时，$Q_3 = \overline{R \cdot CP} = \overline{R}$，$Q_4 = \overline{S \cdot CP} = \overline{S}$，

$$Q = \overline{Q_4 \cdot \overline{Q}} = \overline{\overline{S}\,\overline{Q}}, \quad \overline{Q} = \overline{Q_3 \cdot Q} = \overline{\overline{R}Q}$$

上面等式两边的 Q 意义不同，左边 Q 表示 CP 作用后的新状态，而右边表示的是 CP 还未作用时的状态，也就是现在的状态。为了区分，前者用 Q^{n+1} 表示，称为次态；后者用 Q^n 表示，称为现态。

因此，钟控 RS 触发器的逻辑功能可以用如下表达式表示：

$$\begin{cases} Q^{n-1} = S + \overline{R}Q^n \\ SR = 0 \quad (约束条件) \end{cases}$$

上式称为触发器的特性方程或特征方程式。

(三)主从和边沿 RS 触发器

由钟控 RS 触发器的分析可知，仅当 $CP = 1$ 时，"触发"电路发生变化，使 Q 和 $\overline{Q}$ 根据

S、R 信号而改变状态。因此,将 CP 的这种触发方式称为电平触发方式。电平触发方式,在 $CP=1$ 的全部时间里,S 和 R 状态的变化都可能引起输出状态的改变。在 CP 回到 0 以后,触发器保存的是 CP 回到 0 以前瞬间的状态。

根据上述的动作特点可以想象到,如果在 $CP=1$ 期间 S、R 的状态多次发生变化,那么触发器输出的状态也将发生多次翻转(空翻),这就降低了触发器的抗干扰能力。

避免多次翻转的方法之一,就是采用具有存储功能的触发导引电路,主从结构式触发器就是这类触发器。

主从 RS 触发器原理电路如图 9.1.5 所示。由图分析,主从 RS 触发器的工作分两步进行。第一步,在 CP 由 0 正向跳变至 1 时及 $CP=1$ 时,主触发器接收输入信号,电路状态发生变化;而从触发器被 G_9 封锁。第二步,在 CP 由 1 负向跳变至 0 时及 $CP=0$ 时,主触发器被封锁,状态不变,而从触发器接收主触发器的状态输入。由于主从触发器的状态分主次分时变化,不会引起整个触发器状态两次以上的翻转,克服了多次翻转现象。

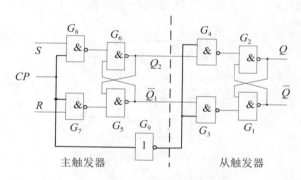

图 9.1.5 主从 RS 触发器

主从触发器在某些条件下,可能存在一次翻转现象。如在 $CP=1$ 期间,触发器的状态发生一次转移后,输入又发生变化时,主触发器不会再变,就有可能出现状态与特征方程不一致的现象。

接下来要介绍的边沿触发器,只对时钟信号的某一个边沿敏感,而在其他时刻保持状态不变,不受输入信号变化的影响,完全避免空翻、一次翻转等现象,大大提高了抗干扰能力。

边沿触发器的结构如图 9.1.6 所示,通过电路中的几条反馈线,即维持与阻塞线,能确保该触发器仅在 CP 由 0 到 1 的上升沿时刻才发生状态转移,而在其余时间不变。这种结构的触发器又称为维持与阻塞触发器,详细工作情况,请参阅有关参考书。

边沿触发器电路结构不同,对时钟脉冲的敏感不同,又可分为上升沿触发和下降沿触发。后面的讨论均以边沿型触发器为例。

二、D 触发器

利用时钟边沿控制的 D 触发器的逻辑符号如图 9.1.7 所示。它有 4 个输入端,其中

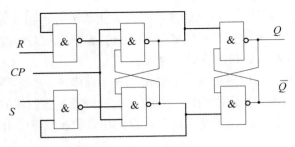

图 9.1.6 维持阻塞 RS 触发器

$\overline{R}_D$、$\overline{S}_D$ 分别称为直接置 0(复位)端和直接置 1(置位)端，它们的功能与基本 RS 触发器中介绍的完全相同。所谓"直接"，是指不管输入端 D、CP 为何种状态，均能利用这两个端将触发器置成某种状态，如使 $\overline{R}_D = 0$、$\overline{S}_D = 1$，则输出 $Q = 0$；使 $\overline{R}_D = 1$、$\overline{S}_D = 0$，则 $Q = l$。触发器正常工作时应将 $\overline{R}_D$、$\overline{S}_D$ 端悬空或接高电平(即 $\overline{R}_D = 1$、$\overline{S}_D = 1$)。

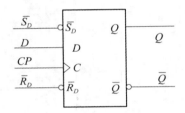

图 9.1.7 D 触发器的逻辑符号

CP 端是时钟脉冲输入端，时钟脉冲通常是由标准脉冲信号源提供的矩形波信号，它控制着触发器的翻转时刻。CP 输入端上未画小圆圈，表明触发器是 CP 上升边沿触发翻转，即 CP 输入由 0 到 1 的正跳变使触发器状态翻转。D 端是信号输入端，它的状态决定触发器将要翻转到的状态。Q 和 $\overline{Q}$ 为触发器两个互补输出端。D 触发器的功能如表 9.1.2 所示。可以看出：在时钟脉冲 CP 上升沿触发下，触发器输出状态 Q^{n+1} 与 D 输入端信号相同，而与它的原来状态 Q^n 无关。于是，可写出 D 触发器的特性方程：$Q^{n+1} = D$。

表 9.1.2 D 触发器的功能表

输　　　　入			输　　出
Q^n	D	CP	Q^{n+1}
0 1	0	↑	0
0 1	1	↑	1

综合上述，D 触发器的逻辑功能可简记为：Q^{n+1}、D 相同。工作特点是 CP 上升沿触发翻转。D 触发器的工作波形图如图 9.1.8 所示。

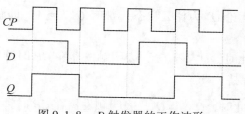

图 9.1.8　D 触发器的工作波形

常用集成 D 触发器品种很多，有单 D 触发器如 T076、T106 等，它们都具有三个 D 输入端，组成与的关系，具有较大的使用灵活性；有双 D 触发器如 T077、T107、74LS74（T4074）等，所有双 D 触发器均只有一个 D 输入端，且外引脚排列顺序一致，使用方便；此外，还有四 D 触发器如 74LSl75（T4175）；六 D 触发器 74LSl74（T4174）；八 D 触发器如 74LS377（T4377）等，上述所有 D 触发器的引脚图、特性等可查阅附录或查阅集成电路手册。

三、JK 触发器

在各类时钟控制的集成触发器中，就逻辑功能的完善性、使用的灵活性和通用性来说，JK 触发器具有明显优势，是最主要的触发器之一。

JK 触发器的逻辑符号如图 9.1.9 所示，它有 5 个输入端，$\overline{R}_D$、$\overline{S}_D$ 为直接置 0（复位）端和直接置 1（置位）端。它们的功能与 D 触发器中介绍过的相同。J、K 为信号输入端，它的状态决定触发器将要翻转到的状态。CP 为时钟脉冲输入端，其上画一小圆圈，表明 JK 触发器是 CP 下降沿触发翻转，即 CP 由 1 到 0 的下跳变使触发器状态翻转。

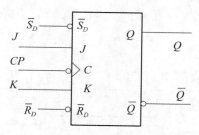

图 9.1.9　JK 触发器的逻辑符号

Q 和 $\overline{Q}$ 为 JK 触发器两个互补输出端。经 JK 触发器电路推证其特性方程为

$$Q^{n+1} = J\overline{Q^n} + \overline{K}Q^n$$

式中，Q^n 为时钟脉冲 CP 下跳变之前触发器的状态，称为现态。Q^{n+1} 为时钟脉冲下跳变后

的状态,称为次态。具体分析如下:

(1)$J=0$, $K=1$。无论 Q^n 为什么状态,都有 $Q^{n+1}=0$,即触发器翻转到 0 态,称为置 0。

(2)$J=1$, $K=0$。无论 Q^n 为什么状态,都有 $Q^{n+1}=1$,即触发器翻转到 1 态,称为置 1。

(3)$J=0$, $K=0$。此时,$Q^{n+1}=Q^n$,表明触发器在 CP 时钟脉冲下降沿触发后的状态保持原状态不变,称为保持。

(4)$J=1$, $K=1$。此时,$Q^{n+1}=\overline{Q^n}$,表明触发器在 CP 时钟脉冲下降沿触发后的状态就改变一次,为原态的反,称为计数。

归纳上述四种情况,可列出 JK 触发器功能表,如表 9.1.3 所示。

表 9.1.3 JK 触发器功能表

输 入			输 出
J	K	Q^n	Q^{n+1}
0	0	0 1	0 1
0	1	0 1	0
1	0	0 1	1
1	1	0 1	1 0

综上,JK 触发器的逻辑功能可简记为:(触发器翻转状态对 J、K 端信号而言)全 1 必翻;全 0 不变;有 1 有 0,Q^{n+1}、J 相同;工作特点是 CP 下降沿触发翻转。JK 触发器的工作波形图如图 9.1.10 所示。

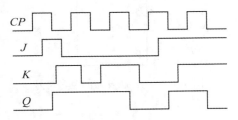

图 9.1.10 JK 触发器的工作波形图

常用 JK 触发器品种很多,有单 JK 触发器如 T208、T108、T1028(74H72)等,它们都具有三个 J、K 输入端,分别组成与的关系,提高了器件使用灵活性;有双 JK 触发器如

74LS112（T4112）、74LS114（T4114）等，这些触发器均为下降沿触发翻转。值得注意的是有些 *JK* 触发器产品因内部结构不同而采用时钟脉冲 *CP* 上升沿触发翻转，如双 *JK* 触发器 74LSl09（T4109），四 *JK* 触发器 74LS376 等均为上升沿触发翻转。它们的逻辑符号差别仅是时钟脉冲 *CP* 输入端上不加小圆圈。上述所有 *JK* 触发器的引脚图、特性等可查阅集成电路手册。

四、*T* 与 *T′* 触发器

在某些应用场合下，需要这样一种逻辑功能的触发器，当控制信号为 1 时，每来一个时钟信号它的状态就翻转一次，当控制信号为 0 时，时钟信号到达后它的状态保持不变。具备这种逻辑功能的触发器称为 *T* 触发器。它的功能表如表 9.1.4 所示。

表 9.1.4　*T* 触发器功能表

输　　入			输　　出	
CP	*T*	Q^n	Q^{n+1}	
↑	0	0	0	保持
		1	1	
↑	1	0	1	翻转
		1	0	

从功能表可写出 *T* 触发器的特征方程：

$$Q^{n+1} = T\,\overline{Q^n} + \overline{T}Q^n$$

若令 *T* 触发器的 *T* 恒为 1，则其特征方程变为 $Q^{n+1} = \overline{Q^n}$，该触发器每接收一个时钟，它的状态就翻转一次，这种触发器称为 *T′* 触发器。

事实上只要将 JK 触发器的两个输入端连在一起作为 *T* 端，就可以构成 *T* 触发器。正因为如此，在触发器的定型产品中通常没有专门的 *T* 和 *T′* 触发器。

触发器作为一种能存储信息的电路，应用非常广泛。在系统和设备中，常用于诸如开关设定、数据存储、数据转换、误差检测、波形整形等。它们都是常用数字部件计数器、寄存器等重要组成部分，有时还直接用来构成非标准进制的计数器。

第二节　小规模时序逻辑电路的分析

根据各触发器的时钟信号 *CP* 的异同，可把时序电路分为同步与异步时序电路。其中，同步时序电路所有触发器的时钟输入端 *CP* 都连在一起，使电路各触发器的状态变化与时钟 *CP* 同步；异步时序电路只有部分触发器接时钟输入端 *CP*，其他触发器的时钟取自电路中触发器输出的组合，各触发器的状态变化有先后，不与时钟输入 *CP* 同步。

　　最常见的时序电路是计数器和寄存器，此外，还有序列产生与检验等电路。下面将围绕计数器和寄存器等时序电路展开分析与讨论。

　　时序逻辑电路的分析就是根据给定的时序逻辑电路图，通过分析求出它的输出函数的变化规律，以及电路状态 Q 的转换规律，进而说明该时序电路的逻辑功能和工作特性。

一、分析时序电路的一般步骤

　　(1)根据给定的时序电路写出下列各逻辑方程式。

　　① 各触发器的时钟信号 CP 的逻辑表达式；

　　② 时序电路的输出方程；

　　③ 各触发器的驱动(激励)方程。

　　(2)将驱动方程代入相应的触发器的特征方程，求得各触发器的次态方程，也就是时序逻辑电路的状态方程。

　　(3)根据状态方程和输出方程，列出该时序电路的状态转移真值表，画出状态图或时序图。

　　(4)用文字描述给定时序逻辑电路的逻辑功能。

　　对同步时序电路，各触发器的时钟信号 CP 相同，则分析时 CP 的逻辑表达式可不写；而对异步时序电路，由于各触发器的时钟信号 CP 不相同，则分析时 CP 的逻辑表达式就必须列写出。

二、时序电路的分析举例

　　例 9.2.1　试分析图 9.2.1 所示时序电路的功能。

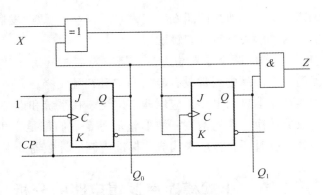

图 9.2.1　例 9.2.1 电路图

　　解：这是同步时序电路。

　　(1)列方程：
$$J_0 = 1,\ K_0 = 1,\ J_1 = X \oplus Q_0^n,\ K_1 = X \oplus Q_0^n,\ Z = Q_1^n Q_0^n$$

（2）求触发器的次态方程：

$$Q_0^{n+1} = J_0 \overline{Q_0^n} + \overline{K_0} Q_0^n = \overline{Q_0^n}$$

$$Q_1^{n+1} = J_1 \overline{Q_1^n} + \overline{K_1} Q_1^n = (X \oplus Q_0^n) \overline{Q_1^n} + \overline{X \oplus Q_0^n} Q_1^n = X \oplus Q_0^n \oplus Q_1^n$$

（3）列状态转移真值表、画状态图和时序图。列状态转移真值表是分析时序电路的关建一步，具体做法是：先填入电路现态 Q^n 的所有组合状态以及输入信号的所有组合状态，然后根据输出方程及状态方程，逐行填入次态 Q^{n+1} 的相应值，以及当前输出的相应值，如表 9.2.1 所示。

表 9.2.1　例 9.2.1 电路状态转移真值表

输入/现态			次态/输出		
X	Q_1^n	Q_0^n	Q_1^{n+1}	Q_0^{n+1}	Z
0	0	0	0	1	0
0	0	1	1	0	0
0	1	0	1	1	0
0	1	1	0	0	1
1	0	0	1	1	0
1	0	1	0	0	0
1	1	0	1	1	0
1	1	1	1	0	1

状态图是状态转移真值表的图形表示，根据状态转移真值表把所有表中列出的状态用圆圈表示，根据状态表中输入和现态确定次态和输出，并由箭头标明转移方向，如图9.2.2 所示。设电路的初态均为 0，根据状态转移真值表和状态图，可画出在一系列 CP 作用下的电路时序图，如图 9.2.3 所示。

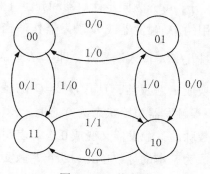

图 9.2.2　状态图

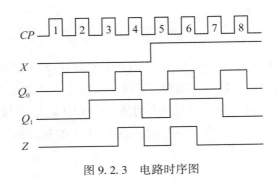

图 9.2.3　电路时序图

（4）逻辑功能分析。该电路为同步电路，当 $X=0$ 时，电路的状态由 00 到 11，数值递增；当 $X=1$ 时，电路的状态先由 00 到 11，然后由 11 递减。该电路可视为可控计数器，当 $X=0$ 时，为加法计数，当 $X=1$ 时，为减法计数。

三、计数器

（一）计数器概念

计数器是数字系统中应用十分广泛的一种逻辑部件，其功能是对输入时钟脉冲个数进行计数以实现数字测量、运算和控制。

计数器种类繁多，通常按以下方法分类：

（1）按计数体制分：可分成二进制计数器和非二进制计数器两大类。在非二进制计数器中，最常用的是十进制计数器，其余的统称为任意进制计数器。

所谓几进制计数器，是指计数器的循环状态数，又称为模数。如八进制计数器，可称为模 8 计数。

（2）按计数增减方式分：可分为加法计数器、减法计数器及可逆计数器。

（3）按计数脉冲引入方式分：可分为同步计数器和异步计数器。

最简单的计数器是由常用的 JK 触发器或 D 触发器作适当连接构成 T' 触发器组成的，如图 9.2.4 所示。将 JK 触发器 J、K 输入端悬空，即 $J=K=1$ 或将 D 触发器 D 输入端与 $\overline{Q}$ 端相连，这两个触发器便转换成 T' 触发器，具有 $Q^{n+1}=\overline{Q^n}$ 的逻辑功能。此时，将时钟脉冲 CP 输入端作为计数输入端，当触发器初始状态为 0 态时，送入一个计数脉冲后，触发器变为 1 态；再送入第二个计数脉冲，触发器又变成 0 态。表明一个 T' 触发器两个状态可记二个数，即一位二进制数，成为基本的计数单元。2 个 T' 触发器串接，4 个状态可计 $2^2=4$ 个数，称为四进制计数器或二位二进制计数器；以此类推，n 个 T' 触发器串接，就构成 2^n 进制计数器，又称为 n 位二进制计数器。

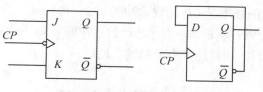

图 9.2.4　最简单的计数器

（二）触发器构成的计数器

1. 电路

电路如图 9.2.5 所示，它由三个 JK 触发器组成，每个触发器的 J、K 端悬空，都处于 $J=K=1$ 的计数工作状态，即具有 T' 触发器功能。计数输入脉冲由触发器 F_0 的 CP 端输入，低位触发器的输出端 Q 与相邻高位触发器 CP 端相连接。

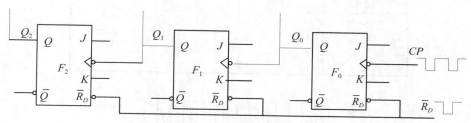

图 9.2.5　异步二进制加法计数器

2. 工作原理

计数器工作前，应先清 0。在 $\overline{R}_D$ 端加一负脉冲，则 $Q_2Q_1Q_0=000$。

输入第 1 个 CP 计数脉冲，当该脉冲下降沿到来时，触发 F_0 翻转，Q_0 由 0 变 1。Q_0 的正跳变加于 F_1 的 CP 端，不影响 F_1，F_1 保持不变，F_2 也保持不变，计数器的状态为 001。

输入第 2 个 CP 计数脉冲，其下降沿又触发 F_0 翻转，Q_0 由 1 变 0。Q_0 的负跳变又将触发 F_1 翻转，Q_1 由 0 变 1。Q_1 的正跳变加到 F_2 的 CP 端，不影响 F_2，F_2 保持不变，计数器的状态为 010。

按此规律，随着 CP 计数脉冲的不断输入，各触发器的状态如表 9.2.1 所示。它的工作波形图如图 9.2.6 所示。

（1）计数器是递增计数的，电路级间遵循"逢二进一"的进位原则，故称为二进制加法计数器。由于输入第 8 个 CP 计数脉冲后，计数器的状态恢复为 000 初始状态，故该计数器又称八进制计数器。

（2）该计数器计数脉冲不是同时加到各位触发器的 CP 输入端，只加到最低位 CP 端。当输入计数脉冲计数器状态表时，3 个触发器的翻转不是同时的，状态更新有先有后，不与 CP 同步，故为异步计数器。

（3）由工作波形图还可看出，每经一级触发器，输出矩形脉冲的周期就增加一倍，即

189

频率降低一半。输出 Q_0 的频率是 CP 计数脉冲的 $1/2$，可实现二分频；Q_1 的频率是 CP 计数脉冲的 $1/4$，实现四分频；Q_2 的频率是 CP 计数脉冲的 $1/8$，则实现八分频。可见计数器不仅能记忆输入脉冲数目，而且还具有分频的功能。

表 9.2.1   各触发器的状态表

输入 CP 计数脉冲数	计数状态		
	Q_2	Q_1	Q_0
0	0	0	0
1	0	0	1
2	0	1	0
3	0	1	1
4	1	0	0
5	1	0	1
6	1	1	0
7	1	1	1
8	0	0	0

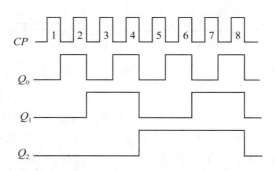

图 9.2.6   三位异步二进制加法计数器工作波形图

计数与分频是两个不同的概念，前者是把各触发器状态一起考虑，利用其二进制编码代表 CP 计数脉冲的数目，后者则指的是计数器中某一级触发器输出脉冲频率与 CP 计数脉冲频率的关系。

第三节   中规模时序逻辑电路

一、中规模集成计数器

计数器是一个十分重要的逻辑部件，如果输入的计数脉冲是秒信号，则可用模 60 计数器产生分信号，进而产生时、日、月和年信号；如果在一定的时间间隔内对输入的周期性脉冲信号计数，就可以测出该信号的频率，计数器也是计算机的主要部件。由于计数器有如此广泛的用途，制造厂已生产了具有不同功能的集成计数器芯片。在设计专用集成电路的软件包也包含了各种计数器模块。设计人员可以选用这些芯片或模块构成各种逻辑电路和系统。本节将介绍几种典型集成计数器的功能。

（一）4 位异步二进制计数器 74LS293（T4293）

如图 9.3.1（a）(b)所示是 4 位异步二进制计数器 74LS 293 的引脚图和逻辑符号图。Q_3、Q_2、Q_1、Q_0 为输出端；CP_0、CP_1 为两个计数脉冲输入端；其上画有小圆圈，表明计数脉冲下降沿触发计数；$R_{0(1)}$、$R_{0(2)}$ 为复位（清零）端，组成与逻辑关系，高电平有效；NC 为空脚。74LS293 的功能表如表 9.3.1 所示。

（1）当 $R_{0(1)} = R_{0(2)} = 1$ 时，不论 CP_0、CP_1 为何种状态，计数器都清零，$Q_3 Q_2 Q_1 Q_0 = 0000$。

（2）当 $R_{0(1)}$、$R_{0(2)}$ 中有一个为 0 时，在 CP_0、CP_1 计数脉冲下降沿作用下，计数器进行计数。当计数脉冲从 CP_0 输入，Q_0 输出时，为 1 位二进制计数器；从计数脉冲 CP_1 输入，$Q_3 Q_2 Q_1$ 输出时，为 3 位二进制计数器，因能计 8 个时钟数，故又称为八进制计数器；从 CP_0 输入，将 Q_0 接到 CP_1，$Q_3 Q_2 Q_1 Q_0$ 输出时，为 4 位二进制计数器，因能计 16 个数，故又称为十六进制计数器。该计数器具有上述多种计数功能，所以又把它称为 2-8-16 进制计数器。

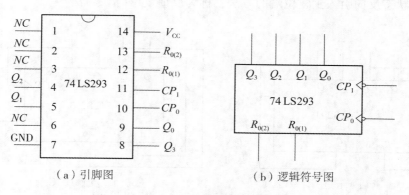

（a）引脚图　　　　　　　（b）逻辑符号图

图 9.3.1　74LS293 的引脚图和逻辑符号图

表 9.3.1　74LS293 的功能表

输　入			输　出			
$R_{0(1)}$	$R_{0(2)}$	CP	Q_3	Q_2	Q_1	Q_0
1	1	×	0	0	0	0
0	×	↓（CP_0）	1 位二进制加法计数（Q_0）			
×	0	↓（CP_1）	3 位二进制加法计数（$Q_3 Q_2 Q_1$）			

由于 $R_{0(1)}$、$R_{0(2)}$ 端具有复位(清零)功能($R_{0(1)} = R_{0(2)} = 1$),可将 $Q_3Q_2Q_1Q_0$ 输出端中任 3 个与 $R_{0(1)}$、$R_{0(2)}$ 相连接,可以利用输出的状态形成复位控制信号,将其反馈到复位端,便可以使电路在需要的状态上跳转,从而得到不同进制的计数器。

例 9.3.1 试将 74LS293(T4293)接成五进制和十二进制计数器。

解:(1)接成五进制计数器。电路连接如图 9.3.2(a)所示。计数脉冲从 CP_0 输入,Q_0 端与 CP_1 端和 $R_{0(1)}$ 端相连,Q_2 接 $R_{0(2)}$ 端。当计数到第 5 个脉冲时,输出为 $Q_3Q_2Q_1Q_0 = 0101$,此时 $R_{0(1)} = R_{0(2)} = 1$ 计数器复位为 0000。因计数器只有 0000~0100 共 5 个状态,故为五进制计数器。

(2)接成十二进制计数器。

电路连接如图 9.3.2(b)所示。Q_0 接 CP_1,Q_3 接 $R_{0(2)}$,Q_2 接 $R_{0(1)}$,计数到 12 个脉冲时数器输出 $Q_3Q_2Q_1Q_0 = 1100$,因 $Q_3 = Q_2 = 1$,故 $R_{0(1)} = R_{0(2)} = 1$,计数器复位,实现十二进制计数。

由上面的例子可知,74LS293 连接成任意进制的计数器,是利用复位(清零)$R_{0(1)}$、$R_{0(2)}$ 端完成的,关键是确定复位时的计数器状态。

由于 74LS293 复位无需等待时钟 CP,故称为异步的复位。连接不同进制计数器的具体方法是:首先根据要连接成计数器的进制,确定复位时的状态;由于复位端 $R_{0(1)}$ 和 $R_{0(2)}$ 高电平有效,再将复位状态中 1 对应的 Q 取出,直接接复位端 $R_{0(1)}$ 或 $R_{0(2)}$ 即可。若复位状态中 1 的个数有两个以上,如七进制 0111、十三进制 1101 等,则借助与门完成。这种将输出状态反向引入到复位端的方法,称为反馈复位(清零)法。

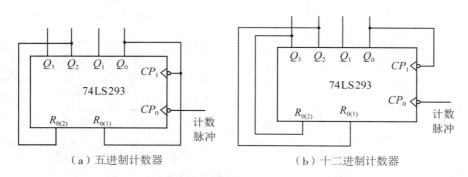

(a)五进制计数器 （b)十二进制计数器

图 9.3.2 74LS293(T4293)接成五进制和十二进制计数器

(二)4 位同步二进制计数器 74LS161(T4161)

74LS161 是 4 位同步二进制计数器,具有计数、保持、预置、清零功能,它的引脚图和逻辑符号如图 9.3.3(a)(b)所示。$\overline{R_D}$ 为复位(清零)端,低电平有效;$\overline{L_D}$ 为置数控制端,低电平有效;CP 为计数脉冲输入端,其上未画小圆圈表明上升沿触发计数;Q_3、Q_2、Q_1、Q_0 为计数器输出端;D_3、D_2、D_1、D_0 为置数输入端;S_1 和 S_2 为计数控制(使能)端,高电平有效;C 为进位信号输出端,$C = S_2Q_3Q_2Q_1Q_0$,只有在 $S_2 = 1$,$Q_3Q_2Q_1Q_0 = 1111$ 时,才有进位输出，即 $C=1$。表 9.3.2 是 74LSl61 的功能表。

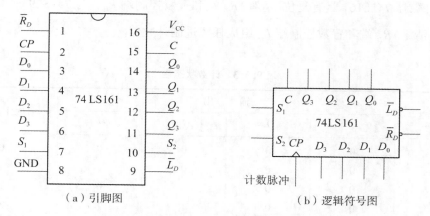

（a）引脚图　　　　　　　（b）逻辑符号图

图 9.3.3　74LS 161 的引脚图和逻辑符号图

表 9.3.2　74LS161 的功能表

输　　入									输　　出				说明
R_D	L_D	CP	S_1	S_2	D_3	D_2	D_1	D_0	Q_3	Q_2	Q_1	Q_0	
0	×	×	×	×	×	×	×	×	0	0	0	0	清零
1	0	↑	1	1	d_3	d_2	d_1	d_0	d_3	d_2	d_1	d_0	置数
1	1	↑	1	1	×	×	×	×	4 位二进制计数				
1	1	×	0	×	×	×	×	×	保持				
1	1	×	×	0	×	×	×	×	保持				

根据功能表可知，74LS161 具有下述功能：

（1）清零（复位）功能。将复位（清零）端 $\overline{R_D}$ 接低电平，即 $\overline{R_D}=0$ 时，不论其他输入端为何状态，均将 $Q_3 \sim Q_0$ 全部清零，故又称异步清零。

（2）并行置数功能。当 $\overline{R_D}=1$，$I_D=0$，$S_1=S_2=1$ 时，在 CP 计数脉冲上升沿作用时，可将置数输入端 D_3、D_2、D_1、D_0 加入的数据 d_3、d_2、d_1、d_0 分别送至输出端 $Q_3 \sim Q_0$ 实现置数功能。由于置数操作需要 CP 计数脉冲配合，并与其上升沿同步，故称为同步置数。

（3）计数功能。当 $\overline{R_D}=\overline{L_D}=S_1=S_2=1$ 时，在 CP 计数脉冲上升沿作用下，实现计数功能，计数状态表如表 9.3.3 所示。可见，74LSl61 的状态转换规律与 4 位二进制数递增规律完全一致，所以称为四位二进制加法计数器，因其有十六个状态 0000~1111，故又称十六进制计数器。

（4）保持功能。当 $\overline{R_D}=\overline{L_D}=1$ 时，只要 S_1 和 S_2 有一个为 0，不论其余各输入端的状态

如何，计数的状态保持不变。

集成计数器 74LS161 具有复位(清零)$\overline{R}_D$ 端和置数控制端 $\overline{L}_D$，与 74LS293 一样，可以利用复位(清零)$\overline{R}_D$ 端和置数控制端 $\overline{L}_D$ 组成任意进制计数器。

表 9.3.3　计数状态表

计数脉冲	输　出				对应十进制数
	Q_3	Q_2	Q_1	Q_0	
0	0	0	0	0	0
1	0	0	0	1	1
2	0	0	1	0	2
3	0	0	1	1	3
4	0	1	0	0	4
5	0	1	0	1	5
6	0	1	1	0	6
7	0	1	1	1	7
8	1	0	0	0	8
9	1	0	0	1	9
10	1	0	1	0	10
11	1	0	1	1	11
12	1	1	0	0	12
13	1	1	0	1	13
14	1	1	1	0	14
15	1	1	1	1	15

例 9.3.2　试用四位同步二进制计数器 74LS161 组成六进制计数器。

解：(1)利用 $\overline{R}_D$ 端清零(即反馈复位法)，组成六进制计数器。

设计思路同例 9.3.1，首先确定六进制计数器的复位状态 0110，将复位状态中 1 对应的计数器输出端 Q_2Q_1 分别引出。因清零端为低电平有效，故将两引出端作为与非门的输入端，再把其出端与 $\overline{R}_D$ 端相连接，电路如图 9.3.4 (a)所示。当计数到 $Q_3Q_2Q_1Q_0 = 0110$ 时，$\overline{R}_D = 0$，$Q_3 \sim Q_0$ 立即清零，故计数器只有 0000~0101 共 6 个稳定状态，能计 6 个 CP 数，组成六进制计数器。

(2)利用置数控制端 $\overline{L}_D$ 控制预置数(称为反馈置数法)，组成六进制计数器。

该方法就是控制置数控制端 $\overline{L}_D$，使其接低电平，强迫计数器在计数脉冲 CP 上升沿来到时进行并行置数，当 $\overline{L}_D = 0$ 消失后，计数器就从被置入的数开始计数，成为跳过若个状态的任意进制计数器。

如图 9.3.4（b）所示，就是采用反馈置数法组成的六进制计数器电路图。当计数到 $Q_3Q_2Q_1Q_0$ =0101 时，使 $\overline{L_D}=0$，等下一个计数脉冲 CP 上升沿到来时，计数器便被置成 0000 状态，计数器具有 0000~0101 六个稳定状态，即为六进制计数器。

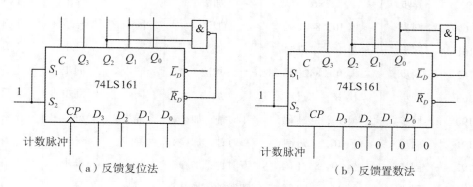

（a）反馈复位法　　　　　　　（b）反馈置数法

图 9.3.4　六进制计数器电路图

利用集成芯片的复位(清零)端和置数端，采取反馈复位法和反馈置数法，可设计各种进制的计数器。反馈复位法适合于有清零输入端的集成计数器，反馈置数法适合于有预置数功能的集成计数器。两者设计的基本思路是：根据设计要求确定计数器的循环状态，利用集成计数器的置数或复位功能，从设定的计数器的最后一个状态直接回到初始态，跳开不需要的状态。

根据芯片的不同，置数端与复位端的使用条件不同，两种方法有所区别，关键在于反馈状态的确定。

利用反馈复位法和反馈置数法接成任意进制计数器的基本步骤如下：

(1)确定计数器的循环状态，找到对应反馈状态的输出代码；

(2)将代码中 1 对应的计数器输出端分别引出；

(3)将引出端分别与复位端或置数端相连。反馈的引入需借助门电路实现，如复位(清零)端和置数端低电平有效，则借助与非门完成，高电平有效则用与门完成。

要注意的是，由于 74LS161 的置数与复位功能，一个是异步(复位)一个是同步(置数)，且异步复位是回到 0000 状态，而同步置数有多种选择，两者的反馈的状态是不同的。上例中，如置数初值设为 0000 时，两者的反馈代码差一位，两种方法没有本质区别。

以上介绍了几种常用的集成计数器及其应用，它们的不同点主要表现在触发方式、复位、预置，计数规律、码制等几方面，在应用中需要注意。表 9.3.4 列出了部分常用的集成计数器。

表 9.3.4 常用集成计数器

型号	计数方式	模及码制	计数规律	预置	复位	触发方式
74LS90	异步	2×5	加法	异步	异步	下降沿
74LS92	异步	2×6	加法		异步	下降沿
74LS160	同步	模 10，8421 码	加法	同步	异步	上升沿
74LS161	同步	模 16，二进制	加法	同步	异步	上升沿
74LS162	同步	模 10，8421 码	加法	同步	同步	上升沿
74LS163	同步	模 16，二进制	加法	同步	同步	上升沿
74LS190	同步	模 10，8421 码	单时钟，加/减	异步		上升沿
74LS191	同步	模 16，二进制	单时钟，加/减	异步		上升沿
74LS192	同步	模 10，8421 码	双时钟，加/减	异步	异步	上升沿
74LS193	同步	模 16，二进制	双时钟，加/减	异步	异步	上升沿
74LS290	异步	模 10，8421 码	双时钟，加法	异步	异步	下降沿
74LS293	异步	二进制	双时钟，加法		同步	下降沿

二、移位寄存器

在数字系统中，经常要用到可以存放数码的部件，这种部件称为数码寄存器。因为一个触发器可以存放一位二进制数码，n 个触发器就可以组成一个能存 n 位二进制数码的寄存器。所以，n 位寄存器，实际上就是受同一时钟脉冲控制的 n 个触发器，如前面提及的 $4D$ 触发器 74LS175（T4175）、$6D$ 触发器 74LS174（T4174）、$8D$ 触发器 74LS377（T4377）等均可作为寄存器使用。

有时为了处理数据的需要，寄存器中的各位数据要依次（低位向高位或高位向低位）移位，具有移位功能的寄存器，称为移位寄存器。

移位寄存器分为单向移位寄存器和双向移位寄存器。

（一）单向移位寄存器

单向移位寄存器又分为左移（由低位至高位）寄存器和右移（由高位至低位）寄存器。它们的差别仅是移动方向不同，其工作过程类似。

如图 9.3.5 所示是具有移位功能的寄存器。电路由 4 级 D 触发器构成，由图可见

$$Q_0^{n+1} = I, \quad Q_1^{n+1} = Q_0^n, \quad Q_2^{n+1} = Q_1^n, \quad Q_3^{n+1} = Q_2^n$$

在移存脉冲的作用下，输入信息 I 依次由第 1 级触发器向高级移动，实现数码的向左移存。同理可构成右移移位寄存器。

实际使用的主要是集成移位寄存器。图 9.3.6（a）（b）所示是集成 8 位左移（由低位至高位）寄存器 74LS164（T1164）的引脚图和逻辑符号图。$Q_7 \sim Q_0$ 为输出端；$\overline{C}_r$ 为复位（清

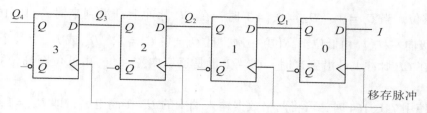

图 9.3.5 4 位左移移位寄存器

零)端,其上有小圆圈表明低电平有效;CP 为时钟脉冲(此处称移位脉冲)输入端,其上无小圆圈表明上升沿触发有效;D_{SA}、D_{SB} 为数据输入端。它的功能表如表 9.3.5 所示。

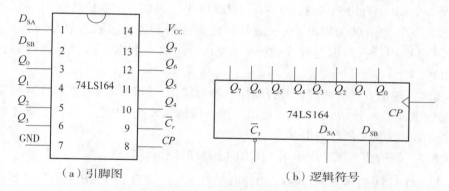

（a）引脚图   （b）逻辑符号

图 9.3.6 集成八位单向移位寄存器 74LS164

由功能表可以看出 74LS164 单向移位寄存器具有如下功能:

（1）清 0。只要在复位(清零)端加低电平,即 $\overline{C}_r = 0$,74LS164 就清 0,$Q_7 Q_6 Q_5 Q_4 Q_3 Q_2 Q_1 Q_0 = 00000000$。

表 9.3.5 74LS164 功能表

输入				输 出								说明
C_r	CP	D_{SA}	D_{SB}	Q_7	Q_6	Q_5	Q_4	Q_3	Q_2	Q_1	Q_0	
0	×	×	×	0	0	0	0	0	0	0	0	清 0
1	0	×	×	Q_7	Q_6	Q_5	Q_4	Q_3	Q_2	Q_1	Q_0	保持
1	↑	1	1	Q_6	Q_5	Q_4	Q_3	Q_2	Q_1	Q_0	1	移位
1	↑	0	×	Q_6	Q_5	Q_4	Q_3	Q_2	Q_1	Q_0	0	
1	↑	×	0	Q_6	Q_5	Q_4	Q_3	Q_2	Q_1	Q_0	0	

（2）保持。当 $\overline{C}_r = 1$,CP 为 0 时,74LS164 不动作,处于保持状态。

（3）移位。当 $\overline{C}_r = 1$，$D_{SB} = D_{SA} = 1$ 时，在 CP 脉冲上升沿到来时，74LS164 的输出 $Q_0 \sim Q_7$ 逐级向左移位（由低位至高位）一次，且 $Q_0 = 1$；$\overline{C}_r = 1$，D_{SA} 或 D_{SB} 有一个输入数码为 0 时，在 CP 脉冲上升沿到来时，$Q_0 \sim Q_7$ 也是逐级向左移位（由低位至高位）一次，且 $Q_0 = 0$。

实际使用 74LS164 时，可将两个数据输入端中的 D_{SA} 接高电平，即 $D_{SA} = 1$，而将 D_{SB} 作为数据输入端（或反之）。将数据由高位到低位逐次加到 D_{SB} 端，在 $\overline{C}_r = 1$ 的条件下，每来一个 CP 上升沿，数据便会由 Q_0 向 Q_7，逐级移位一次。下面以输入数据 10111011 为例，说明输入过程。

74LS164 工作前先清 0，使 $Q_7 Q_6 Q_5 Q_4 Q_3 Q_2 Q_1 Q_0 = 00000000$。将输入数据最高位 1 加到 D_{SB} 端，第 1 个 CP 上升沿到来时，$Q_7 \sim Q_0 = 00000001$。再加入次高位数据 0，第 2 个 CP 上升沿到来时，$Q_7 \sim Q_0 = 00000010$，…，就这样由高位到低位逐次输入数据加到 D_{SB} 端，每个 CP 上升沿作用后，数据左移一位。8 个 CP 后，输入数据全部移入寄存器，$Q_7 \sim Q_0 = 10111011$。

（4）输出。输出方式有两种，并行输出和串行输出。同时取出数据叫作并行输出，若仅从 Q_7 端输出，来一个 CP 上升沿，输出一位，需输入 8 个 CP 后，八位数据才能全部从 Q_7 端顺序输出，这就是串行输出。

例 9.3.3　分析图 9.3.7 所示用 74LS164 构成的环形计数器。

解：设 74LS164 的初态为 00000000，由于 $\overline{C}_r = 1$，寄存器在 CP 上跳后开始移位，输入 1 到 Q_0，在 8 个 CP 后寄存器的状态变为 11111111，第 9 个 CP 来到后，0 输入到 Q_0，16 个 CP 后寄存器的状态重新回到 00000000，故该环形计数器为 16 进制。0 和 1 依次在输出端出现，状态规则变化，称为环形计数器。

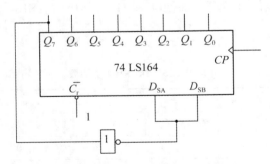

图 9.3.7　74LS164 构成的环形计数器

（二）双向移位寄存器

在数字电路中，常需要寄存器按不同的控制信号，能够向右或向左移位，具有这种既能右移又能左移两种工作方式的寄存器，称为双向移位寄存器。

74LS194（T4194）是集成四位双向移位寄存器，它的引脚图和逻辑符号图如图 9.3.8

（a）（b）所示。$Q_3 \sim Q_0$ 为输出端，$D_3 \sim D_0$ 为数据并行输入端，CP 为时钟脉冲（移位脉冲）输入端，其上无小圆圈表明上升沿有效，$\overline{C_r}$ 为复位（清零）端，其上有小圆圈表明低电平有效，D_{SR} 为右移数据串行输入端，D_{SL} 为左移数据串行输入端，M_1、M_0 为工作方式选择控制端。它的功能表如表 9.3.6 所示。

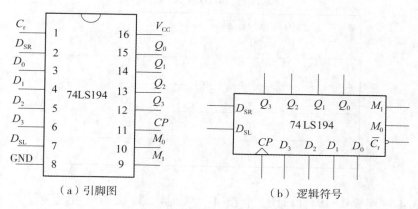

图 9.3.8　集成四位双向移位寄存器 74LS194

表 9.3.6　74LS194 功能表

输　　入										输　　出				说明
清 0	工作方式控制		时钟	串行		并行								
$\overline{C_r}$	M_1	M_0	CP	D_{SL}	D_{SR}	D_3	D_2	D_1	D_0	Q_3	Q_2	Q_1	Q_0	
0	×	×	×	×	×	×	×	×	×	0	0	0	0	清 0
1	×	×	0	×	×	×	×	×	×	Q_3	Q_2	Q_1	Q_0	保持
1	1	1	↑	×	×	d_3	d_2	d_1	d_0	d_3	d_2	d_1	d_0	并行置数
1	0	1	↑	×	1	×	×	×	×	1	Q_3	Q_2	Q_1	右移
1	0	1	↑	×	0	×	×	×	×	0	Q_3	Q_2	Q_1	
1	1	0	↑	1	×	×	×	×	×	Q_2	Q_1	Q_0	1	左移
1	1	0	↑	0	×	×	×	×	×	Q_2	Q_1	Q_0	0	
1	0	0	×	×	×	×	×	×	×	Q_3	Q_2	Q_1	Q_0	保持

由功能表看出 74LS194 功能如下：

（1）异步清 0。只要给复位（清 0）端 $\overline{C_r}$ 加低电平，即 $\overline{C_r} = 0$，寄存器就清 0，$Q_3 Q_2 Q_1 Q_0 = 0000$。

（2）具有 4 种工作方式。在 $\overline{C}_r = 1$ 的前提下，由工作方式选择控制端 M_1、M_0 的状态决定寄存器工作方式，如表 9.3.7 所示。值得注意的是所有工作方式，只有在 CP 上升沿作用时才能实现。

表 9.3.7　74LS194 工作方式

工作方式选择控制		工作方式
M_1	M_0	
0	0	保持
0	1	右移
1	0	左移
1	1	并行置数

例 9.3.4　用 74LS194 设计一个模 4 计数器。其状态变化序列为 1100，0110，0011，1001。

解：为满足计数状态的变化，由 74LS194 的功能表可知，用置数方式确定初态，D_3、D_2、D_1、D_0 应置成 1100；采取右移方式实现环形计数，D_{SR} 应与 Q_0 连接，M_1、M_0 应接成 01；D_{SL} 置 1 不用，D_{SL} 置 1 不用。电路连接如图 9.3.9 所示。

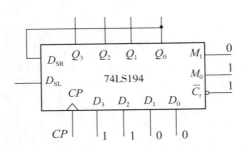

图 9.3.9　74LS194 设计的模 4 计数器

本 章 小 结

1. 时序电路是由触发器和组合电路构成的，时序电路具有反馈作用，电路的输出与当时的输入以及以前的状态有关。

2. 触发器有 RS、D、JK 等几种类型，触发方式分为上升沿和下降沿两种，触发器均有专门的置数和清零端。

3. 描述触发器功能的有特征方程、状态表、状态图、时序图等工具。

4. *JK* 触发器具有计数、保持、置 0、置 1 四种功能,是触发器中功能最全的,*D* 触发器使用方便,常用作寄存器。用触发器可以组成各种时序电路。

5. 时序电路根据电路中的时钟形式不同分为异步电路和同步电路。由于同步电路的速度相对较快,应用比较广泛。时序电路主要有计数器、寄存器、序列产生器、序列检测器等。

6. 对时序电路可进行逻辑分析或根据实际要求设计出电路,各种时序逻辑电路设计主要采用集成器件,主要集成时序器件是计数器和移位寄存器。

7. 常用集成计数器分为同步和异步两类,根据进制不同又分为二进制计数器、十进制计数器和任意进制计数器。集成计数器使用清零端或置数端,采用反馈清零法或反馈置数法可以方便实现任意进制计数。

8. 寄存器可分为数据寄存器和移位寄存器。移位寄存器既能接收、存储数据,又可将数据按一定方式移动。

9. 计数器实验请扫描下方二维码观看。

思 政 拓 展

CMOS 主从结构的 *D* 触发器在芯片上占用的面积最小,逻辑设计方法也较简单,在大规模 CMOS 集成电路,特别是可编程逻辑器件(如 CPLD、FPGA)和专用集成电路(ASIC)中得到普遍应用,因而在目前的工程实践中也会更多地面对这种 *D* 触发器。其中,FPGA因其可根据不同用户需求重新编程的特点,而被称为"万能芯片"。无论是传统的航空航天、通信、工业、消费电子市场,还是新兴的 AI、5G 通信、自动驾驶、云计算、物联网市场,对 FPGA 的需求均在持续走高。目前在全球 FPGA 市场中,美企寡头垄断态势明显,赛灵思、英特尔、Lattice、MicroChip 四家企业占据全球超 92% 的市场,而且这些企业把持着大多数 FPGA 核心专利。我国 FPGA 领域在高云半导体、上海安路、紫光同创等企业的努力之下,已经有所突破,形成了较为完整的FPGA 生态雏形与产业链。虽然在先进制程上,我国 FPGA的落后还是十分明显,但是在中低端 FPGA 市场,我国产品已经能与国外产品相媲美,未来有望占据主动地位。复旦微电是国内最早推出亿门级 FPGA 产品的厂商,并开启

了 14/16nm 工艺制程的十亿门级 FPGA 产品研发，有力地推动了国产 FPGA 高端化。

思考题与习题

9.1　画出由非门构成的基本 RS 触发器，在图示输入信号作用下 Q 和 $\bar{Q}$ 端的波形。

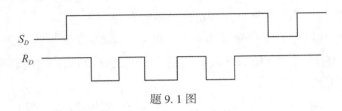

题 9.1 图

9.2　试画出 D 触发器在图示 CP 和 D 端输入波形作用下输入端 Q 的波形。设触发器初态为 0，上升沿触发。

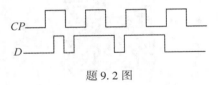

题 9.2 图

9.3　已知 CP、D 波形，试画出图示电路的 Q_1、Q_2 波形。设触发器的初态均为 0。

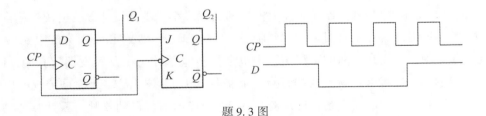

题 9.3 图

9.4　图示 JK 触发器电路，其输出端 Q 是高电平还是低电平？为什么？要使该电路作为二分频器使用，请更改该电路。

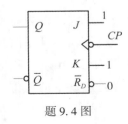

题 9.4 图

9.5 试写出图示电路的激励、输出方程，列状态表，画状态图，分析其功能。

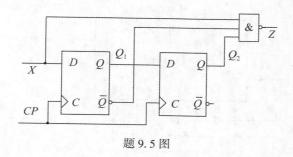

题9.5 图

9.6 将四位异步二进制计数器74LS293接成图示的两个电路时，各为几进制计数器？

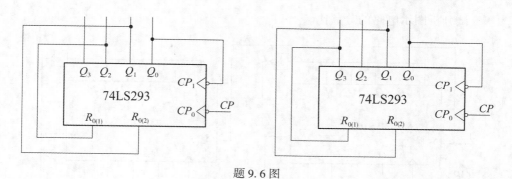

题9.6 图

9.7 试分析图示74LS161组成的计数电路进制，列出状态转移真值表。

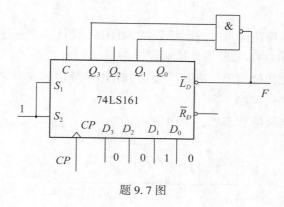

题9.7 图

9.8 图示74LS161组成的可变进制计数电路，试分析当控制变量 A 为1和0时，电路各为几进制计数器。

203

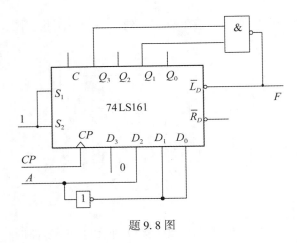

题 9.8 图

9.9 试分析图示电路的分频比。

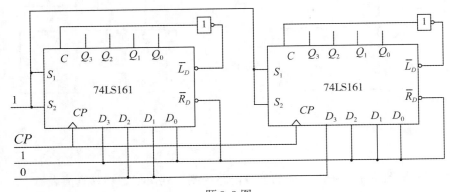

题 9.9 图

9.10 试利用集成四位同步二进制计数器 74LS161 设计一个五进制计数器。要求分别用反馈置数法(初值为 0000)和反馈复位法设计。

9.11 试利用集成四位同步二进制计数器 74LS161 分别接成十二进制、二十四进制计数器。可以附加必要的门电路。

9.12 列出图示电路的状态表,说明功能。

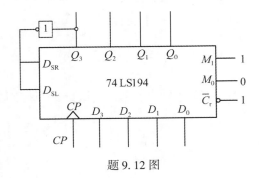

题 9.12 图

9.13 分析图示 4 位双向移位寄存器 74194 和 8 选 1 数据选择器构成的电路的功能，画出 Q_0、Q_1、Q_2、Q_3 的状态图，设 Q_0、Q_1、Q_2、Q_3 的初态均为 0。

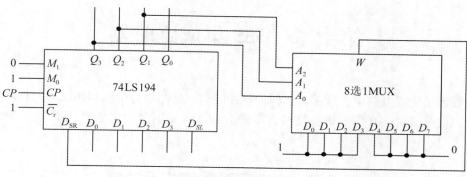

题 9.13 图

第十章　555 集成定时器

在数字系统或电路中，常常需要各种脉冲波形，这些信号可以利用脉冲信号产生器直接产生，也可以对已有信号进行变换。本章介绍 555 定时器及其在信号产生、变换中的应用。

第一节　555 定时器结构及功能

555 定时器是一种将模拟电路和数字电路结合在一起的混合集成电路，它设计新颖，构思奇巧，用途广泛，备受电子专业设计人员和电子爱好者青睐。目前世界上各大电子公司均生产这种产品且都以 555 命名，如 NE555、SE555、LC555、CA555 等。

一、555 定时器结构

555 定时器是由模拟与数字混合电路构成的，包含四部分：1 个基本 RS 触发器，1 个放电晶体管 T，2 个电压比较器 C_1 和 C_2 以及 3 个 5kΩ 电阻组成的分压器。555 定时器共有 8 个引脚，在 5 脚不接外加电压时，比较电路 C_1 的参考电压为 $\frac{2}{3}V_{CC}$，加在同相输入端；比较电路 C_2 的参考电压为 $\frac{1}{3}V_{CC}$，加在反相输入端，两参考电压均取自分压器。555 定时器电路图及引脚图如图 10.1.1(a)(b)所示。

555 定时器的 8 个引脚具体定义如下：

1 脚：接"地"端。

2 脚：低电平触发端。由此端可输入触发信号。当输入信号电压高于 $\frac{1}{3}V_{CC}$ 时，比较电路 C_2 输出高电平 1；当输入信号电压低于 $\frac{1}{3}V_{CC}$ 时，C_2 输出低电平 0，使基本 RS 触发器置 1，定时器输出为 1。

3 脚：输出端。

4 脚：复位端。此端输入低电平 0 时，定时器清 0，即输出为 0。

5 脚：为电压控制端，可由此端外加电压以改变比较电路 C_1、C_2 的参考电压。

6 脚：高电平触发端。此端也可以输入触发信号，当输入信号电压低于 $\frac{2}{3}V_{CC}$ 时，比较电路输出高电平 1；当输入信号电压高于 $\frac{2}{3}V_{CC}$ 时，C_1 输出低电平 0，使基本 RS 触发器置 0，定时器输出为 0。

7 脚：放电端。当基本 RS 触发器 $\overline{Q}=1$ 时，放电晶体管 T 导通，外接在晶体管 T 上的电容器可通过电流。

8 脚：外接电源 V_{CC} 端。

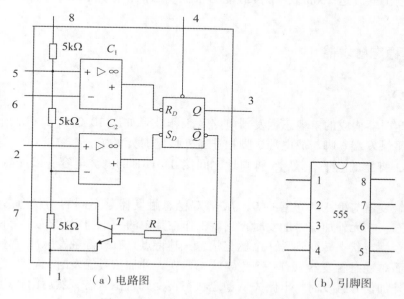

（a）电路图　　　　　　　　（b）引脚图

图 10.1.1　555 定时器电路图及引脚图

二、555 定时器功能

根据 555 定时器的内部电路，我们可以分析 555 定时器所具有的功能。通常在 5 脚不加外加电压时，根据输入信号，555 定时器具有四种功能：直接复位（清 0）；输出低电平；输出高电平；保持不变。其功能表如表 10.1.1 所示。

表 10.1.1　555 定时器功能表

复位端(4 脚)	高电平触发端(6 脚)	低电平触发端(2 脚)	输出脚(3 脚)	输出说明
0	×	×	0	复位
1	$> \dfrac{2}{3}V_{CC}$	$> \dfrac{1}{3}V_{CC}$	0	低电平
1	$< \dfrac{2}{3}V_{CC}$	$> \dfrac{1}{3}V_{CC}$	保持原态	保持不变
1	$< \dfrac{2}{3}V_{CC}$	$< \dfrac{1}{3}V_{CC}$	1	高电平

第二节 555 定时器应用

555 定时器采用单电源供电，电源电压适应范围为 4.5～15V。555 定时器具有很多优点，尤其是输出电流达 200mA，带负载能力很强。因而，应用极其广泛，可以构成各种应用电路。

一、单稳态触发器

(一) 电路

用 555 定时器构成的单稳态触发器电路及工作波形如图 10.2.1(a)(b)所示。将 555 定时器高电平触发端 6 脚与放电端 7 脚相连，外接定时元件 R、C，输入触发信号加到低电平触发端 2 脚，低电平有效，5 脚与地之间接 0.01μF 的滤波电容，以提高比较电路电压的稳定性。

单稳态触发器与第八章介绍的 D、JK 等双稳态触发器是不同的。双稳态触发器具有两个稳定状态，在无外加信号触发时，它就工作在其中的一个稳定状态，当外加信号触发时，它从一个稳定状态转变到另一个稳定状态，其特点是有外部触发脉冲，才有电路稳定状态转变。而单稳态触发器只有一个稳定状态，在无外加信号触发时，它就工作在这个稳定状态，当外加信号触发时，电路先从稳定状态转变到暂稳状态，然后由暂稳状态自动返回稳定状态，具有一次触发两次状态改变的特点。

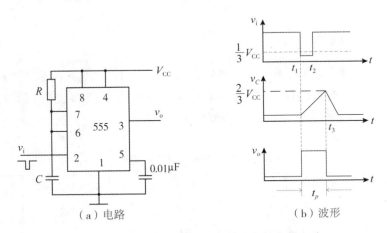

（a）电路　　　　（b）波形

图 10.2.1　555 定时器构成的单稳态触发器电路

(二) 工作原理

1. 电路的稳定状态

当无外加触发信号输入时，即当 v_i 为高电平且其值大于 $\frac{1}{3}V_{CC}$ 时，比较电路 C_2 输出为

1，这时定时器555输出端（3脚）一定处于低电平0态。这是因为，输出高电平时放电管 T 就会截止，则 V_{CC} 经 R 给 C 充电，当电容上电压达 $\frac{2}{3}V_{CC}$ 时，比较电路 C_1 输出低电平0，便将基本 RS 触发器置成0态，使输出 $v_o = 0$。此后，放电管 T 导通，电容 C 放电，当其上电压下降到低于 $\frac{2}{3}V_{CC}$ 时，比较电路 C_1 又输出高电平1，但基本 RS 触发器保持0态不变，电路进入稳态输出为低电平0。

2. 低电平触发，电路由稳态翻转到暂稳态

当低电平触发端2脚外加触发负脉冲，使2脚电平低于 $\frac{1}{3}V_{CC}$ 时，比较电路 C_2 输出低电平0，将基本 RS 触发器置成1态，则输出 $v_o = 1$，电路进入暂稳态。尔后外加触发负脉冲过去，2脚电平高于 $\frac{1}{3}V_{CC}$，比较电路 C_2 输出高电平1。

3. 自动返回稳态的过程

在暂稳态状态下，基本 RS 触发器 $\overline{Q} = 0$，放电管 T 截止，V_{CC} 经 R 对电容 C 充电，当电容上电压升高到大于 $\frac{2}{3}V_{CC}$ 时，比较电路 C_1 输出0，基本 RS 触发器被置0，输出端由高电平1自动转到低电平0，返回到稳态。

4. 恢复过程

电路返回稳态后，基本 RS 触发器 $\overline{Q} = 1$，放电管 T 导通，电容 C 放电，为下次工作做好准备。

输出脉冲宽度，即暂稳态持续时间为

$$t_p \approx 1.1RC$$

（三）应用

单稳态触发器是常用的基本单元电路，除用555定时器组成外，还有现成的集成单稳电路，如74LS122（T4122）、74LS123（T4123）等，可查手册选用，用途很广，举例说明如下。

1. 定时

单稳态触发器在外加负脉冲触发作用下，能产生一定宽度 t_p 的矩形输出脉冲，利用这个脉冲去控制某个电路，就可使该电路在 t_p 时间内工作或不工作。

如图10.2.2(a)所示是单稳态触发器定时控制电路示意图，利用它可以测量信号频率。调节单稳态触发器的 R、C 值，使 $t_p = 1s$。在外加触发脉冲作用下，单稳态触发器的输出将与门打开1s，被测信号通过与门使计数器计数，1s内所计得的输入脉冲个数，即为测信号的频率。工作波形图如图10.2.2(b)所示。

2. 整形

单稳态触发器一旦外加低电平触发信号，就进入暂稳态，输出高电平1，不再与输入

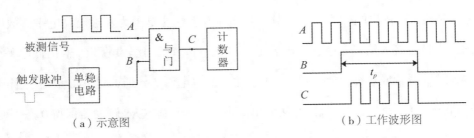

（a）示意图　　　　　　　（b）工作波形图

图 10.2.2　单稳态触发器定时控制电路

信号状态有关。然后会自动返回稳态，输出低电平 0。利用该特点就可把不规则输入脉冲整形为具有一定宽度，一定幅度，边沿陡峭的矩形波，如图 10.2.3 所示。

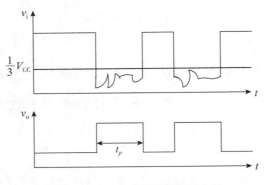

图 10.2.3　单稳态触发器整形电路

3. 延时

由图 10.2.3 所示单稳态触发器工作波形图看出，单稳输出 v_o 波形下降沿比输入 v_i 信号下降沿延迟了 t_p 时间，通过改变单稳电路 R、C 的数值可改变 t_p，即改变延时时间。

二、多谐振荡器

多谐振荡器能够自动产生确定频率的矩形脉冲，因为其波形中包含丰富的高次谐波，所以习惯称之为多谐振荡器。在实际中经常用于产生数字电路的时钟信号。

（一）电路

用 555 定时器构成的多谐振荡器电路如图 10.2.4（a）所示，R_1、R_2 和 C 是外接元件。

（二）工作原理

接通电源后，V_{CC} 经 R_1、R_2 对电容 C 充电，当电容上电压 $v_C < \dfrac{1}{3} V_{CC}$ 时，比较电路 C_1 输出为 1，C_2 输出为 0，基本 RS 触发器被置 1，输出电压 v_o 为高电平 1，此时放电管 T 截

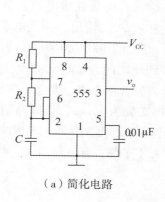

（a）简化电路

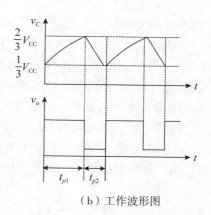

（b）工作波形图

图 10.2.4　多谐振荡器

止，电容 C 继续充电。

当 v_C 上升到高于 $\frac{1}{3}V_{CC}$ 而低于 $\frac{2}{3}V_{CC}$ 时，C_1 输出不变仍为 1，C_2 输出变为 1，此时基本 RS 触发器状态保持不变，输出 v_o 仍为高电平 1。此时放电管 T 仍截止，C 继续充电。

当电容充电到 $v_C > \frac{2}{3}V_{CC}$ 时，C_2 输出继续维持为 1，而 C_1 输出变为 0，将基本 RS 触发器置 0，于是输出 v_o 变为低电平 0，这时 $\overline{Q} = 1$，放电管 T 导通，电容 C 经 R_2 和 T 放电，v_C 下降。

当电容 C 放电使 $v_C < \frac{1}{3}V_{CC}$ 时，C_2 输出低电平 0，将基本 RS 触发器又重新置 1，输出 v_o 由低电平 0 又变为高电平 1，此时 $\overline{Q} = 1$，T 又截止，电源 V_{CC} 又经 R_1、R_2 对电容 C 充电。

上述过程重复进行，便能由输出端输出连续的矩形波，其波形图如图 10.2.4（b）所示。输出矩形波的周期取决于电容 C 充放电时间常数。C 充电，v_C 由 $\frac{1}{3}V_{CC}$ 上升到 $\frac{2}{3}V_{CC}$ 所需的时间为

$$t_{p1} = 0.7(R_1 + R_2)C$$

C 放电，v_C 由 $\frac{2}{3}V_{CC}$ 下降到 $\frac{1}{3}V_{CC}$ 所需时间为 $t_{p2} = 0.7R_2C$，故输出矩形波周期为

$$T = t_{p1} + t_{p2} = 0.7(R_1 + 2R_2)C$$

其频率为

$$f = \frac{1}{T}$$

通常振荡频率范围约在 0.1Hz~300kHz 之间，可作为信号源使用。

（三）应用

1. 光控开关电路

555 定时器构成的多谐振荡器电路如图 10.2.5 所示。R_G 为光敏电阻，当无光照时其阻值很大，若 $R_3 = R_4$，555 定时器 2、6 脚上的电平为 $V_{CC}/2$，输出 3 为低电平，继电器 K 不工作常开触点 K_{1-1} 断开。此时，由于放电管导通，C 上的电压基本为 0。当光照达一定时，R_G 电阻迅速减小，使 C 并联到 555 定时器 2 脚到地之间，致使 2 脚电压迅速下降到 $V_{CC}/3$ 以下，555 输出翻转为高电平，继电器 K 工作。常开触点 K_{1-1} 吸合，被控电路接通。光照消失后，R_G 电阻变大，555 定时器 2 脚的电平再次变为 $V_{CC}/2$，但电路输出仍为 1 高电平，C 经 R_1、R_2 充电到电源电压。若再有光线照射时，C 再次并联 555 定时器 2 脚，使其电压超过 $2V_{CC}/3$，电路重新输出低电平，继电器 K 不工作，常开触点 K_{1-1} 断开。

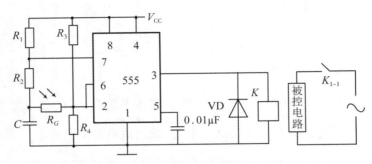

图 10.2.5 555 定时器构成的光控开关电路

2. "叮咚"双音门铃

555 定时器构成的多谐振荡器电路如图 10.2.6 所示。未按下开关 S 时，555 的 4 脚电位为 0，3 脚输出低电平，门铃不响；当按下开关 S 时，VD_1、VD_2 均导通，电源经 VD_2 给 C_3 充电，使 4 脚电位为 1，电路工作在多谐振荡器状态，振荡频率由 R_2、R_3、C_1 决定，电路发出"叮"声；再放开开关 S 时，VD_1、VD_2 均不导通，电路仍工作在多谐振荡器状态，

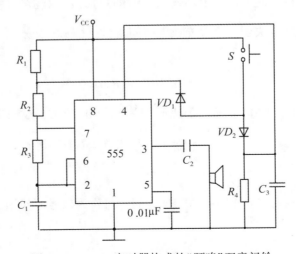

图 10.2.6 555 定时器构成的"叮咚"双音门铃

振荡频率由 R_1、R_2、R_3、C_1 决定，电路发出"咚"声；与此同时，C_3 经 R_4 放电，到 4 脚电位为 0 时，电路停振。

本 章 小 结

1.555 时基电路功能强大、使用方便，其内部有分压电阻、比较电路、触发器等模拟和数字部件，它是一个模数混合器件。

2.555 定时器具有四种功能：直接复位（清 0）、输出低电平、输出高电平、保持不变。

3.555 时基电路的基本应用电路有单稳态电路、多谐振荡器。

4.555 构成的多谐振荡器实验请扫描下方二维码观看。

5.555 定时器的应用实验请扫描下方二维码观看。

思考题与习题

10.1　图示为集成定时器 555 构成的多谐振荡器。

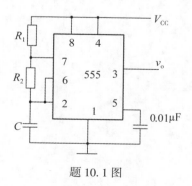

题 10.1 图

（1）写出计算该电路振荡周期的表达式；

（2）若要求电路输出方波的占空比为 50%，则 R_1 和 R_2 如何取值？

10.2　图示为集成定时器 555 构成的简易触摸开关电路，当手摸金属片时，发光二极管亮，经一定时间，发光二极管熄灭。已知，$V_{CC} = 6V$，$R = 200k\Omega$，$C = 50\mu F$，试分析电路的原理，并计算发光二极管能亮多长时间。

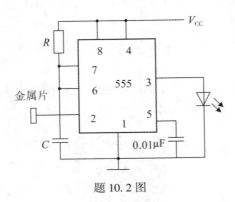

题 10.2 图

10.3　图示是由两个多谐振荡器构成的模拟声响发生器，试分析其工作原理。

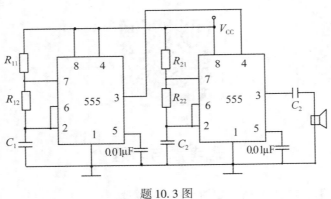

题 10.3 图

第十一章 模数和数模转换电路

随着数字技术的迅速发展，尤其是计算机的普遍应用，模拟量和数字量之间的互相转换日趋广泛。众所周知，计算机所能接受和处理的信息是数字信号，而测量与控制的物理量往往是一些连续变化的模拟量，如温度、速度、压力、流量、位移等，这些模拟量经传感器变成相应的电压或电流等模拟信号。只有将这些模拟信号转换成数字信号，计算机才能对它们进行运算或处理，然后再将运算或处理结果转换成模拟信号，才能驱动执行机构以实现对被控制量的控制。把数字信号转换为模拟信号的电路称为数模转换器，简称D/A转换器(DAC)，而把模拟信号转换为数字信号的电路称为模数转换器，简称 A/D 转换器(ADC)。数模(D/A)和模数(A/D)转换器实际上是计算机与外部设备之间的重要接口电路。

第一节 数模(D/A)转换电路

数模(D/A)转换器(DAC)的任务是把输入数字量变换成为与之成一定比例的模拟量，按其结构可以分为四种：电压输出型、电流输出型、视频型和对数型。

图 11.1.1(a)是模数转换器的示意图。D 表示 n 位并行输入的数字量，v_A 是输出模拟量，V_{REF} 是实现转换所必须的参考电压(或基准电压)，它通常是一个恒定的模拟量，三者之间应该满足

$$v_A = KDV_{REF} \tag{11.1.1}$$

式中，K 是常数，不同类型的 DAC 对应各自的 K 值。假设

$$D = D_{n-1} \times 2^{n-1} + D_{n-2} \times 2^{n-2} + \cdots + D_0 \times 2^0 = \sum_{i=0}^{n-1} D_i \times 2^i \tag{11.1.2}$$

可得：$v_A = KV_{REF}(D_{n-1} \times 2^{n-1} + D_{n-2} \times 2^{n-2} + \cdots + D_0 \times 2^0) = KV_{REF} \sum_{i=0}^{n-1} D_i \times 2^i$ (11.1.3)

式(11.1.3)说明了 DAC 的输入数字量和输出电压(模拟量)之间的关系。这种对应关系也可以用图 11.1.1(b)表示。图中数字量的位数 $n=4$。V_{LSB} 是该 DAC 的最小输出电压，即当 $D=0001$ 时的输出电压。如果把式(11.1.3)中的输出电压改成输出电流，则可得数字-电流(模拟量)转换的关系式或曲线。

一、D/A 转换器的主要电路形式

DAC 主要由数字寄存器、模拟电子开关、位权网络、求和运算放大电路和基准电压

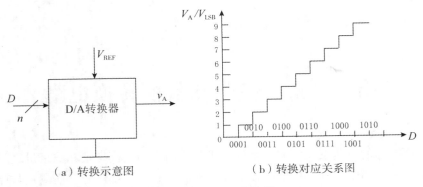

（a）转换示意图　　　　　（b）转换对应关系图

图 11.1.1　D/A 转换器

（或恒流源）组成。根据实现 D/A 转换的位权网络不同，把 DAC 分成不同类型，例如全电阻网络 DAC、T 型电阻网络 DAC、倒 T 型电阻网络 DAC、电流激励型 DAC、双极性转换 DAC 等。位权网络类型不同，但功能都是完成式（11.1.3）的转换，工作原理基本相同。下面以 T 型电阻网络 DAC 为例，讲述 D/A 转换的原理。

（一）电路组成

DAC 的电路形式有多种，目前广泛应用的是 T 型和倒 T 型电阻网络 DAC。图 11.1.2 所示为 4 位 T 型电阻网络 DAC 原理电路图。电阻 R 和 $2R$ 构成 T 型电阻网络。$S_3 \sim S_0$ 为四个电子开关，它们分别受输入的数字信号四位二进制数 $D_3 \sim D_0$ 的控制，D_3 为最高位，写作 MSB（Most Significant Bit）；D_0 为最低位，写作 LSB（Least Significant Bit）。当 $D_i = 0$ 时，电子开关 S_i 置左边接地（$i = 0$，1，2，3）；当 $S_i = 1$ 时，电子开关 S_i 置右边与运算放大电路 A 反向输入端相接。运算放大电路 A 构成反相比例放大电路，其输出 v_o 为模拟信号电压。V_{REF} 为基准电压。

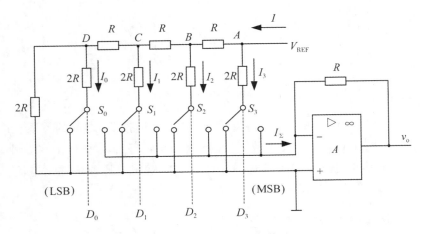

图 11.1.2　4 位 T 型电阻网络 DAC

(二)工作原理

由于运算放大电路 A 的反相输入端为"虚地",因此,无论电子开关 S_i 置于左边还是右边,从 T 型电阻网络节点 A、B、C、D 对"地"往左看的等效电阻均为 R,于是能很方便地求得电路中有关电流的表示式:

$$I = \frac{V_{REF}}{R}, \quad I_3 = \frac{I}{2}, \quad I_2 = \frac{I_3}{2} = \frac{I}{4}, \quad I_1 = \frac{I_2}{2} = \frac{I}{8}, \quad I_0 = \frac{I_1}{2} = \frac{I}{16} \tag{11.1.4}$$

而流向运算放大电路 A 反相输入端的总电流 I_Σ,与电子开关 $S_3 \sim S_0$ 所处状态有关(置右边),考虑到输入数字信号四位二进制数 $D_3 \sim D_0$ 对电子开关的控制作用,则

$$\begin{aligned} I_\Sigma &= I_3 D_3 + I_2 D_2 + I_1 D_1 + I_0 D_0 \\ &= \frac{I}{2} D_3 + \frac{I}{4} D_2 + \frac{I}{8} D_1 + \frac{I}{16} D_0 \\ &= \frac{I}{2^4}(D_3 2^3 + D_2 2^2 + D_1 2^1 + D_0 2^0) \end{aligned} \tag{11.1.5}$$

由运算放大电路工作原理可知

$$v_o = -I_\Sigma R$$

将式(11.1.1)及 $I = \frac{V_{REF}}{R}$ 代入,得

$$v_o = -\frac{V_{REF}}{2^4}(D_3 2^3 + D_2 2^2 + D_1 2^1 + D_0 2^0) \tag{11.1.6}$$

可见,输出模拟电压 v_o 与输入数字量成正比,完成了数模转换。

这种 T 型电阻网络的转换原理可以推广到 n 位,对于 n 位 T 型电阻网络 DAC,输出电压 v_o 与输入二进制数 $D = D_{n-1}D_{n-2}\cdots D_1 D_0$ 之间的关系,则为

$$v_o = -\frac{V_{REF}}{2^n}(D_{n-1} 2^{n-1} + D_{n-2} 2^{n-2} + \cdots + D_1 2^1 + D_0 2^0) \tag{11.1.7}$$

综上所述,DAC 的工作过程为:输入数字信号(二进制数)控制相应的电子开关,经 T 型电阻网络将二进制数字信号转换成与其数值成正比的电流,再由运算放大电路将模拟电流转换成模拟电压输出,从而实现由数字信号到模拟信号的转换。

二、D/A 转换器的主要性能指标

(一)分辨率

DAC 的分辨率是指最小输出电压 V_{LSB}(简记为 LSB,对应输入二进制数的最低有效位为 1,其余各位为 0)与最大输出电压 V_{FSR}(简记为 FSR,对应输入二进制数的所有位全为 1,即满刻度电压)之比。由此,可写出 n 位 DAC 的分辨率为 $\frac{1}{2^n-1}$。在实际的 DAC 产品性能表中,有时把 2^n,甚至直接把 n 位称为分辨率,例如 8 位 DAC 的分辨率为 2^8 或 8 位。

可见，DAC 输入二进制数的位数越多，能分辨的最小输出电压数值越小，分辨率就越高。

（二）转换误差（精度）

DAC 的误差是指它在稳态工作时，实际模拟输出值和理想输出值之间的偏差。这也是一个综合性的静态特性能指标，通常以线性误差、失调误差、增益误差、噪声和温漂等项内容来描述输出误差。

误差分为绝对误差和相对误差。所谓绝对误差，就是实际值与理想值之间的最大差值，通常以 V_{LSB} 或 LSB 的倍数来表示，如转换误差（精度）$\leqslant \frac{1}{2}$LSB，意味着转换器的转换误差（精度）不大于最低有效位 1 对应的模拟输出电压的一半。相对误差是绝对误差与满量程电压 FSR（V_{FSR} 或 I_{FSR}）的百分数或百万分之几表示。例如一个满量程电压 V_{FSR} 为 8V 的 12 位 DAC，如绝对误差为 ± 1LSB，则它的绝对误差为 ± 1.9mV，相对误差为 $\pm 0.0244\%$ 或 $\pm 244 \times 10^{-6}\%$。必须注意的是，分辨率和转换误差实际上是相关的。转换误差大的 DAC，提高其分辨率是没有意义的。

DAC 的转换误差（精度），常用最低有效位的倍数来表示。造成转换误差的主要原因是由于基准电压 V_{REF} 的不稳定，运算放大电路的零点漂移、电子开关的导通电阻以及电路中电阻阻值的偏差等所致。

（三）转换时间

DAC 的转换时间是完成一次转换（输入二进制数从全 0 到全 1，或者从全 1 到全 0）所需时间来表示的。DAC 的位数越多，转换时间就越长。一般在零点几微秒到数十微秒范围内。

目前生产 DAC 的主要厂家有美国的 ADI、TI 等公司，表 11.1.1 列出了 ADI 公司的几款高速数模转换器性能指标，其中与分辨率相对应的就是 DAC 的位数，与转换误差相对应的就是噪声频谱密度，转换速度就是每秒的转换次数，位数越高、转换速度越快，价格就越贵。

表 11.1.1 几款高速数模转换器性能指标

芯片型号	位数（bit）	转换速度（sps）	噪声频谱密度（dBm/Hz）	价格（美元）
AD9166	16	12G	154	395
AD9171	16	6G	165	119
AD9161	11	12G	155	89

例 11.1.1 若一个八位 DAC 的最小输出电压增量为 0.01V，问：

（1）当输入为 11001001 时的输出电压为多少？

(2)若输出电压为 1.95V，其输入数字量为多少？

解：(1) $v_o = -\dfrac{V_{REF}}{2^n}(D_{n-1}2^{n-1} + D_{n-2}2^{n-2} + \cdots + D_1 2^1 + D_0 2^0)$

$$= 0.01 \times (2^7 + 2^6 + 2^3 + 2^0) = 2.01(V)。$$

(2) 1.95/0.01 转化为二进制数是 11000011。

三、集成 D/A 转换器

DAC 的应用十分广泛，随着大规模集成电路工艺和技术的迅速发展，DAC 芯片在集成度上除了增加位数外，还不断将 DAC 的外围器件集成到芯片内部，诸如内设基准电压源、缓冲寄存器、运算放大电路等输出电压转换电路及其控制电路，从而提高了 DAC 集成片的性能、丰富了芯片的品种，并且方便了使用。

目前市场上出售的集成 DAC 种类繁多，根据输入数字量(二进制数)的位数分，常用的 DAC 有 8 位、10 位、12 位、16 位等规格。就输出模拟量形式而言，DAC 有两类，一类芯片的内部电路不含运算放大电路，其输出量为电流；另一类芯片的内部电路包含了运算放大电路，其输出量为电压。在选用集成 DAC 时务必注意这些特点。

下面以集成 10 位 T 型电阻网络 DAC5G7520(AD7520)为例，介绍其电路组成、引脚及基本应用电路。5G7520(AD7520)的内部电路只包含 T 型电阻网络和电子开关两部分，其电路图与引脚排列图如图 11.1.3 所示。

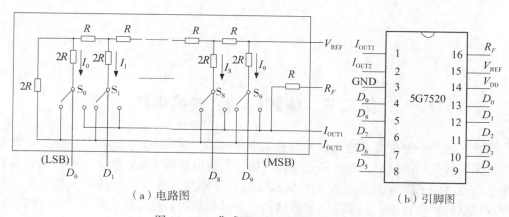

（a）电路图　　　　　　　　（b）引脚图

图 11.1.3　集成 DAC5G7520(AD7520)

各引脚功能如下。

1 脚：模拟电流 I_{OUT1} 输出端，应用时与外接运算放大电路的反相输入端连接。

2 脚：模拟电流 I_{OUT2} 输出端，应用时与外接运算放大电路的同相输入端连接，然后接"地"。

3 脚：为 GND 接"地"端。

4 脚~13 脚：$D_{12} \sim D_0$ 为数字信号二进制数顺序从 MSB 位至 LSB 位的输入端。

14 脚：V_{DD} 为电子开关正电源接线端，一般取值为 10V 左右。

15 脚：V_{REF} 为基准电压接线端，一般在 $-10V \sim +10V$ 范围内选取。

16 脚：R_F 为集成芯片内一个 R 电阻的引出端(参见图 11.1.3（a）)，使用时该端与外接运算放大电路的输出端相连。由于该电阻另一端已与 I_{OUT1} 端相接，故此电阻可作为外接运算放大电路反馈电阻使用，所以引出端才标以 R_F。

5G7520(AD7520)基本应用电路如图 11.1.4 所示，图中，

$$v_o = \frac{V_{REF}}{2^{10}}(D_9 2^9 + D_8 2^8 + \cdots + D_1 2^1 + D_0 2^0)$$

欲提高转换精度，应选用稳定度高的基准电压 V_{REF} 和高质量运算放大电路。

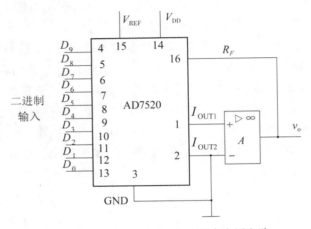

图 11.1.4　5G7520(AD7520)基本应用电路

第二节　模数(A/D)转换电路

模数转换是一种将模拟输入信号转换为 N 位数字信号的技术，它有三大类：第一类是串行模数转换，第二类是并行模数转换，第三类是分量程模数转换。串行模数转换有积分型、$\Delta - \Sigma$ 型、逐次逼近型、位串行流水线型和算术型。并行模数转换一般是指并联比较型或闪电式模数转换，它是高速模数转换。分量程模数转换是流水线型和并行模数转换的结合，具有高速高分辨率的特点。

一、A/D 转换器的工作原理

与 DAC 相反，ADC 的功能是将时间和幅值都连续的模拟量转换成时间和幅值都离散的数字量。模拟量转换成数字量通常是由采样、保持、量化和编码四个过程来实现。

(一)采样和保持

所谓采样，是利用电子开关将连续变化的模拟量转换为随时间断续变化的脉冲量，采

样过程如图 11.2.1 所示。电子开关构成采样器。当采样脉冲 v_s 到来时，电子开关接通，采样器工作，$v_o = v_i$；当采样脉冲 $v_s = 0$ 时，电子开关断开，则 $v_o = 0$。于是采样器在 v_s 的作用下，把输入的模拟信号 v_i 变换为脉冲信号 v_o。

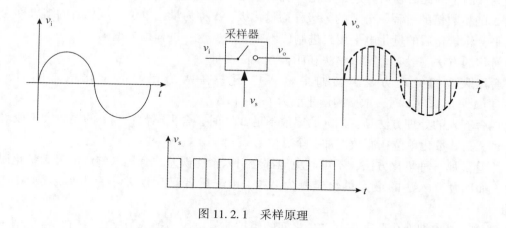

图 11.2.1 采样原理

合理的采样频率由采样定理来确定，采样定理：设采样信号 v_s 的频率为 f_s，输入模拟信号 v_i 的最高频率分量的频率为 f_{imax}，则 f_s 与 f_{imax} 必须满足：$f_s \geqslant f_{imax}$。

将采样所得的信号转换为数字信号往往需要一定的时间，为了给后续的量化编码提供一个稳定值，需要将每次采样取得的采样值暂存，保持不变，直到下一采样脉冲的到来。因此，在采样电路之后，要接一个保持电路，通常利用电容器的存储作用来完成这一功能。

实际上，采样和保持是一次完成的，通称为采样—保持电路。图 11.2.2（a）所示是一个简单的采样保持电路示意图。电路由电子开关、存储电容和缓冲电压跟随器 A 组成。在采样脉冲 v_s 的作用下，将输入的模拟信号 v_o 转换成脉冲信号，经电容 C 的存储作用，从电压跟随器输出阶梯形电压波形 v_o，如图 11.2.2（b）所示。

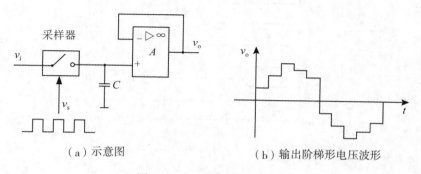

（a）示意图　　　　　（b）输出阶梯形电压波形

图 11.2.2 采样和保持电路

（二）量化和编码

采样保持得到的脉冲信号在时间上离散，但还不是数字信号，数字信号在数值上也必须是离散的，因此必须对其进行量化。所谓量化，就是把采样电压转换为以某个最小单位电压 Δ 的整数倍的过程。分成的等级称为量化级，Δ 称为量化单位。量化后的结果称为量化电平，将量化后的量化电平用二进制代码来表示，这一过程称为编码。

量化的方法一般有舍尾取整法和四舍五入法两种。

舍尾取整的处理方法是：如果输入电压 v_i 在两个相邻的量化值之间时，即 $(n-1)\Delta < v_i < n\Delta$ 时，取 v_i 的量化值为 $(n-1)\Delta$。

四舍五入的处理方法是：当 v_i 的尾数不足 $\Delta/2$ 时，舍去尾数；当 v_i 的尾数大于或等于 $\Delta/2$ 时，则其量化单位在原数上加一个 Δ。

不管是那一种量化方法，不可避免地都会引入量化误差，舍尾取整法的最大量化误差为 Δ，而四舍五入法的最大量化误差为 $\Delta/2$，由于后者量化误差小，为大多数 ADC 所采用。

例如，要想把变化范围在 $0\sim7V$ 之间的模拟信号电压转换成数字信号时，若采用三位二进制编码时，由于三位二进制代码只能表示 $2^3=8$ 个数值，因而必须将模拟电压按变化范围分成八个等级，如图 11.2.3 所示。每个等级规定为一个基准值，例如 $0\sim0.5V$ 为一个等级，以 1V 为基准值，用二进制代码 000 表示；$6.5\sim7V$ 也是一个等级，以 7V 为基准值，用二进制代码 121 表示；其他各等级分别以该级的中间值为基准，凡属于某一等级范围内的模拟电压值，均取整用该等级的基准值表示。如 3.3V，它在 $2.5\sim3.5V$ 等级之间，就用该等级的基准值 3V 来表示，它的二进制代码为 012。显然，相邻两等级之间的差值 $\Delta=1V$，而各等级基准值则为 Δ 的整数倍。模拟信号经过上述处理后，转换成以 Δ 为单位的数字量了。

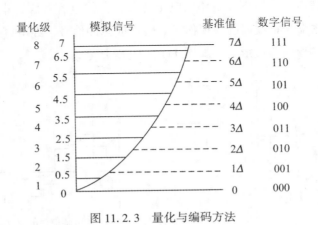

图 11.2.3　量化与编码方法

按上述等级划分方法实际就是舍尾取整法，其最大量化误差为 $\Delta/2$。显然，在整个输入模拟信号变化范围内，量化等级分得越多，量化误差就越小，但是，用来表示量化电平的二进制代码的位数也就越多，对应的转换电路越复杂。究竟需要多少量化等级，应根据转换精度要求而定。

二、A/D 转换器的主要电路形式

常用 ADC 主要有并联比较型、逐次比较型、双积分型、V-F 变换型等四种类型，前两种属于直接 ADC，将模拟信号直接转换为数字信号，这类 ADC 具有较快的转换速度；后两种属间接 ADC，其原理是先将模拟信号转换成某一中间变量（时间或频率），然后再将中间量转换成为数字量输出，此类转换器速度较慢，但精度较高。下面介绍两种直接 ADC 的转换原理。

（一）并行比较型 ADC

并行比较型 ADC 由电阻分压器、电压比较器、触发器和优先编码器组成。其原理图如图 11.2.4 所示。这里略去了采样-保持电路，假定输入的模拟电压 v_i 已经是采样-保持电路的输出电压了。优先编码器输入信号 I_7 的优先级别最高，I_1 最低。分压器将基准电压分为 $\dfrac{V_{REF}}{14}$，…，$\dfrac{13V_{REF}}{14}$ 不同电压值，分别作为比较电路 $C_1 \sim C_7$ 的参考电压。输入电压决定 v_i 的大小决定个比较电路输出的状态，例如，当 $0 \leq v_i < \dfrac{V_{REF}}{14}$ 时，$C_1 \sim C_7$ 的输出状态都为 0；当 $\dfrac{3V_{REF}}{14} \leq v_i < \dfrac{5V_{REF}}{14}$ 时，比较电路 C_6 和 C_7 的输出都为 1，其余个比较电路的状态均为 0。比较电路的输出状态由 D 触发器存储，经优先编码器编码，得到数字量输出。其输入和输出的关系如表 11.2.1 所示。

在并行比较型 ADC 中，输入电压 v_i 同时加到所有比较电路的输入端，从 v_i 的加入，到稳定输出数字量，所经历的时间为比较电路、D 触发器和编码器延迟时间的总和。如果不考虑各器件的延迟，可认为输出数字量是与 v_i 输入时刻同时获得的。所以，并行 ADC 具有最短的转换时间。但也可看到，随着位数的增加，元件数目几乎按几何级数增加，电路复杂程度急剧增加。所以如果要提高其分辨率，则需加载规模相当庞大的代码转换电路，这是并行 ADC 的缺点。

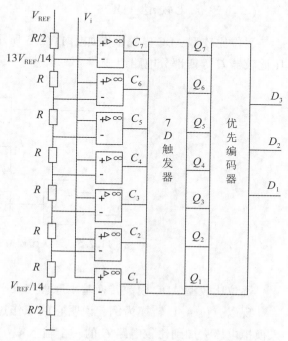

图 11.2.4 3 位并联比较型 ADC

表 11.2.1　3 位并联 ADC 的量化编码表

v_i 输入范围	Q_7	Q_6	Q_5	Q_4	Q_3	Q_2	Q_1	d_2	d_1	d_0	量化值
$0 \leq v_i < \dfrac{V_{REF}}{14}$	0	0	0	0	0	0	0	0	0	0	0
$\dfrac{V_{REF}}{14} \leq v_i < \dfrac{3V_{REF}}{14}$	0	0	0	0	0	0	1	0	0	1	$\dfrac{V_{REF}}{7}$
$\dfrac{3V_{REF}}{14} \leq v_i < \dfrac{5V_{REF}}{14}$	0	0	0	0	0	1	1	0	1	0	$\dfrac{2V_{REF}}{7}$
$\dfrac{5V_{REF}}{14} \leq v_i < \dfrac{7V_{REF}}{14}$	0	0	0	0	1	1	1	0	1	1	$\dfrac{3V_{REF}}{7}$
$\dfrac{7V_{REF}}{14} \leq v_i < \dfrac{9V_{REF}}{14}$	0	0	0	1	1	1	1	1	0	0	$\dfrac{4V_{REF}}{7}$
$\dfrac{9V_{REF}}{14} \leq v_i < \dfrac{11V_{REF}}{14}$	0	0	1	1	1	1	1	1	0	1	$\dfrac{5V_{REF}}{7}$
$\dfrac{11V_{REF}}{14} \leq v_i < \dfrac{13V_{REF}}{14}$	0	1	1	1	1	1	1	1	1	0	$\dfrac{6V_{REF}}{7}$
$\dfrac{13V_{REF}}{14} \leq v_i < \dfrac{15V_{REF}}{14}$	1	1	1	1	1	1	1	1	1	1	$\dfrac{7V_{REF}}{7}$

(二)逐位比较型 ADC

逐位比较型 ADC 电路框图如图 11.2.5 所示。它由控制电路、输出寄存器、DAC 及电压比较器 C 等四部分电路组成。

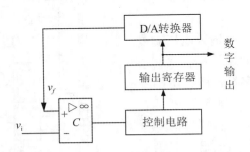

图 11.2.5　逐次比较型 A/D 转换器电路框图

逐位比较型 ADC 模数转换基本原理与天平称物重的原理十分相似。

现以三位 A/D 转换为例，说明它的工作过程。工作时，首先将相当于被称物体的输入模拟电压 v_i 加到比较电路 C 的一个输入端（如反相端）。然后，由控制电路控制输出寄存器的输出使之为 100，经 D/A 转换器转换为相应的模拟电压 v_f，加到比较电路 C 的另一输入端(如同相端)。v_i 与 v_f 进行比较,若 $v_i > v_f$(相当于物体重于砝码),则将最高位的 1 保留;若 $v_i < v_f$(相当于砝码重于物体),则将最高位的 1 清除,使之为 0。

接着控制电路将输出寄存器次高位置 1,若最高位 1 保留,则输出寄存器输出为 120;否则,输出寄存器输出为 010。再经 DAC 转换成相应模拟电压,送到比较电路 C 与之再次比较,依同样方法决定该位是 1 还是为 0。一直比较到最低位为止。将输出寄存器最终保存的数码输出,就实现了输入模拟量转换成相应的数字量。

从以上分析可见,逐位比较型 ADC 的原理是取一个数字量加到 DAC 上,得到一个模拟电压,再将这个模拟电压和输入的模拟电压信号相比较。在输出位数增加时,所需的转换时间会增加,但电路的规模比并行比较型小得多。因此,逐位比较型 ADC 是目前集成 ADC 产品中用得最多的一种电路。

三、A/D 转换器的主要性能指标

(一)分辨率

ADC 的分辨率通常以输出二进制数的位数表示,它说明 ADC 对输入信号的分辨能力。理论上 n 位输出的 ADC 能区分 2^n 个输入模拟电压信号的不同等级,能区分输入电压的最小值为 $\frac{1}{2^n}$FSR。在最大输入电压一定时,位数越多,分辨率越高。

(二)转换误差(精度)

ADC 的转换误差(精度),转换误差有绝对误差和相对误差两种表示方法,绝对误差是指实际输出数字量对应的理论模拟值与产生该数字量的实际输入模拟值之间的差值。这一差值通常用数字量的最低有效位的倍数表示,如转换误差(精度)≤1/2LSB,意味着实际输出的数字量与理论计算输出数字量之间的误差不大于最低位 1 的一半。

引起 ADC 误差的原因除了前面提到过的量化误差外,还有设备误差,包括失调误差、增益误差和非线性误差等。另外,精度和分辨率是两个不同的概念。精度指的是转换结果相对于理论值的准确度;而分辨率指的是能对转换结果产生影响的最小输入量。分辨率高的 ADC 也可能因为设备误差的存在而精度并不一定很高,这两个参数要精心设计和协调。

(三)转换时间

转换时间是指模拟输入电压在允许的最大变化范围内,从转换开始到获得稳定的数字量输出所需要的时间。不同类型的 ADC,转换时间差别很大,一般高速的约为数十纳秒,中速的约在数十微秒,而低速的约在数十毫秒至数百毫秒范围内。

例 11.1.2 (1)一个八位 ADC,其满量程输入电压为+5V,它的分辨率是多少?

(2)一个 ADC 满量程输入电压为+10V,想得到最小的分辨电压为 39mV,则它的分辨率是多少? ADC 至少要多少位?

解:(1)分辨率为 $1/2^8 = 1/256 = 0.0039$;

（2）$V_{min} = 10/2^n \leq 0.039V$，则 $n \geq 8$，分辨率为 $1/2^8 = 1/256 = 0.0039$。

四、集成 A/D 转换器

集成 ADC 芯片品种很多，常用的有 8 位、10 位、12 位、16 位等。现以 8 位逐次比较型 ADC 芯片 ADC0809 为例，介绍其电路框图、引脚图及基本使用方法。

ADC0809 的电路框图如图 11.2.6 所示。图中，逐次比较寄存器、DAC 和比较电路构成 ADC 电路的主体。在控制与时序电路输出信号控制下实现模数转换。三态输出锁存缓冲器用于锁存转换结束后的数字量并经三态门控制输出。地址锁存译码电路控制八路电子开关，在同一时间内只能接通一路输入的模拟信号电压进行 A/D 转换。ADC0809 的引脚图如图 11.2.7 所示。

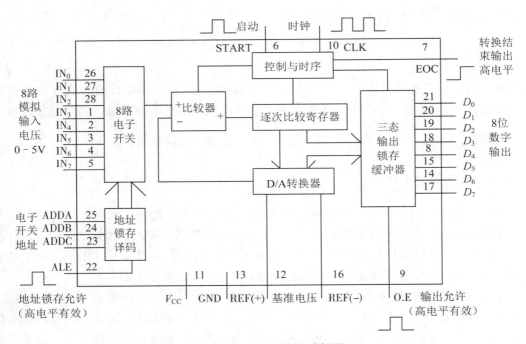

图 11.2.6　ADC0809 电路框图

各引脚功能说明如下：

CLK：时钟信号输入端

START：启动信号输入端。当正脉冲上升沿到来时使转换电路复位（清 0），当正脉冲下降沿到来时转换电路便在时钟信号 CLK 的控制下开始转换。$D_7 \sim D_0$ 是八位数字输出端，D_7 为最高位（MSB），D_0 是最低位（LSB）。

O.E：输出允许控制端。为高电平时允许数字量输出。

EOC：转换结束标志端。当转换结束时该端输出高电平，正在进行转换时该端为低电平。

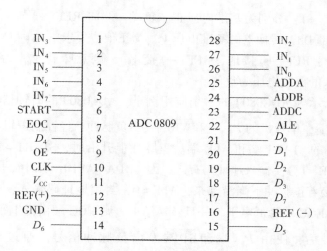

图 11.2.7 ADC0809 引脚图

$IN_7 \sim IN_0$：8 路模拟信号输入端。输入的 8 路模拟信号受 8 路电子开关控制，分时接通，在同一时间内只能接通一路输入。

ADDA、ADDB、ADDC：电子开关的 3 位地址码输入端。其作用是控制选通电子开关，实现从 8 个模拟信号中选择一路输入。输入地址码与控制电子开关选通输入模拟信号通道的关系如表 11.2.2 所示。

表 11.2.2 地址码与选通输入模拟信号通道的关系

ADDC	ADDB	ADDA	选通模拟信号通道
0	0	0	IN_0
0	0	1	IN_1
0	1	0	IN_2
0	1	1	IN_3
1	0	0	IN_4
1	0	1	IN_5
1	1	0	IN_6
1	1	1	IN_7

ALE：地址锁存允许端。为高电平时允许 3 位地址码输入，可实现对电子开关的选通控制，为低电平时不允许 3 位地址码输入。

V_{CC}：电源电压接线端。一般取 $V_{CC} = +5V$。

GND：接地端。

REF(+)、REF(-)：分别为基准电压正、负端。当将 REF(+)与 V_{CC} 连接，REF(-)与地接，则电路内部 D/A 转换器的基准电压 V_{REF} 为正值，要求由 $IN_7 \sim IN_0$ 输入端输入的模拟电压为正值；当将 REF(+)接地，REF(-)接 V_{CC}，则意味着 V_{REF} 为负值，则要求由 $IN_7 \sim IN_0$ 输入端输入的模拟电压为负值。

如图 11.2.8 所示为 ADC0809 的一个应用例子。ADC0809 的时钟信号 CLK 由单片机提供。在软件控制下，单片机的 $P_{2.7}$ 端和 $\overline{WR}$ 端发出负脉冲，经控制逻辑电路输出正脉冲，分别加到 ADC0809 的 START 端和 ALE 端。正脉冲上升沿时，START = 1，使转换电路完成复位(清 0)，ALE = 1，使输入地址码有效，因 ADDA = ADDB = ADDC = 0，故选通输入模拟信号通道 IN_0；接着正脉冲下降沿到来，ALE = 0，封锁地址码输入，START = 0 开始启动模数转换。此时 EOC 端为低电平，一旦转换结束，则 EOC 端由低电平变为高电平，单片机接收到该信号后，便由 $P_{2.7}$ 端和 $\overline{RD}$ 端发出负脉冲信号，通过控制逻辑电路使 ADC0809 的 O.E 端得到正脉冲信号，即 O.E = 1，允许输出，转换后得到的数字量 $D_7 \sim D_0$ 送入单片机的 $P_{0.7} \sim P_{0.0}$ 至此，ADC0809 在单片机控制下，完成了模数转换。

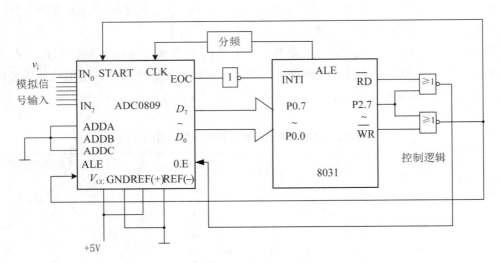

图 11.2.8　ADC0809 应用举例

第三节　ADC 和 DAC 的实际应用

一、ADC 的应用

压力传感器信号监测系统的信号预处理电路如图 11.3.1 所示，每个信号处理模块接 16 路压力传感器，压力传感器将被测压力值转换为电流信号，传感器信号由接线端子 J6、J7 引入测量电路，每路电流信号首先经过 100Ω 电阻转换为电压信号，然后 RC 低通滤波电路对信号进行滤波，滤波之后的信号输入多路模拟开关 CD4051，端口信号 PL4、PL5、

PL6 作为两片多路开关的控制信号各选择一路输出。经多路开关选通的两路传感器信号经 A/D 转换器转换为数字信号之后以串行方式传递给后续系统处理机,用来实时监测压力变化情况。A/D 转换器 CS5524 是一款 4 通道 24 位的差分输入型 ADC,输入信号为每路 AIN+和 AIN-的差值,转换之后的信号采用串行输出结构,可兼容 SPI 和 microwire 数据总线。本电路用到了其中两路通道,该 A/D 转换器模拟输入通道输入电阻很高,所以对输入信号内阻要求较低,电源电压为 2.7 ~ 5.25V,采样率为 617S/s,是一款低速高精度的多路 A/D 转换器,适用于高精度传感器以及仪器仪表的模数转换。

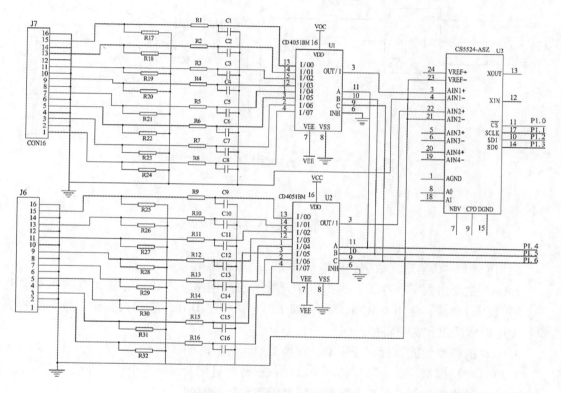

图 11.3.1 信号预处理电路

二、DAC 的应用

通信电台接收机的部分电路原理图如图 11.3.2 所示。该电路中 D/A 转换器 TLV5636 的输入信号是已经经过 DSP 处理过的数字音频信号,经过数模转换之后输出为模拟音频信号,再经过 U5A 进行电压放大并通过 U32 模拟开关的切换送至 AOUT1 和 AR0 两个输出端。这里采用的 DAC 芯片 TLV5636 是一款串行输入的 12 位 D/A 转换器,它一共有 8 个引脚,1 脚为串行数据输入端,7 脚为输出端,转换时间最短为 1μs,之所以选用这样参数的 DAC,是因为语音通信系统中语音信号一般用 8 位数字量来表示,那么 12 位 DA 转换器的分辨率就完全可以满足语音信号对于分辨率的要求,而且语音信号带宽一般限定在 3kHz 以内，它的采样频率一般为 8kHz，也就是说，采样间隔为 125μs，所以 1μs 的转换时间也完全满足转换速度的要求。

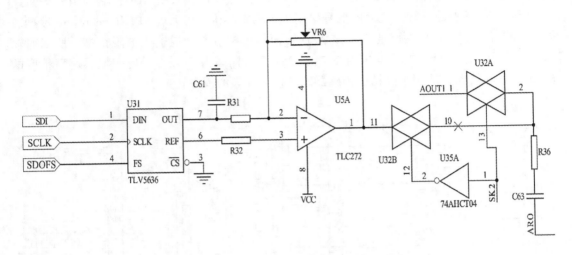

图 11.3.2 通信电台接收机部分电路原理图

本 章 小 结

1. ADC 和 DAC 是现代数字和模拟系统接口的重要桥梁。

2. DAC 主要由数字寄存器、模拟电子开关、位权网络、求和运算放大电路和基准电压(或恒流源)组成，常用 DAC 电路结构如 T 型电阻网络 DAC，它是按照输入数字量的位权匹配电流然后求和实现转换。

3. DAC 的主要性能指标有分辨率、转换误差和转换时间。

4. ADC 将模拟量转换为数字量须经取样、保持、量化及编码四个过程。

5. ADC 的主要性能指标有分辨率、转换误差和转换时间。

6. 实际工程应用中通常是采用集成 ADC 和 DAC，如 AD7520、ADC0809 等来实现转换。

7. D/A 转换器实验请扫描下方二维码观看。

思 政 拓 展

　　ADC/DAC 芯片的市场份额分别被亚德诺(ADI)、德州仪器(TI)、美信(MAXIM)、微芯(MICROCHIP)等外国企业垄断。我国企业在 ADC/DAC 领域起步晚，技术落后于美国，市场影响力小。1996 年，以西方为主的 33 个国家在奥地利签署了《瓦森纳协定》，规定了高科技产品和技术的出口范围和国家，其中高端 ADC 属于出口管制的产品，中国也属于受限制的国家之一。为了避免"卡脖子"的窘境，国内 ADC 厂商经过长年研发，逐步突破《瓦森纳协议》的性能限制，但仍与国际先进水平相差 2

代。随着近些年的国产化替代趋势，国产 ADC 已进入局部商品市场，有望加速突围。

　　目前，归纳起来，我国有三种团队模式：一是国家骨干研究所(企业)，例如中国电子、航空航天研究所；二是大学和研究院，例如清华大学、复旦大学以及中科院(微电子所)；三是以海归团队或大学教授、博士生为主的创业团队。从 20 世纪 80 年代末开始，国内已出现 ADC/DAC 的开发团队，但以项目研发为主，应用主要面向军工、航空航天、相控阵雷达设备等。如航天某所已于 2016 年推出了 1Gsps、12bit ADC，中科院微电子所于 2018 年研发出 1Gsps、8bit 产品。再如创业团队核芯互联公司成员来自国内外名校，并且在世界各大芯片供应商工作多年，公司于 2019 年投产了 80/100/125Msps、12bit 的产品；并于 2020 年发布了 8 通道、16bit、特低功耗 ADC 芯片。其他代表性企业有苏州思瑞浦、南京韬润半导体等。

思考题与习题

　　11.1　DAC 的转换精度取决于什么？n 位 DAC 的分辨率可怎样表示？

　　11.2　某 10 位 T 型电阻网络 DAC 中 $V_{REF} = 10V$，$R_F = R_0$，试问：

　　(1)该 DAC 的分辨率为多少？

　　(2)若输入数字量 $d_{12} \sim d_0$ 分别为 3FFH 、200H 、001H 、188H，则输入电压 V_0 各为多少？

　　提示：H 表示十六进制，A~F 表示十进制中 10~15。

　　11.3　某 8 位 T 形电阻网络 DAC 中的反馈电阻 $R_F = R$，最小输出电压为 -0.02V，试计算当输入数字量 $d_7 d_6 \cdots d_0 = 01001001$ 时，输出电压 V_o 为多少？

　　11.4　已知 T 形电阻网络 DAC 中的 $R_F = R$，$V_{REF} = 10V$，试分别求出 4 位 DAC 和 8 位 DAC 的输出的最小电压，并说明这种 DAC 输出最小电压与位数的关系。

　　11.5　有个 10 位逐次逼近型 ADC，其最小量化单位电压为 0.005V，求

（1）参考电压 V_{REF}；

（2）可转换的最大模拟电压。

11.6　某温度测量仪表在测量范围 0~100℃ 之内输出电流 4~20mA，经 250Ω 标准电阻转换成 1~5V 电压，用 8 位 ADC 转换成数字量输入计算机处理，若计算机采样读得为 BCH，问：相应的温度为多少度？

附录　常用电子元器件

电子元器件是电子产品的基本组成单元，电子产品的发展水平主要取决于电子元器件的发展和换代。因而，学习电子元器件的主要性能、特点，正确识别、选用、检测电子元器件，是提高电子产品质量的基本要素。

电子产品中常用的电子元器件包括：电阻、电容、电感、变压器、半导体分立元件、集成电路、开关件、接插件、熔断器以及电声器件等。

一、电阻

（一）电阻器

电阻器是阻碍电流的元器件，简称为电阻，是一种最基本、最常用的电子元器件。电阻是耗能元件，它吸收电能并把电能转换成其他形式的能量。在电路中，电阻主要有分压、分流、负载（能量转换）等作用。电阻器的文字符号为 R，电阻器的电路符号如附图 1.1 所示。

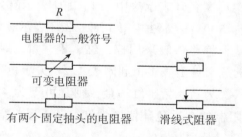

附图 1.1　电阻器的电路符号

电阻值简称阻值，基本单位是欧姆，简称欧（Ω）。常用单位有千欧（kΩ）和兆欧（MΩ）。

$$1M\Omega = 1000k\Omega, \quad 1k\Omega = 1000\Omega$$

（二）电位器

电位器是调节分压比的元器件，实际上就是一个可变电阻器，常用在电路中需要调整阻值的位置，按结构可分为旋转式电位器、直滑式电位器、带开关电位器和双联电位器等。电位器的文字符号一般为 R_P，电位器的电路符号如附图 1.2 所示。

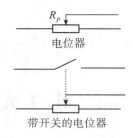

附图 1.2 电位器的电路符号

（三）电阻器的识别

我国电阻器的型号命名由四部分组成。

R 字母 数字/字母 数字

其中，第一部分用字母 R 表示电阻器的主称，第二部分用字母表示构成电阻器的材料，第三部分用数字或字母表示电阻器的分类，第四部分用数字表示生产序号。

电阻器上阻值的标示方法包括直标法、数码法、色环法。

直标法即将电阻值直接印刷在电阻器上，例如，在 5.1Ω 的电阻器上印有"5R1"的字样，在 $6.8k\Omega$ 的电阻器上印有"6k8"的字样，其中"R"和"k"既表示单位，又代表小数点。

数码法用 3 位数字表示，前两位是表示阻值的有效数字，第三位表示有效数字后面零的个数。当阻值小于 10 时，用"×R×"表示（×代表数字），将"R"看作小数点。

色环法是在电阻器上印刷 4 道或 5 道色环来表示阻值，5 色环电阻的精度高于 4 色环电阻精度，阻值的单位为 Ω。4 色环表示法中第 1、2 环表示有效数字，第 3 环表示倍乘数，第 4 环表示允许误差；5 色环表示法中第 1、2、3 环表示有效数字，第 4 环表示倍乘数，第 5 环表示允许误差。色环一般采用棕、红、橙、黄、绿、蓝、紫、灰、白、黑、金、银 12 种颜色，它们的意义见附表 1.1 和附表 1.2。关于色环电阻阻值计算方法，例如，电阻器的 4 道色环依次为黄、紫、红、金，则其可记为 $47\times10^2\pm5\%\ \Omega$，即阻值为 $4.7k\Omega$，误差为 $\pm5\%$；电阻器的 5 道色环依次为红、黄、黑、金、棕，则其可记为 $240\times10^{-1}\pm1\%\ \Omega$，即阻值为 24Ω，误差为 $\pm1\%$。

附表 1.1 4 色环电阻器上色环的意义

颜色	第一位有效数字	第二位有效数字	倍率	允许误差
棕	1	1	10^1	
红	2	2	10^2	
橙	3	3	10^3	
黄	4	4	10^4	
绿	5	5	10^5	
蓝	6	6	10^6	

续表

颜色	第一位有效数字	第二位有效数字	倍率	允许误差
紫	7	7	10^7	
灰	8	8	10^8	
白	9	9	10^9	
黑	0	0	10^0	
金			10^{-1}	$\pm 5\%$
银			10^{-2}	$\pm 10\%$
无				$\pm 20\%$

附表 1.2　5 色环电阻器上色环的意义

颜色	第一位有效数字	第二位有效数字	第三位有效数字	倍率	允许误差
棕	1	1	1	10^1	$\pm 1\%$
红	2	2	2	10^2	$\pm 2\%$
橙	3	3	3	10^3	
黄	4	4	4	10^4	
绿	5	5	5	10^5	$\pm 0.5\%$
蓝	6	6	6	10^6	$\pm 0.25\%$
紫	7	7	7	10^7	$\pm 0.1\%$
灰	8	8	8	10^8	
白	9	9	9	10^9	
黑	0	0	0	10^0	
金				10^{-1}	
银				10^{-2}	
无					

（四）电位器的识别

（1）电位器的型号命名方法和电阻器的型号命名方法相同。

（2）电位器上阻值的标示方法主要采用直标法。

二、电容

电容器是组成电路的一种基本元器件。它是一种储能元器件，在电路中起隔直流、旁路和耦合交流等作用。

（一）电容器的种类

按容量不同，电容器可分为固定电容器和可变电容器。固定电容器可分为无极性电容器和有极性电容器。无极性电容器按材料分为纸介电容器、涤纶电容器、云母电容器、聚苯乙烯电容器玻璃釉电容器和瓷介电容器等，有极性电容器有铝电解电容器、钽电解电容器和铌电解电容器等。电容器的文字符号为 C，电路图形符号如附图 1.3 所示。

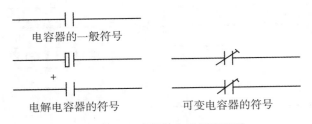

附图 1.3 电容器的电路图形符号

电容器容量的基本单位是法拉，简称法（F）。由于法拉作单位在实际运用中往往显得太大，常用毫法（mF）、微法（μF）、纳法（nF）和皮法（pF）作单位。换算关系为：
$$1F = 1000mF, \quad 1mF = 1000\mu F, \quad 1\mu F = 1000nF, \quad 1nF = 1000pF$$

（二）电容的识别

电容器的型号命名由四部分组成。

C   字母   数字/字母   数字

第一部分用字母 C 表示电容器的主称，第二部分用字母表示构成电容器的介质材料，第三部分用数字或字母表示电容器的类别，第四部分用数字表示生产序号。在电容器型号中，第二部分介质材料字母代号的意义见附表 1.3，第三部分类别代号的意义见附表 1.4。

附表 1.3 电容器中第二部分介质材料字母代号的意义

字母代号	介质材料	字母代号	介质材料
A	钽电解	L	聚酯
B	聚苯乙烯	N	铌电解
C	高频陶瓷	O	玻璃膜
D	铝电解	Q	漆膜
E	其他材料电解	T	低频陶瓷
G	合金电解	V	云母纸
H	纸膜复合	Y	云母
I	玻璃釉	Z	纸介
J	金属化纸介		

附表 1.4　电容器中第三部分类型代号的意义

代号	瓷介电容	云母电容	有机电容	电解电容
1	圆形	非密封	非密封	箔式
2	管形	非密封	非密封	箔式
3	叠片	密封	密封	非固体
4	独石	密封	密封	固体
5	穿心			
6	支柱等			
7	无极性			
8	高压	高压	高压	
9			特殊	特殊
G	高功率型			
J	金属化型			
Y	高压型			
W	微调型			

电容器上的容量及耐压值等标示方法包括直标法、文字符号、数码法、色环法。

直标法将容量数值、耐压值等直接印刷在电容器上。如附图 1.4 所示。

文字符号法用阿拉伯数字和文字符号或两者有规律地组合，在电容上标出主要参数的标示方法称为文字符号法。该方法具体表现为：用文字符号表示电容的单位（n 表示 nF，p 表示 pF 或 μ 表示 μF 等），电容容量（用阿拉伯数字表示）的整数部分写在电容单位的前面，电容容量的小数部分写在电容单位的后面，凡为整数（一般为 4 位）、又无单位标注的电容，其单位默认为 pF；凡用小数、又无单位标注的电容，其单位默认为 μF。例如，附图 1.5 中，"100"表示 100pF；"4.7"表示电容量是 4.7μF；"0.01"表示电容量是 0.01μF。附图 1.6 中，"2μ2"表示 2.2μF。

数码法，如附图 1.7 所示，一般用三位数字表示电容器容量的大小，其单位为"pF"。其中第 1、2 位是有效值数字，第 3 位表示倍乘数，即表示有效值后"0"的个数。数码法倍乘数表示的意义见附表 1.5。

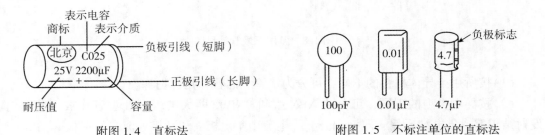

附图 1.4　直标法　　　　　　　　　　　附图 1.5　不标注单位的直标法

附图 1.6　国际单位制表示法　　　　附图 1.7　数码法

附表 1.5　数码法倍乘数意义器

标示数字	0	1	2	3	4	5	6	7	8	9
倍乘数	10^0	10^1	10^2	10^3	10^4	10^5	10^6	10^7	10^8	10^{-1}

色环表示法，电容器的色环表示法和电阻器的色环表示法基本相同，也是用十种颜色表示 10 个数字，即棕、红、橙、黄、绿、蓝、紫、灰、白、黑代表 1、2、3、4、5、6、7、8、9、0。采用这种表示法的电容器容量单位为 pF，电容器有立式和轴式两种，在电容器上标有 3~5 个色环作参数表示。对于立式电容器，色环顺序从上而下沿引线方向排列；轴式电容器的色环都偏向一头，其顺序从最靠近引线的一端开始为第一环，通常，第一、二环为电容量的有效数字，第三环为倍乘数，第四环为容许误差，第五环为电压等级。例如，标有黄、紫、橙三色环的立式电容器，表示其容量为 $47×10^3$pF。另外，如果某个色环的宽度等于标准宽度的 2 或 3 倍，则表示相同颜色的 2 个或 3 个色环。例如，绿色环宽度为标准宽度的 2 倍，下一环为橙色环，则表示 $55×10^3$pF。有些轴式电容器第一环较宽，且与以下的环有间隔，表示该环代表温度系数。

三、三极管

(一)三极管的分类

晶体三极管的种类繁多，其外形如附图 1.8 所示。

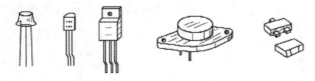

附图 1.8　常用三极管外形图

(1)按所用半导体材料的不同，可分为锗管、硅管和化合物管。

(2)按导电类型的不同，可分为 NPN 型和 PNP 型两大类。NPN 型管作放大状态时，发射结正偏，集电结反偏，即 $V_c>V_b>V_e$，电流由集电极 c 和基极 b 流向发射极 e。PNP 型管作放大状态时，集电结正偏，发射结反偏，即 $V_c < V_b < V_e$，电流由发射极 e 流向集电极 c 和基极 b。

（3）按截止频率不同，可分为超高频管、高频管（$f_T \geq 3\text{MHz}$）和低频管（$f_T \leq 3\text{MHz}$）。

（4）按耗散功率不同，可分为小功率管（$<1\text{W}$）和大功率管（$\geq 1\text{W}$）。

（5）按用途不同，可分为低频放大管、高频放大管、开关管、低噪声管、高反压管和复合管等。

（二）三极管的识别

晶体三极管一般具有三只引脚，分别是基极、发射极和集电极，使用中应识别清楚。引脚分布规律和识别一般有下述几种。

（1）一般金属壳封装三极管三电极排列形状为等腰直角三角形，一种三极管的直角顶点是基极，有红色的一边是集电极，余下电极为发射极；另一种三极管直角顶点是基极，距管帽边沿凸起最近的电极为发射极，另一极为集电极；还有一种三极管靠不同的色点进行区分，直角顶点与管壳上红点标记相对应的为集电极，与白点对应的为基极，与绿点对应的为发射极。

（2）晶体三极管电极如果排列成等距的一条直线，则管壳带红点一边的电极为发射极，中间电极为集电极，余下电极为基极。某些三极管电极虽排列成一条直线，但不等距，两个靠外侧的电极中一个电极距中间电极较近，另一个外侧电极距中间电极较远，距中间电极较近的外侧的电极为发射极，距中间电极较远的外侧的电极为集电极，中间电极为基极。

（3）塑料封小功率三极管电极识别时，应将剖去一平面或去掉一角的标志朝向自己，从左至右依次为发射极 e、基极 b 和集电极 c，但也有例外，如某些型号三极管的引脚排列顺序往往是 e-c-b。

（4）金属壳封装大功率三极管识别时应将电极朝向自己，且将距离电极较远的管壳一端向下，则左端电极为基极，右端电极为发射极，管壳为集电极。

（5）进口塑料封三极管的电极排列顺序与国产三极管的电极排列顺序有一定差别。如塑料封小功率三极管，其电极排列顺序为：将三极管剖面朝向自己，从左至右依次为基极、集电极和发射极；大、中功率塑料封三极管的电极排列顺序为：将标志面朝向自己，从左至右依次为发射极、集电极和基极；进口金属壳封装大功率三极管的电极排列顺序和国产三极管一致。

无论是国产还是进口三极管，其电极排列顺序均有些不符合上述规律的特例，必须经过检测才能最后确定。

（三）半导体器件的型号命名方法

1. 中国半导体器件型号命名方法

半导体器件型号由五部分组成（场效应器件、半导体特殊器件、复合管、PIN 型管、激光器件的型号命名只有第三、四、五部分），见附表 1.6。五个部分意义如下：

附表1.6　半导体器件型号组成部分

第一部分		第二部分		第三部分		第四部分	第五部分
用数字表示器件有效电极数目		用汉语拼音字母表示器件的材料和极性		用汉语拼音字母表示器件的类型		用数字表示序号	用汉语拼音字母表示规格号
符号	意义	符号	意义	符号	意义	意义	意义
2	二极管	A	N 型锗材料	P	小信号管	反映了极限参数、直流参数和交流参数等的差别	承受反向击穿电压的程度。如规格号为 A，B，C，D，…，其中 A 承受反向击穿电压最低，B 次之……
		B	P 型锗材料	V	混频检波管		
		C	N 型硅材料	W	电压调整管和电压基准管		
		D	P 型硅材料	C	变容管		
3	三极管	A	PNP 型锗材料	Z	整流管		
		B	NPN 型锗材料	L	整流堆		
		C	PNP 型硅材料	S	隧道管		
		D	NPN 型硅材料	K	开关管		
		E	化合物材料	X	低频小功率晶体管		
				G	高频小功率晶体管		
				D	低频大功率晶体管		
				A	高频大功率晶体管		
				T	闸流管		
				Y	体效应管		
				B	雪崩管		
				J	阶跃恢复管		

第一部分：用数字表示半导体器件有效电极数目。2—二极管、3—三极管。

第二部分：用汉语拼音字母表示半导体器件的材料和极性。表示二极管时：A—N 型锗材料，B—P 型锗材料，C—N 型硅材料，D—P 型硅材料。表示三极管时：A—PNP 型锗材料，B—NPN 型锗材料，C—PNP 型硅材料，D—NPN 型硅材料。

第三部分：用汉语拼音字母表示半导体器件的类型。P—普通管，V—微波管，W—稳压管，C—参量管，Z—整流管，L—整流堆，S—隧道管，N—阻尼管，U—光电器件，K—开关管，X—低频小功率管（$F<3\text{MHz}$，$P_c<1\text{W}$），G—高频小功率管（$f>3\text{MHz}$，$P_c<1\text{W}$），D—低频大功率管（$f<3\text{MHz}$，$P_c>1\text{W}$），A—高频大功率管（$f>3\text{MHz}$，$P_c>1\text{W}$），T—半导体晶闸管（可控整流器），Y—体效应器件，B—雪崩管，J—阶跃恢复管，CS—场效应管，BT—半导体特殊器件，FH—复合管，PIN—PIN 型管，JG—激光器件。

第四部分：用数字表示序号。

第五部分：用汉语拼音字母表示规格号。

例如：3DG18 表示 NPN 型硅材料高频三极管。

2. 日本半导体分立器件型号命名方法

日本生产的半导体分立器件，由五至七部分组成。通常只用到前五个部分，其各部分的符号意义如下：

第一部分：用数字表示器件有效电极数目或类型。0—光电（即光敏）二极管、三极管及上述器件的组合管，1—二极管，2—三极管或具有 2 个 PN 结的其他器件，3—具有 4 个有效电极或具有 3 个 PN 结的其他器件，依此类推。

第二部分：日本电子工业协会 JEIA 注册标志。S 表示已在日本电子工业协会 JEIA 注册登记的半导体分立器件。

第三部分：用字母表示器件使用材料极性和类型。A—PNP 型高频管，B—PNP 型低频管，C—NPN 型高频管，D—NPN 型低频管，F—P 控制极可控硅，G—N 控制极可控硅，H—N 基极单结晶体管，J—P 沟道场效应管，K—N 沟道场效应管，M—双向可控硅。

第四部分：用数字表示在日本电子工业协会 JEIA 登记的顺序号。两位以上的整数，从"11"开始，表示在日本电子工业协会 JEIA 登记的顺序号；不同公司的性能相同的器件可以使用同一顺序号；数字越大，越是近期产品。

第五部分：用字母表示同一型号的改进型产品标志。A、B、C、D、E、F 表示这一器件是原型号产品的改进产品。

3. 国际电子联合会半导体器件型号命名方法

德国、法国、意大利、荷兰、比利时等欧洲国家以及匈牙利、罗马尼亚、南斯拉夫、波兰等东欧国家，大多采用国际电子联合会半导体分立器件型号命名方法。这种命名方法由四个基本部分组成，各部分的符号及意义如下：

第一部分：用字母表示器件使用的材料。A—器件使用材料的禁带宽度 $E_g = 0.6 \sim 1.0\text{eV}$，如锗；B—器件使用材料的 $E_g = 1.0 \sim 1.3\text{eV}$，如硅；C—器件使用材料的 $E_g > 1.3\text{eV}$，如砷化镓；D—器件使用材料的 $E_g < 0.6\text{eV}$，如锑化铟；E—器件使用复合材料及光电池使用的材料。

第二部分：用字母表示器件的类型及主要特征。A—检波开关混频二极管，B—变容二极管，C—低频小功率三极管，D—低频大功率三极管，E—隧道二极管，F—高频小功率三极管，G—复合器件及其他器件，H—磁敏二极管，K—开放磁路中的霍尔元件，L—高频大功率三极管，M—封闭磁路中的霍尔元件，P—光敏器件，Q—发光器件，R—小功率晶闸管，S—小功率开关管，T—大功率晶闸管，U—大功率开关管，X—倍增二极管，Y—整流二极管，Z—稳压二极管。

第三部分：用数字或字母加数字表示登记号。三位数字代表通用半导体器件的登记序号，一个字母加二位数字表示专用半导体器件的登记序号。

第四部分：用字母对同一类型号器件进行分档。A，B，C，D，E 表示同一型号的器件按某一参数进行分档的标志。

除四个基本部分外，有时还加后缀，以区别特性或进一步分类。常见后缀如下：

（1）稳压二极管型号的后缀。其后缀的第一部分是一个字母，表示稳定电压值的容许误差范围，字母 A、B、C、D、E 分别表示容许误差为 ±1%、±2%、±5%、±10%、

±15%；其后缀第二部分是数字，表示标称稳定电压的整数数值；后缀的第三部分是字母 V，代表小数点，字母 V 之后的数字为稳压管标称稳定电压的小数值。

（2）整流二极管后缀是数字，表示器件的最大反向峰值耐压值，单位是伏特。

（3）晶闸管型号的后缀也是数字，通常标出最大反向峰值耐压值和最大反向关断电压中数值较小的那个电压值。

例如：BDX51-表示 NPN 硅低频大功率三极管，AF239S-表示 PNP 锗高频小功率三极管。

四、场效应管

场效应晶体管通常简称为场效应管，是一种利用场效应原理工作的半导体元器件，外形如附图 1.9 所示。和普通双极型晶体管相比较，场效应管具有输入阻抗高、噪声低、动态范围大、功耗小和易于集成等特点，得到了越来越广泛的应用。

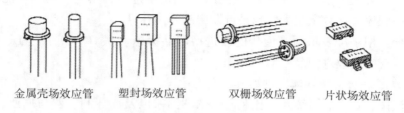

金属壳场效应管　　塑封场效应管　　双栅场效应管　　片状场效应管

附图 1.9　场效应管的外形

（一）场效应管分类

场效应管的种类很多，场效应管主要分为结型场效应管和绝缘栅场效应管两大类，又都有 N 沟道和 P 沟道之分。绝缘栅场效应管也称为金属氧化物半导体场效应管，简称为 MOS 场效应管，分为耗尽型 MOS 管和增强型 MOS 管。

场效应管还有单栅极管和双栅极管之分。双栅场效应管比单栅场效应管多两个互相独立的栅极 G1 和 G2，从结构上看，相当于相同的两个单栅场效应管串联而成，其输出电流的变化受到两个栅极电压的控制。双栅场效应管的这种特性为其用作高频放大电路、增益控制放大电路、混频器和解调器带来了很大方便。

（二）场效应管的符号

场效应管的电路符号如附图 1.10 所示。

（三）场效应管的性能指标

1. 饱和漏源电流

饱和漏源电流 I_{DSS} 是指在结型或耗尽型绝缘栅场效应管中，栅源电压 $V_{GS}=0$ 时的漏源电流。

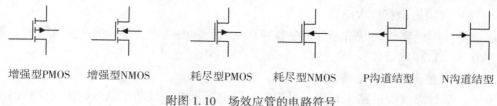

| 增强型PMOS | 增强型NMOS | 耗尽型PMOS | 耗尽型NMOS | P沟道结型 | N沟道结型 |

附图 1.10 场效应管的电路符号

2. 夹断电压

夹断电压 V_P 是指在结型或耗尽型绝缘栅场效应管中,使漏源间刚截止时的栅源电压。

3. 开启电压

开启电压 V_T 是指在增强型绝缘栅场效应管中,使漏源间刚导通时的栅源电压。

4. 跨导

跨导 g_m 是表示栅源电压 V_{GS} 对漏极电流 i_D 的控制能力,即漏极电流 i_D 变化量与栅源电压 V_{GS} 变化量的比值。g_m 是衡量场效应管放大能力的重要参数。

(四)场效应管的特点、工作原理及偏置电压

场效应管的特点是由栅源电压 V_{GS} 控制其漏极电流 i_D。和普通双极型晶体管相比较,场效应管具有输入阻抗高、噪声低、动态范围大、功耗小和易于集成等特点。

场效应管的主要作用是放大、恒流、阻抗变换、可变电阻和电子开关等。

五、集成运算放大器

(一)集成运放的分类

集成运算放大器的种类较多,按其性能参数不同可分为通用型运算放大电路、高阻型运算放大电路、高速型运算放大电路、高速低噪声运算放大电路、低功耗型运算放大电路及高压大功率运算放大电路等多种。

1. 通用型运算放大电路

通用型运算放大电路的主要特点是价格低廉、产品量大面广,其性能指标能适合于一般性使用。例如 μA741(单运放)、LM358(双运放)、LM324(四运放)及以场效应管为输入级的 LF356 等,均是目前应用最为广泛的通用型集成运算放大器。

2. 高阻型运算放大电路

高阻型运算放大电路采用 FET 场效应管组成运算放大电路的差分输入级,其优点是差模输入阻抗较高,输入偏置电流较小,运算速度快,频宽带,噪声低;缺点是输入失调电压较大。常见的高阻型运算放大电路有 CA3130、CA3140、LF356、LF355、TL082(双运放)及 TL084(四运放)等型号。

3. 高速型运算放大电路

高速型运算放大电路具有转换速率高和频率响应宽等优点,可用在快速 A/D、D/A

243

转换器和视频放大电路等电路中。常用的高速型运算放大电路有 LM318、μA715 等型号。

4. 高速低噪声运算放大电路

高速低噪声运算放大电路通常用在各种高保真音频电路中。常用的高速低噪声运算放大电路有 NE5532(双运放)、NE5534(单运放)等型号。

5. 低功耗型运算放大电路

低功耗型运算放大电路主要用于采用低电源电压供电,低功率消耗的便携式仪器和电子产品中。常用的低功耗型运算放大电路有 TL-022C、TL-060C 等型号。

6. 高压大功率型运算放大电路

高压大功率型运算放大电路的特点是外部不需附加任何电路,即可输出高电压和大电流,常用的高压大功率型运算放大电路有 D41、μA791 等型号。

(二)集成运放的参数

评价集成运放性能的参数较多,现分别介绍如下。

1. 输入失调电压(Offset Voltage,V_{IO})

一个理想的集成运放,当输入电压为零时,输出电压也应为零(不加调零装置)。但实际上它的差分输入级很难做到完全对称,当由于某种原因(如温度变化)使输入级的 Q 点稍有偏移,输入级的输出电压发生微小的变化,这种缓慢的微小变化会逐级放大使运放输出端产生较大的输出电压(常称为漂移),所以通常在输入电压为零时,存在一定的输出电压。在室温(25℃)及标准电源电压下,输入电压为零时,为了使集成运放的输出电压为零,在输入端加的补偿电压称为失调电压 V_{IO}。

V_{IO} 的大小反映了运放制造中电路的对称程度和电位配合情况。V_{IO} 值越大,说明电路的对称程度越差,一般为±(1~10)mV,LM741 的 $V_{IO}=1\sim5$mV。高精度运放要求 $V_{IO}<$1mV,超低失调运放为 0.5~20μV,如 LMC2001 的 $V_{IO}=0.5$μV。采用 MOSFET 输入级的运放,其值较大,可达 20mV,但目前 CMOS 运放 V_{IO} 也很低,如 ADA4528 的 $V_{IO}=2.5$μV。

2. 失调电压漂移(Offset Voltage Drift)

当温度变化、时间持续、供电电压等自变量变化时,输入失调电压会发生变化。输入失调电压随自变量变化的比值,称为失调电压漂移。因此,有三种漂移量存在:

(1)输入失调电压变化相对于温度变化的比值。是指定温度范围内的平均值,以 μV/℃ 为单位,用符号 $\Delta V_{IO}/\Delta T$ 或者 dV_{IO}/dT 表示。$\Delta V_{IO}/\Delta T$ 不能用外接调零装置的办法来补偿。高质量的放大电路常选用低漂移的器件来组成,一般约为±(10~20)μV/℃,741 为 5μV/℃。其值小于 2μV/℃ 为低温漂运放。如高精度运放 OP-117,在-55~+125℃ 内温漂<0.03μV/℃。

(2)相对于时间的比值,以 μV/MO 为单位,含义是每月变化多少微伏。

(3)相对于电源电压变化的比值,以 μV/V 为单位,含义是调好的放大电路,当电源电压发生 1V 变化,会引起失调电压的变化。此数值在很多放大电路数据手册中没有体现。

3. 输入偏置电流(Input Bias Current,I_{IB})

BJT 集成运放的两个输入端是差分对管的基极，因此两个输入端总需要一定的输入电流 I_{BN} 和 I_{BP}。输入偏置电流是指当输出维持在规定的电平时，同相输入端和反相输入端流进电流的平均值。如附图 1.11 所示，偏置电流为

$$I_{IB} = \frac{I_{BN} + I_{BP}}{2}$$

从使用角度来看，偏置电流越小，由于信号源内阻变化引起的输出电压变化也越小，故它是重要的技术指标，以 BJT 为输入级的运放一般为 10nA ~ 1μA，LM741 为 80nA；低偏流运放要求 $I_B < 50pA$，如 LMC2001 的 $I_B = 6pA$，采用 MOSFET 输入级的运放 I_{IB} 在 pA 数量级。因为第一级偏置电流的数值都很小，所以一般运算电路的输入电阻和反馈电阻就可以提供这个电流了。而运放的偏置电流值也限制了输入电阻和反馈电阻数值不可以过大，否则不能提供足够的偏置电流，使放大电路不能稳定的工作在线性范围。

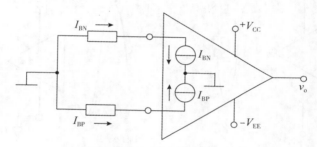

附图 1.11　输入偏置电流

4. 输入失调电流（Input Offset Current, I_{IO}）

在 BJT 集成运放中，输入失调电流 I_{IO} 是指当输入电压为零时流入放大电路两输入端的静态基极电流之差，即

$$I_{IO} = |I_{BP} - I_{BN}|_{V_I = 0}$$

由于信号源内阻的存在，I_{IO} 会引起一输入电压，破坏放大电路的平衡，使放大电路输出电压不为零。所以希望 I_{IO} 愈小愈好，它反映了输入级差分对管的不对称程度，一般为 1nA ~ 0.1μA。LM741 的 I_{IO} 为 20 ~ 200nA，高精度运放如 OP-117 的 $I_{IO} = 0.3nA$。

5. 噪声指标（Noise）

信噪比即 SNR（Signal to Noise Ratio），狭义来讲，是指放大电路的输出信号的电压与同时输出的噪声电压的比，常常用分贝数表示。设备的信噪比越高表明它产生的杂音越少。一般来说，信噪比越高，说明混在信号里的噪声越小，否则相反。差分输入的 SNR 通常比单端输入要高得多。

6. 输入电压范围（Input Voltage Range）

保证运算放大电路正常工作的最大输入电压范围，也称为共模输入电压范围。一般运放的输入电压范围比电源电压范围窄 1 伏到几伏，比如 ±15V 供电，输入电压范围在 -12V 到 13V。较好的运放输入电压范围和电源电压范围相同，甚至超出范围 0.1V。比如 ±15V

供电，输入范围在−15.1V 到 15.0V，这会使得放大电路设计具有更大的输入动态范围，提高电路的适应性。

当运放最大输入电压范围与电源范围比较接近时，比如相差 0.1V 甚至相等、超过，都可以叫"输入轨至轨"，表示为 Rail-to-Rail Input(RRI)。运放的两个输入端，任何一个的输入电压超过此范围，都将引起运放的失效。

之所以叫共模输入电压范围，是因为运放正常工作时，两个输入端之间的差压是很小的，某个输入端的电压与两个输入端电压的平均值(共模)是基本相同的。附图 1.12 所示为输入电压范围和输出电压范围。

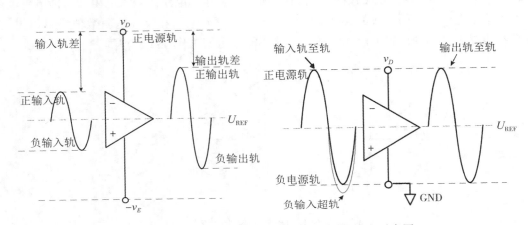

附图 1.12　双电源供电、单电源供电以及轨定义示意图

7. 输出电压范围(Swing from Rail 或者 V_+/V_-)

在给定电源电压和负载情况下，输出能够达到的最大电压范围；或是正向最大电压 V_+ 以及负向最小电压 V_-；或是与电源轨(rail)的差距。

目前很多运放的最大输出电压可接近电源电压，对双电源供电有 Rail-to-Rail Output 即 RRO($+V_{omax} = V_+$、$-V_{omax} = V_-$)输出特性；而对单电源供电有 SS(Single Supply)输出特性，即 V_{omax} 为 V_+ 或 V_-，这使输出电压的范围扩大到电源电压范围，因此可大幅提高电源效率，有利于低压电源或电池供电的应用。

对于具有 RRO 特性的运放只适合于较大负载电阻的微功率电路。

8. 共模抑制比(Common-Mode Rejection Ratio，CMRR)

为了说明差动放大电路抑制共模信号的能力，常用共模抑制比作为一项技术指标来衡量，其定义为放大电路对差模信号的电压放大倍数 Avd 与对共模信号的电压放大倍数 Avc 之比。一般通用型运放 CMRR 为 80~120 dB，高精度运放可达 140 dB。

9. 开环电压增益(Open-Loop Gain，A_{vo})

这是指集成运放工作在线性区，在标称电源电压下，接规定的负载，无负反馈情况下的直流差模电压增益。A_{vo} 与输出电压 V_0 的大小有关。通常是在规定的输出电压幅度(如 $V_0 = \pm 10V$)下测得的值。A_{vo} 又是频率的函数，频率高于某一数值后，A_{vo} 的数值开始下降。附图 1.13 表示 741 型运放 A_{VO} 的幅频响应。一般运放的 A_{VO} 在 60～130dB。通用型运放的 A_{VO} 的典型值为 100～140dB。而超高增益运放如 LTC1150 的 $A_{VO} \geqslant 180$dB。

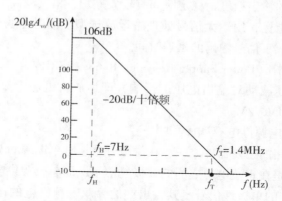

附图 1.13　741 型运放 A_{VO} 的幅频响应

10. 压摆率(Slew Rate，SR)

运放接成闭环条件下，将一个大信号(含阶跃信号)输入到运放的输入端，从运放的输出端测得运放的输出上升速率。由于在转换期间，运放的输入级处于开关状态，所以运放的反馈回路不起作用，也就是转换速率与闭环增益无关。转换速率对于大信号处理是一个很重要的指标，对于一般运放转换速率 SR $\leqslant$ 10V/μs，高速运放的转换速率 SR > 10V/μs。目前的高速运放最高转换速率 SR 达到 6000V/μs。这用于大信号处理中运放选型。

11. 带宽指标

与带宽相关的指标主要有三项：

(1)-3dB 带宽，将一个恒幅正弦小信号输入到运放的输入端，在运放的输出端测得开环电压增益下降 3dB(或是相当于运放的直流增益的 0.707)所对应的信号频率 f_H。这个指标主要用于小信号处理中运放的选型。

(2)单位增益带宽(Unity Gain-bandwidth，BW_G)，对应于开环电压增益 A_{VO} 下降到 $A_{VO} = 1$ 时的频率，即是 A_{VO} 为 0dB 时的信号频率。它是集成运放的重要参数。741 型运放的 $A_{VO} = 2 \times 10^5$ 时，它的 $f_T = A_{VO} f_H = 2 \times 10^5 \times 7$Hz $= 1.4$MHz。目前高速运放要求 $f_T > 50$MHz，如 AD801 的 $f_T = 800$MHz。宽带运放如 OPA657C(FET 输入级)的 $A_{VO} f_H = 1600$MHz。

(3)满功率带宽(Full Power Bandwidth)，在额定的负载时，运放的闭环增益为 1 倍条件下，将一个恒幅正弦大信号输入到运放的输入端，使运放输出幅度达到最大(允许一定失真)的信号频率。这个频率受到运放转换速率的限制。近似地，全功率带宽＝转换速率/$2\pi V_{omax}$(V_{omax} 是运放的峰值输出幅度)。全功率带宽是一个很重要的指标，用于大信号处理中运放选型。

12. 建立时间(Settling Time)

在额定的负载时，运放的闭环增益为 1 倍条件下，将一个阶跃大信号输入到运放的输入端，使运放输出由 0 增加到某一给定值的所需要的时间。由于是阶跃大信号输入，输出信号达到给定值后会出现一定抖动，这个抖动时间称为稳定时间。稳定时间+上升时间 = 建立时间。对于不同的输出精度，稳定时间有较大差别，精度越高，稳定时间越长。建立时间是一个很重要的指标，用于大信号处理中运放选型。同时作为 A/D 转换前端信号调理时也直接影响整个数字信号输出的延迟时间。

13. 电源电压抑制比（Power Supply Rejection Ratio，PSRR）

用来衡量电源电压波动对输出电压的影响，即运放对电源上纹波或者噪声的抵抗能力，其典型值一般为 1 μV/V。

14. 供电方式（单电源供电/双电源供电）

运放作为模拟电路的主要器件之一，在供电方式上有单电源和双电源两种，双电源供电的运放的输入可以是在正负电源之间的双极性信号，而单电源供电的运放的输入信号只能在 0~供电电压之内的单极性信号，其输出亦然。双电源供电的运放电路，可以有较大的动态范围；单电源供电的运放，可以节约一路电源。单电源供电的运放的输出是不能达到 0V 的，而双电源供电的稳定性比单电源的要好。单电源运放对接近 0 的信号放大时误差很大，且容易引入干扰。单电源供电对运放的指标要求要高一些，一般需要用轨对轨（R-R），运放的价格一般会贵点。随着器件水平的提高，有越来越多的用单电源供电代替双电源供电的应用，这是一个趋势。

（三）集成运放的使用

在设计集成运放应用电路时，要根据设计需求寻找具有相应性能指标的芯片，因此了解运放类型，理解运放主要性能指标的物理含义是正确选择运放的前提，应根据以下几方面要求选择运放。

1. 信号源的性质

根据信号源是电压源还是电流源，内阻大小、输入信号的幅度及频率的变化范围等，选择运放的差模输入电阻、单位增益带宽、转换速率等性能指标。

2. 负载的性质

根据负载电阻的大小，确定所需运放的输出电压和输出电流的幅值。对于容性负载或感性负载，还要考虑它们对频率参数的影响。

3. 精度要求

对模拟信号的处理，如放大运算等，往往提出精度要求；如电压比较，往往提出响应时间、灵敏度要求。根据这些要求，选择运放的开环差模电压增益、失调电压、失调电流及转换速率等指标参数。

4. 环境条件

根据所能提供的电源（如有些情况只能用干电池），选择运放的电源电压；根据对能耗有无限制，选择运放的功耗等。

根据上述分析就可以通过查阅手册等手段选择某一型号的运放了，必要时还可以通过各种 EDA 软件进行仿真，最终确定最合适的芯片。

参 考 答 案

第一章　半导体二极管及应用电路

习题 1.1　若将二极管从电路中断开，其两端的正向压降为 $v_D = v_i$，所以当 $v_i > 0.7V$ 时，二极管导通，$v_o = 0.7V$；当 $v_i \leqslant 0.7V$ 时，二极管截止，$v_o = v_i$；输出电压的波形如解 1.1 图(a)所示。

若将二极管从电路中断开，其两端的正向压降为 $v_D = v_i$，所以当 $v_i > 0.7V$ 时，二极管导通，$v_o = v_i - 0.7V$；当 $v_i \leqslant 0.7V$ 时，二极管截止，$v_o = 0$；输出电压的波形如解 1.1

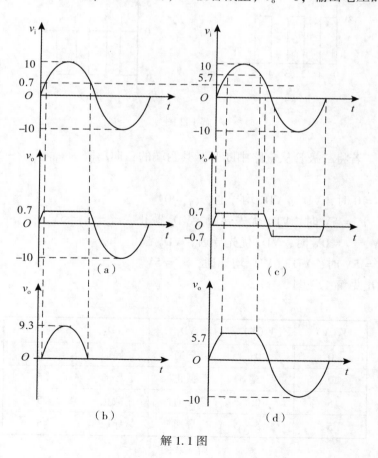

解 1.1 图

图(b)所示。

若将二极管从电路中断开，其两端的正向压降为 $v_{D1} = v_i$， $v_{D2} = -v_i$，所以当 $v_i > 0.7V$ 时，VD_1 导通，VD_2 截止，$v_o = 0.7V$；当 $-0.7V \leqslant v_i \leqslant 0.7V$ 时，VD_1、VD_2 均截止，$v_o = v_i$；当 $v_i < -0.7V$ 时，VD_1 截止，VD_2 导通，$v_o = -0.7V$；输出电压的波形如解 1.1 图(c)所示。

若将二极管从电路中断开，其两端的正向压降为 $v_D = v_i - 5V$，所以当 $v_i > 5.7V$ 时，VD 导通，$v_o = 5.7V$；当 $v_i \leqslant 5.7V$ 时，VD 截止，$v_o = v_i$；输出电压的波形如解 1.1 图(d)所示。

习题 1.2 题 1.2 图(a)：若将二极管从电路中断开，其两端的正向压降为 $v_D = 3 - v_i$，所以当 $v_i < 3V$ 时，二极管导通，$v_o = v_i$；当 $v_i \geqslant 3V$ 时，二极管截止，$v_o = 3V$；输出电压的波形如解 1.2 图(a)所示。

题 1.2 图(b)：若将二极管从电路中断开，其两端的正向压降为 $v_D = 3V + v_i$，所以当 $v_i > -3V$ 时，二极管导通，$v_o = v_i$；当 $v_i \leqslant -3V$ 时，二极管截止，$v_o = -3V$；输出电压的波形如解 1.2 图(b)所示。

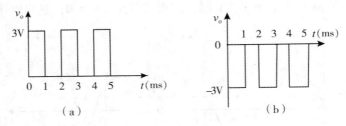

解 1.2 图

习题 1.3 若将二极管从电路中断开，其两端的正向压降为 $v_{D1} = v_1 - 5V$，$v_{D2} = v_2 + 5V$，所以：

当 $v_1 = v_2 = 0$ 时，VD_1、VD_2 均导通，$v_0 = 0$。
当 $v_1 = 0$，$v_2 = 5V$ 时，VD_2 优先导通，VD_1 截止，$v_0 = v_2 = 5V$。
当 $v_1 = 5V$，$v_2 = 0V$ 时，VD_1 优先导通，VD_2 截止，$v_0 = v_1 = 5V$。
当 $v_1 = v_2 = 5V$ 时，VD_1、VD_2 均导通，$v_o = 5V$。
各管的输出见解 1.3 图。

$V_1(V)$	$V_2(V)$	VD_1	VD_2	$V_o(V)$
0	0	导通	导通	0
0	5	截止	导通	5
5	0	导通	截止	5
5	5	导通	导通	5

解 1.3 图

习题 1.4　题 1.4 图（a）：若将二极管从电路中断开，其两端的正向压降为 $v_D = -6V - (-12V) = 6V > 0$，所以二极管导通，$v_{AB} = -6V$。

题 1.4 图（b）：若将二极管从电路中断开，其两端的正向压降为 $v_D = -15V - (-12V) = -3V < 0$，所以二极管截止，$v_{AB} = -12V$。

题 1.4 图（c）：若将二极管从电路中断开，其两端的正向压降为 $v_{D1} = 12V$，$v_{D2} = 12V - (-6V) = 18V$，因为 $v_{D2} > v_{D1} > 0$，所以二极管 VD_2 优先导通，此时 $v_{D1} = -6V - 0V = -6V < 0$，$VD_1$ 截止，$v_{AB} = -6V$。

题 1.4 图（c）：若将二极管从电路中断开，其两端的正向压降为 $v_{D1} = 9V$，$v_{D2} = -12V - (-9V) = -3V$，因为 $v_{D1} > 0$，$v_{D2} < 0$，所以二极管 VD_1 优先导通，VD_2 截止，此时，$v_{AB} = -0V$。

第二章　三极管放大电路

习题 2.1　三极管三个极的电流关系为：（1）$I_E = I_B + I_C$。（2）NPN 型的三极管，发射极电流方向是流出，集电极和基极电流方向都是流入。PNP 型三极管，发射极电流方向是流入，集电极和基极电流方向都是流出。（3）$I_B << I_E$。

题 2.1 图（a）所示的两个极的电流方向均为流入，所以 0.1mA 为基极电流，4mA 为集电极电流，剩下的电极为发射极电流，其为 $I_E = I_B + I_C = 4.1mA$。电流方向为流出，根据电流方向判定此管类型为 NPN 型。结论如解 2.1 图（a）所示。

题 2.1 图（b）所示的两个极的电流一个流入，一个流出，所以 6.1mA 为发射极电流，剩下的电极电流为 6.1mA − 0.1mA = 6mA，电流方向为流出，又因为 0.1mA < 6mA，所以 6mA 为集电极电流，此管类型为 PNP 型。结论如解 2.1 图（b）所示。

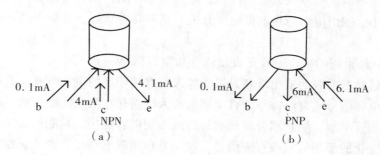

解 2.1 图

习题 2.2　三极管工作于放大区要满足的外部条件是：发射结正偏，集电结反偏。对于 NPN 型的三极管，三个极的电位关系为：$V_E < V_B < V_C$；对于 PNP 型三极管，三个极的电位关系为：$V_E > V_B > V_C$，所以放大电路中，无论是什么类型的管子，基极电位都是中间电位，第一步可判断出基极。另外，发射结正偏电压为典型值，若是硅管，正偏电压为

0.7V；若是锗管，正偏电压为 0.2V，由此可判断出发射极和集电极。最后根据三个极电位的大小，可判断管子的类型。

因为 $V_A < V_C < V_B$，所以电极 C 为基极 b，$V_B - V_C = 0.2$V，由此可以判断电极 B 为发射极 e，剩下的电极 A 为集电极 c。因此 $V_E > V_B > V_C$，此管类型为 PNP 型。

习题 2.3 若发射结正偏，集电结反偏，三极管工作在放大区；若发射结和集电结都正偏，三极管工作在饱和区；若发射结反偏，三极管工作在截止区。

题 2.3 图(a)：$V_{BE} = 2.7\text{V} - 2\text{V} = 0.7\text{V} > 0$，发射结正偏。$V_{BC} = 2.7\text{V} - 5\text{V} = -2.3\text{V} < 0$，集电结反偏。所以三极管工作于放大区。

题 2.3 图(b)：$V_{BE} = 1.5\text{V} - 2\text{V} = -0.5\text{V} < 0$，发射结反偏。所以三极管工作于截止区。

题 2.3 图(c)：$V_{BE} = 5.7\text{V} - 5\text{V} = 0.7\text{V} > 0$，发射结正偏。$V_{BC} = 7\text{V} - 5\text{V} = 2\text{V} > 0$，集电结正偏。所以三极管工作于饱和区。

习题 2.4 如果不设置合适的工作点，加入信号后，放大电路的工作点就会移至位于饱和区或截止区，产生非线性失真。

习题 2.5 直流通路：直流信号流经的途径；交流通路：交流信号流经的途径。

画直流通路的方法：电容开路；画交流通路的方法：电容短路，直流电源短路。

习题 2.6 三极管放大电路有三种组态：共基极，共射极，共集电极组态。

判断方法：一般看输入信号加在三极管的哪个电极，输出信号从哪个电极取出。共射极放大电路中，信号由基极输入，集电极取出；共集电极放大电路中，信号由基极输入，发射极输出；共基极电路中，信号由发射极输入，集电极输出。

习题 2.7 共射极放大电路的电压和电流增益都大于1，输入电阻在三种组态中居中，输出电阻与集电极电阻有关。适用于低频情况下，作为多级放大电路的中间级，提高放大倍数。共集电极放大电路只有电流放大作用，没有电压放大，有电压跟随作用。在三种组态中，输入电阻最高，输出电阻最小，最适于信号源与负载的隔离和匹配，可用于输入级、输出级或缓冲级。共基极放大电路只有电压放大作用，没有电流放大，有电流跟随作用，输入电阻小，输出电阻与集电极电阻有关。高频特性较好，常用于高频或宽频带低输入阻抗的场合。

习题 2.8 最常用的耦合方式是直接耦合和阻容耦合。

直接耦合就是把前级的输出端和后级的输入端直接相连的耦合方式。其特点是可以传递缓慢变化的低频信号或直流信号。直接耦合放大电路存在两个问题：前、后级静态工作点相互影响，相互牵制。阻容耦合就是前后级间采用电容连接，只能传输交流信号，不能用来放大缓慢变化的低频信号和直流信号，特别是在集成电路中，由于制作大容量的耦合电容困难，因而无法采用阻容耦合方式。

习题 2.9 三极管工作于放大区：$I_C = \beta I_B$，而 $I_B = \dfrac{V_{CC} - V_{BE}}{R_b}$，所以 $V_{CE} = V_{CC} - \beta I_B R_C$。

三极管工作于饱和区：$V_{CE} = V_{CES}$。

三极管工作于截止区：$I_C \approx 0$，$V_{CE} = V_{CC}$。

习题 2.10 (a)不能。因为集电极的电位固定不变。输出电压 $v_o = 0$。

（b）不能。静态工作点不合适。在信号的负半周，三极管的发射结将处于反偏截止状态，输出信号产生截止失真。

习题 2.11 （1）交直流负载线的交点是静态工作点。线 AB 为直流负载线，MN 为交流负载线，由题 2.11 图可知

$$I_{CQ} = 2\text{mA}, \quad I_{BQ} = 40\mu\text{A}, \quad V_{CEQ} = 4\text{V}$$

$$\therefore \beta = \frac{I_{CQ}}{I_{BQ}} = 50, \quad V_{CC} = 10\text{V}, \quad 又 \because I_{CQ} = \frac{V_{CC} - V_{CEQ}}{R_C}, \quad \therefore R_C = \frac{(10 - 4)\text{V}}{0.2\text{mA}} = 3\text{k}\Omega$$

$$\because I_{BQ} = \frac{V_{CC} - V_{BEQ}}{R_b}, \quad \therefore R_b = \frac{9.3\text{V}}{40\mu\text{A}} = 233\text{k}\Omega。\quad 交流负载线 MN 的斜率为 -\frac{1}{R'_L} = -1,$$

$R'_L = R_C \mathbin{/\mkern-5mu/} R_L, \quad \therefore R_L = 1.5\text{k}\Omega。$

（2）由题 2.11 图可知，最大不失真输出电压峰值 $V_{om} = 2\text{V}$，$r_{be} = 200 + \dfrac{26}{I_{BQ}} = 850\Omega$，

$$\therefore A_v = -\beta\frac{R'_L}{r_{be}} = -59.8, \quad V_{im} = \left|\frac{V_{om}}{A_v}\right| = 34\text{mV}。$$

习题 2.12 共射级的放大电路为反相放大电路，输出电压的正半周对应输入电压的负半周，若发生失真，则为输入信号变小时工作点移至截止区所致，为截止失真。输出电压的负半周 对应输入电压的正半周，若发生失真，则为输入信号变大时工作点移至饱和所致，为饱和失真。题 2.12 图（b），v_o 负半周失真，为饱和失真。题 2.12 图（c），v_o 正半周失真，为截止失真。

习题 2.13 微变等效电路如解 2.13 图所示：

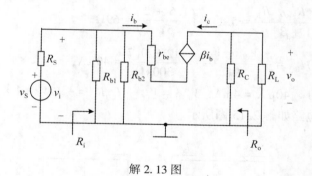

解 2.13 图

（2）因为 $V_{BQ} = \dfrac{R_{B2}}{R_{B1} + R_{B2}}V_{CC} = \dfrac{10}{33 + 10} \times 24 = 5.58(\text{V})$

所以 $I_{EQ} = \dfrac{V_{BQ} - V_{BEQ}}{R_E} = \dfrac{5.58 - 0.7}{1500} = 3.25(\text{mA})$

所以三级管输入电阻 $r_{be} = 200 + (1 + 66)\dfrac{26\text{mV}}{3.25\text{mA}} = 735(\Omega)$

（3）电压放大倍数 $A_v = \dfrac{v_o}{v_i} = \dfrac{-\beta i_b(R_C \mathbin{/\mkern-5mu/} R_L)}{i_b r_{be}} = \dfrac{-66(3.3 \mathbin{/\mkern-5mu/} 5.1)}{0.735} = -180$

(4) 放大电路输入电阻 $R_i = R_{B1} /\!/ R_{B2} /\!/ r_{be} = 33 /\!/ 10 /\!/ 0.735 = 0.67(k\Omega)$

输出电阻 $R_o = R_C = 3.3k\Omega$。

习题 2.14 (1) 原电路的微变等效电路如解 2.14 图所示。

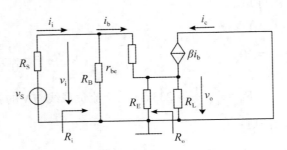

解 2.14 图

(2) $I_{BQ} = \dfrac{V_{CC} - V_{BE}}{R_B + (1+\beta)R_E} = \dfrac{12 - 0.7}{300k + (1+49)5.1k\Omega} = 0.02mA$,

$r_{be} = 200 + (1+\beta)\dfrac{26mV}{I_{EQ}} = 200 + \dfrac{26mV}{I_{BQ}} = 1.5k\Omega$,

$A_v = \dfrac{v_o}{v_i} = \dfrac{i_e(R_E /\!/ R_L)}{i_b r_{be} + i_e(R_E /\!/ R_L)} = \dfrac{(1+\beta)(R_E /\!/ R_L)}{r_{be} + (1+\beta)(R_E /\!/ R_L)} \approx 0.98$。

(3) $R_i = R_B /\!/ [r_{be} + (1+\beta)(R_E /\!/ R_L)] = 300 \times 10^3 /\!/ (1.5 + 50 \times 1.44) = 59k\Omega$,

$R_o = R_E /\!/ \dfrac{r_{be} + R_S /\!/ R_B}{1+\beta} = 5.1 /\!/ \left(\dfrac{1.5 + 2}{51}\right) = 69\Omega$。

习题 2.15 (1) $I_{BQ} = \dfrac{-V_{CC} - V_{BEQ}}{R_B} = \dfrac{12 - 0.7}{300k\Omega} = 40\mu A$,

$I_{CQ} = \beta I_{BQ} = 100 \times 40\mu A = 4mA$, $V_{CEQ} = V_{CC} + I_{CQ}R_C = -12V + 4 \times 2 = -4V$。

(2) 微变等效电路如解 2.15 图所示。

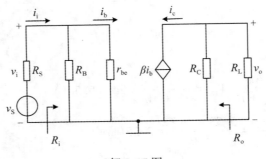

解 2.15 图

(3) $r_{be} = 200 + \dfrac{26mV}{I_{BQ}} = 200 + \dfrac{26mV}{40 \times 10^{-3}} = 856.5\Omega$,

$$A_v = \frac{v_o}{v_i} = \frac{-\beta i_b (R_C /\!/ R_L)}{i_b r_{be}} = -\frac{100 \times (4 /\!/ 2)}{0.857} = -155.67,$$

输入电阻 $R_i = R_B /\!/ r_{be} = 300 /\!/ 0.857 \approx 0.857\mathrm{k\Omega}$,

输出电阻 $R_o = R_C = 2\mathrm{k\Omega}$。

(4) 由于三极管是 PNP 管，故当 v_s 大于某一值，如 $V_B > -0.7\mathrm{V}$，使得 $V_{EB} < 0.7\mathrm{V}$，则三极管截止，出现截止失真，是由于 Q 点太低造成的，应使 I_{BQ} 增大，从而使 Q 点上移，为此减小 R_B 即可以消除失真。

习题 2.16 (1) 电路的输出功率：$P_o = \dfrac{V_o^2}{R_L} = \dfrac{10^2}{30} = 3.33\mathrm{W}$,

直流电压提供的平均功率为：$P_E = \dfrac{2V_{CC}V_{om}}{\pi R_L} = \dfrac{2 \times 20 \times 10\sqrt{2}}{\pi \times 30} = 6\mathrm{W}$,

所以，电路的效率为：$\eta = \dfrac{P_o}{P_E} = \dfrac{3.33}{6} = 55.5\%$。

(2) 电路的输出功率：$P_o = \dfrac{V_{om}^2}{2R_L} = \dfrac{20^2}{60} = 6.67\mathrm{W}$,

直流电压提供的平均功率为：$P_E = \dfrac{2V_{CC}V_{om}}{\pi R_L} = \dfrac{2 \times 20 \times 20}{\pi 30} = 8.49\mathrm{W}$,

所以，电路的效率为：$\eta = \dfrac{P_o}{P_E} = 78.5\%$。

第三章　反 馈 电 路

习题 3.1　反馈是指将放大电路输出回路中的电量(电压或电流)的一部分或全部，经过一定的电路(称为反馈回路)送回到输入回路，从而对放大电路的输出量进行自动调节的过程。

根据反馈的极性不同，可以分为正反馈和负反馈。引入反馈后，若原输入信号和反馈信号叠加的结果是使净输入减小($x_d < x_i$)，从而使闭环增益减小，则为负反馈；引入反馈后，若原输入信号和反馈信号叠加的结果是使净输入增加($x_d > x_i$)，从而使闭环增益增加，则为正反馈。

根据反馈信号与外加输入信号在放大电路输入回路中的比较对象不同来分类，可以分为并联反馈与串联反馈。在并联反馈中，输入信号、反馈信号和净输入信号均以电流形式体现三者的求和关系；在串联反馈中，输入信号、反馈信号和净输入信号均以电压形式体现三者的求和关系。

根据反馈信号对输出回路的取样对象不同可分为电压反馈与电流反馈。在电压反馈中，反馈网络、负载和基本放大电路三者是并联关系。反馈信号 x_f 对输出电压 v_o 取样且正比于 v_o，即 $x_f = Fv_o$；在电流反馈中，反馈网络、负载和基本放大电路三者是串联关系，反馈信号 x_f 对输出电流 i_o 取样且正比于 i_o，即 $x_f = Fi_o$。在串联反馈中，反馈网络串联连接在基本放大电路的输入回路中。

习题 3.2 (1)(6)是电压负反馈，它们能稳定输出电压，同时降低输出电阻；

(2)(5)是电流负反馈，它们能稳定输出电流，同时提高输出电阻；

(3)是串联负反馈，能提高输入电阻；

(4)是并联负反馈，能降低输入电阻。

习题 3.3 (1) B B (2)C (3)① A ② B ③ B ④ A ⑤ B

习题 3.4 (1)错误。因为 $A_f = \dfrac{A}{1 + AF} \approx \dfrac{1}{F}$。闭环增益只与反馈网络的系数有关，而与基本放大电路的开环增益无关。

(2)错误。闭环增益只与反馈网络的系数有关，而与基本放大电路的开环增益无关。

(3)错误。虽然闭环增益与基本放大电路的开环增益无关，但是不能去掉的。

(4)正确。

习题 3.5 (a)反馈网络：R_2，R_1；根据瞬时极性法，根据瞬时极性法，假设输入端（运放反相端）的极性为"+"，运放输出端的极性是"−"，经过电阻（反馈网络）反馈到运放的反相端为"−"，输入信号和反馈信号在同一点引入，极性相反，构成了负反馈。输入信号与反馈信号相交于同一点，构成了并联反馈；反馈信号与输出信号相交于同一点，构成了电压反馈，综合起来就构成了电压并联负反馈；

(b)反馈网络：R_F，R_{E1}；电流并联负反馈；

(c)反馈网络：R_2，R_1；电压串联负反馈；

(d)反馈网络：A_2，R_3；电压并联负反馈。

习题 3.6

$$A_f = \frac{A}{1 + AF} = \frac{v_o}{v_i} = \frac{150}{3} = 50$$

$$A = \frac{v_o}{v_i} = \frac{3000}{3} = 1000$$

求解可得，$F = \dfrac{1}{20} = 0.05$。

反馈深度 $1 + AF = 1 + 1000 \times 0.05 = 21$。

习题 3.7 (a)同相放大电路，直接带入增益公式求解，

$$v_o = \left(1 + \frac{33k\Omega}{33k\Omega}\right)v_i = 2 \times 0.1V = 0.2V$$

(b)电压跟随器，直接带入增益公式求解，

$$v_o = v_i = 1V$$

(c)利用"虚短""虚断"的概念：$v_P = v_N$，$i_P = i_N = 0$。

$$v_o = 1mA \times 10k\Omega = 10V$$

(d)利用"虚短""虚断"的概念：$v_P = v_N$，$i_P = i_N = 0$。

$$v_{P2} = v_i = 1V$$

$$v_{N2} = v_{P2} = 1V$$

$$v_o = v_{P2} = v_{N2} = 1V$$

习题 3.8
$$v_{o1} = \frac{10k\Omega + 110k\Omega}{10k\Omega} \quad \frac{30k\Omega}{30k\Omega + 15k\Omega} = 8v_i$$

$$v_o = v_{o1} = 8v_i = 800\sin\omega t$$

习题 3.9 (1)S_1 和 S_3 闭合、S_2 断开时，构成反相放大电路，$v_o = -v_i$；

(2)S_1 和 S_2 闭合、S_3 断开时，$v_{P1} = v_{N1} = v_i$，$i = 0$，$v_o = v_i$；

(3)S_2 闭合、S_1 和 S_3 断开时，构成同相放大电路。$v_{P1} = v_{N1} = v_i$，$v_o = v_i$；

(4)S_1、S_2、S_3 闭合时，构成反相放大电路，$v_o = -v_i$。

习题 3.10
$$V_{o1} = -\frac{100k\Omega}{20k\Omega} \times v_i = -\frac{100k\Omega}{20k\Omega} \times 1V = -5V$$

$$V_{o2} = -\frac{10k\Omega}{10k\Omega} \times V_{o1} = 5V$$

$$V_o = V_{o2} - V_{o1} = 5V - (-5V) = 10V$$

习题 3.11 代入反相加法器公式，
$$\frac{v_{i1}}{20k\Omega} + \frac{v_{i2}}{15k\Omega} + \frac{v_{i3}}{10k\Omega} = \frac{-v_o}{30k\Omega}$$

$$v_o = -(1.5v_{i1} + 2v_{i2} + 3v_{i3})$$

将 $v_o = 3V$，$v_{i1} = 1V$，$v_{i2} = -4.5V$ 代入表达式中，可求出 $v_{i3} = 1.5V$。即 v_{i3} 为 $1.5V$ 时发出报警信号。

第四章　波形产生及变换电路

习题 4.1 (1)振荡的平衡条件。

振幅平衡条件　　$|\dot{A}\dot{F}| = AF = 1$

相位平衡条件　　$\varphi_A + \varphi_F = 2n\pi(n = 0, 1, 2, \cdots)$

(2)振荡的起振条件。

振幅起振条件　　$|\dot{A}\dot{F}| = AF > 1$

相位起振条件　　$\varphi_A + \varphi_F = 2n\pi(n = 0, 1, 2, \cdots)$

习题 4.2 (a)运算放大电路构成反相放大电路，输出反馈引入到运放的反相端，并在反相端断开，$\varphi_A = 180°$。反馈网络由 RC 串并联网络构成，当 $\omega = \omega_0 = \dfrac{1}{2\pi RC}$ 时，$\varphi_F = 0°$，故 $\varphi_A + \varphi_F = 180°$，不满足相位平衡条件，不能振荡。

(b)共射组态，输出反馈引入到基极，断开基极输出，并在基极加上"+"极性，则三级管的集电极输出"-"，$\varphi_A = 180°$，反馈网络由 RC 串并联网络构成，当 $\omega = \omega_0 = \dfrac{1}{2\pi RC}$ 时，$\varphi_F = 0°$，故 $\varphi_A + \varphi_F = 180°$，不满足相位平衡条件，不能振荡。

(c)T 组成共基组态，三极管发射极相连的是 L_1 和 L_2，集电极相连的是 C_2 和 L_2，基极相连的是 C_2 和 L_1。符合三点式振荡电路的组成法则，构成电感三点式振荡电路。可以振荡。

（d）运放构成了反相放大电路，同相端连接了 L 和 C_2，反相端连接了 C_1 和 C_2，运放输出端连接了 C_1 和 L，不符合三点式振荡电路的组成法则，不能振荡。

习题 4.3 （1）RC 正弦波振荡器；（2）RC 正弦波振荡器。

习题 4.4 （a）根据集成运放三点式振荡电路的组成法则，C_2 和 C_1 之间连接的是运放的同相端，则 L 和 C_1 之间连接的是运放的反相端。

（b）根据集成运放三点式振荡电路的组成法则，L_1 和 L_2 之间连接的是运放的同相端，则 L_1 和 C 之间连接的是运放的反相端。

习题 4.5 （1）假设开始时 $v_o = 6V$，输入电压 v_I 上升时，当 $v_I > V_{TH} = 2V$，v_o 由 6V 跳变到 0V；输入电压 v_I 下降时，当 $v_I < V_{TL} = 0V$，v_o 由 0V 跳变到 6V；

（2）波形如解 4.5 图所示。

习题 4.6 （1）当 $v_I = 3V$，$v_{o1} = 3V$，$v_{o2} = 12V$，二极管 D 导通，T 导通，$v_o = 0.3V$；

（2）当 $v_I = 7V$，$v_{o1} = 7V$，$v_{o2} = -12V$，二极管 D 和三极管 T 都截止，$v_o = 6V$；

（3）当 $v_I = 10\sin\omega t(V)$ 时，v_I、v_{o1}、v_o 的波形如解 4.6 图所示。

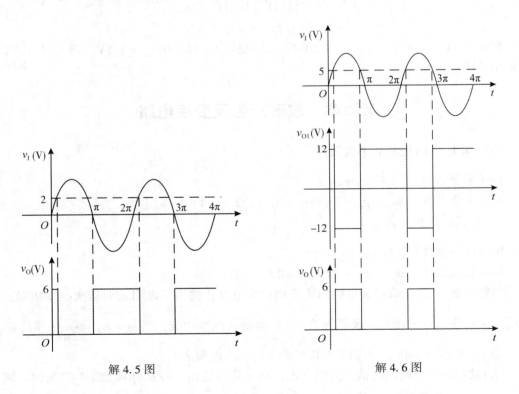

解 4.5 图 　　　　　　　　　　　　　 解 4.6 图

习题 4.7 （1）门限值 V_{th} 应为二种状态的临界值，即 $V_- = V_+$ 时的状态。

$\frac{1}{2}(v_I + V_{REF}) = V_- = V_+ = 0$，所以 $v_{th} = v_I - V_{REF} = 2V$。

（2）当 $v_I > v_{th}$ 时，$V_- = \frac{1}{2}(v_I + V_{REF}) > 0$，所以 $v_o = -6V$。

（3）当 $v_{\mathrm{I}} < v_{\mathrm{th}}$ 时，$V_- = \dfrac{1}{2}(v_{\mathrm{I}} + V_{\mathrm{REF}}) < 0$，所以 $v_{\mathrm{o}} = 6\mathrm{V}$。

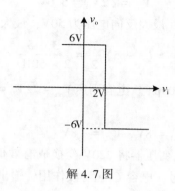

解 4.7 图

第五章　直流稳压电源

习题 5.1　（1）在 v_2 的正半周，D_1、D_4 都截止，负载上没有输出波形，在 v_2 的负半周，整流管 D_1、D_4 短路，流过整流管 D_1、D_4 的电流太大而烧坏。

（2）在 v_2 的负半周，D_2 短路，D_1 和负载上没有电流流过，负载上没有输出波形，流过整流管 D_2 的电流太大而烧坏。

（3）在 v_2 的正半周，D_1 开路，负载上没有输出波形，在 v_2 的负半周，整流管 D_2、D_4 短路，负载上有电流流过，输出半个周期的波形。

习题 5.2　（1）√；（2）×。

习题 5.3　（1）A；（2）C；（3）C；（4）B。

习题 5.4　输出电压的变化量由反馈网络取样经比较放大电路放大后去控制调整管的 c-e 之间的电压降，从而达到稳定输出电压 V_{o} 的作用。

稳压过程可表示为：

$$V_{\mathrm{I}} \uparrow \text{ 或 } R_{\mathrm{L}} \uparrow \rightarrow V_{\mathrm{o}} \uparrow \rightarrow V_{\mathrm{f}} \uparrow \rightarrow V_{\mathrm{B}} \downarrow \rightarrow I_{\mathrm{B}} \downarrow \rightarrow I_{\mathrm{C}} \downarrow \rightarrow V_{\mathrm{CE}} \uparrow$$
$$V_{\mathrm{o}} \downarrow \longleftarrow \underline{\hspace{6cm}}$$

影响稳压性能的特性指标由允许的输入电压、输出电压、输出电流及输出电压的调节范围。用来衡量输入直流电压的稳定程度，包括稳压系数、电压调整率、电流调整率、输出电阻、温度系数及纹波电压等。

习题 5.5　选择整流管型号：通过二极管的平均电流和二极管承受的最大反向电压分别为：

$$I_{\mathrm{D}} = \frac{V_{\mathrm{o}}}{2R_{\mathrm{L}}} = \frac{4.8\mathrm{V}}{2 \times 100\Omega} = 0.024\mathrm{A} = 24\mathrm{mA}$$

$$V_{\mathrm{D}} = \frac{V_{\mathrm{o}}}{1.1 - 1.2}$$

取
$$V_D = \frac{4.8V}{1.2} = 4V$$

和
$$V_{rm} = \sqrt{2}\,V_D = 5.6V$$

可选择 1N4001 整流二极管(最大反向电压为 50V,最大平均电流为 24mA)。

选择滤波电容器:$t_d = R_L C \geqslant (3-5)\dfrac{T}{2} = \dfrac{3-5}{2 \times 50Hz} = (3-5) \times 0.01s$

取 $t_d = 0.05s$,$C = t_d/R_L = 500\mu F$。电容耐压 $V_{rm} = \sqrt{2}\,V_D = 5.6V$。故选择 $680\mu F/10V$ 的电解电容。

习题 5.6 (1)输出电压 $V_{o1} = 8V$,$V_{o2} = -8V$。

(2)电路的工作原理如下:变压器将 220V 变换成有效值为 V_2 的交流信号,整流桥将交流信号变换成脉动的交流信号。电容 C_1 起滤波作用,输出电压是 $1.2V_2$,分别经过三端稳压芯片 7808,7908 输出+8V、-8V 的直流电压。

第六章 数字逻辑基础

习题 6.1 (1)$(110010111)_2 = 1 \times 2^8 + 1 \times 2^7 + 1 \times 2^4 + 1 \times 2^2 + 1 \times 2^1 + 1 \times 2^0 = (407)_{10}$;

(2)$(101011.1101)_2 = 1 \times 2^5 + 1 \times 2^3 + 1 \times 2^1 + 1 \times 2^0 + 1 \times 2^{-1} + 1 \times 2^{-2} + 1 \times 2^{-4} = (43.8125)_{10}$。

习题 6.2 (1)$(45)_{10} = (101101)_2$;

(2)$(63.92)_{10?} = (111111.11101)_2$。

习题 6.3 (1)$ABC + \overline{A} + \overline{B} + \overline{C} = \overline{A} + BC + \overline{B} + \overline{C} = \overline{A} + C + \overline{B} + \overline{C} = 1 + \overline{A} + \overline{B} = 1$;

(2)$\overline{A}\,\overline{B} + A\overline{B} + \overline{A}B = (\overline{A} + A)\overline{B} + \overline{A}B = \overline{B} + \overline{A}B = \overline{A} + \overline{B}$;

(3)$\overline{\overline{A}B + A\overline{B}} = \overline{\overline{A}B} \cdot \overline{A\overline{B}} = (A + \overline{B}) \cdot (\overline{A} + B) = A\overline{A} + AB + \overline{A}\,\overline{B} + B\overline{B} = AB + \overline{A}\,\overline{B}$。

习题 6.4 (1)$L = A(\overline{A} + B) + B(B + C) + B$

$\qquad = A\overline{A} + AB + B + BC + B = AB + B + BC$

$\qquad = B(1 + A + C) = B$;

(2)$L = (\overline{A} + \overline{B} + \overline{C})(B + \overline{B} + C)(C + \overline{B} + \overline{C}) = (\overline{A} + \overline{B} + \overline{C})(1 + C)(1 + \overline{B})$

$\qquad = \overline{A} + \overline{B} + \overline{C}$;

(3)$L = (A + AB + ABC)(A + B + C) = A(1 + B + BC)(A + B + C)$

$\qquad = A \cdot A + AB + AC = A(1 + B + C) = A$;

(4)$L = \overline{\overline{CD} + \overline{C}\,\overline{D}} \cdot \overline{\overline{AC} + \overline{D}} = (\overline{\overline{CD}} \cdot \overline{\overline{C}\,\overline{D}}) \cdot (\overline{\overline{AC}} \cdot \overline{\overline{D}})$

$\qquad = (\overline{C} + \overline{D}) \cdot (C + D) \cdot (A + \overline{C}) \cdot D$;

$\qquad = \overline{C}D \cdot (C + D) \cdot (A + \overline{C}) = \overline{C}D \cdot (A + \overline{C}) = A\overline{C}D + \overline{C}D = \overline{C}D$;

（5）$L = \overline{\overline{BC} + \overline{AB} + A\overline{C}} = \overline{\overline{BC}} \cdot \overline{\overline{AB}} \cdot \overline{A\overline{C}} = (\overline{B} + \overline{C}) \cdot (\overline{A} + \overline{B}) \cdot (\overline{A} + C)$

$\qquad = (\overline{A}\,\overline{B} + \overline{B} + \overline{A}C + \overline{B}C) \cdot (\overline{A} + C) = [\overline{B} \cdot (\overline{A} + 1 + \overline{C}) + \overline{A}C] \cdot (\overline{A} + C)$

$\qquad = (\overline{B} + \overline{A}C) \cdot (\overline{A} + C) = \overline{A}\,\overline{B} + \overline{B}C + \overline{A}C$。

习题 6.5　（1）$\overline{L} = (\overline{A} + \overline{B}) \cdot (A + \overline{C}) \cdot (\overline{B} + C)$，$L^* = \overline{(A + B) \cdot (\overline{A} + C) \cdot (B + \overline{C})}$；

（2）$\overline{L} = (\overline{A} + \overline{B} + \overline{D}) \cdot (A + B + \overline{C}) \cdot (\overline{B} + \overline{C} + \overline{D})$，$L^* = \overline{(A + B + D) \cdot (\overline{A} + B + C) \cdot}$
$\overline{(B + \overline{C} + D)}$。

习题 6.6　或与：$L = AD + B\overline{D} + \overline{C} = (A + \overline{C} + \overline{D}) \cdot (A + B + \overline{C})$；

与非 – 与非：$L = AD + B\overline{D} + \overline{C} = \overline{\overline{AD + B\overline{D} + \overline{C}}} = \overline{\overline{AD} \cdot \overline{B\overline{D}} \cdot C}$；

与或非：$L = AD + B\overline{D} + \overline{C} = (A + \overline{C} + \overline{D}) \cdot (A + B + \overline{C}) = \overline{\overline{(A + \overline{C} + \overline{D}) \cdot (A + B + \overline{C})}}$

$\qquad = \overline{\overline{(A + \overline{C} + \overline{D})} + \overline{(A + B + \overline{C})}} = \overline{\overline{A}CD + \overline{A}\,\overline{B}C}$。

习题 6.7　（1）$L = \overline{A}\,\overline{C}D + \overline{A}B\overline{D} + ABD + A\overline{C}\overline{D}$

$\qquad\qquad = \overline{A}\,\overline{C}D(B + \overline{B}) + \overline{A}B\overline{D}(C + \overline{C}) + ABD(C + \overline{C}) + A\overline{C}\overline{D}(B + \overline{B})$

$\qquad\qquad = \sum m(1, 4, 5, 6, 8, 12, 13, 15)$

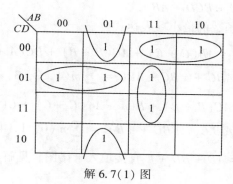

解 6.7(1) 图

$\qquad L = \overline{AB}\,\overline{D} + \overline{A}\,\overline{C}D + ABD + A\overline{C}\,\overline{D}$

（2）通过观察法将函数直接填入卡诺图，如下图所示。

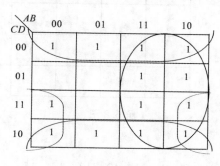

解 6.7(2) 图

$$L = A + \overline{D} + \overline{B}C$$

$$(3)\,L = (\overline{A}\,\overline{B} + B\,\overline{D})\,\overline{C} + BD\,\overline{\overline{\overline{A}\,\overline{C}}} + \overline{D} \cdot \overline{A + \overline{B}}$$

$$= \overline{A}\,\overline{B}\,\overline{C} + B\,\overline{C}\,\overline{D} + BD(A + C) + \overline{D}AB$$

$$= \overline{A}\,\overline{B}\,\overline{C}(\overline{D} + D) + B\,\overline{C}\,\overline{D}(\overline{A} + A) + ABD(\overline{C} + C) + BCD(\overline{A} + A) + AB\,\overline{D}(\overline{C} + C)$$

$$= \overline{A}\,\overline{B}\,\overline{C}\,\overline{D} + \overline{A}\,\overline{B}\,\overline{C}D + \overline{A}B\,\overline{C}\,\overline{D} + AB\,\overline{C}\,\overline{D} + AB\,\overline{C}D + ABCD + \overline{A}BCD + ABC\,\overline{D}$$

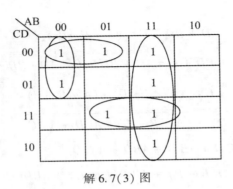

解 6.7(3) 图

$$L = \overline{A}\,\overline{C}\,\overline{D} + \overline{A}\,\overline{B}\,\overline{C} + BCD + AB$$

习题 6.8 写出下列函数的最小项表达式。

$$(1)\,L = AB + \overline{A}C + B\overline{C} = AB(C + \overline{C}) + \overline{A}C(B + \overline{B}) + B\overline{C}(A + \overline{A})$$

$$= ABC + AB\overline{C} + \overline{A}BC + \overline{A}\,\overline{B}C + \overline{A}B\overline{C} = \sum m(1,\ 2,\ 3,\ 6,\ 7);$$

$$(2)\,L = AC + \overline{B} + \overline{C} = AC(B + \overline{B}) + \overline{B}(A + \overline{A})(C + \overline{C}) + \overline{C}(A + \overline{A})(B + \overline{B})$$

$$= ABC + A\overline{B}C + A\,\overline{B}\,\overline{C} + \overline{A}\,\overline{B}C + \overline{A}\,\overline{B}\,\overline{C} = \sum m(0,\ 1,\ 4,\ 5,\ 7);$$

(3) 利用观察法将 $L = AD + B\overline{D} + \overline{C}$ 直接填入卡诺图，见解 6.8 图。

CD＼AB	00	01	11	10
00	1	1	1	1
01	1	1	1	1
11			1	1
10		1	1	

解 6.8 图

$$L = \sum m(0,\ 1,\ 4,\ 5,\ 6,\ 8,\ 9,\ 11,\ 12,\ 13,\ 14,\ 15)$$

第七章　逻辑门电路

习题 7.1　参考相关章节内容。

习题 7.2　题 7.2 图(a)为非门，它能实现将输入信号取反的逻辑功能；

题 7.2 图(b)为与门，它能实现将两输入信号相与的逻辑功能；

题 7.2 图(c)为异或门，它能实现判断输入端信号是否相同的逻辑功能，相同输出"0"，相异输出"1"。

具体的工作波形如下图所示：

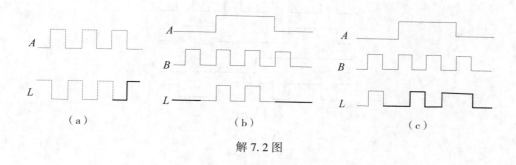

解 7.2 图

习题 7.3　(1)要直接线与，可将题 7.3 图(a)中非门用特殊 OC 非门代替或者直接换用或非门来实现 $L = \overline{A + B}$。如解 7.3 图(a)所示。

(2)要实现 $L = A + B$，可如解 7.3 图(b)所示两种方式连接。

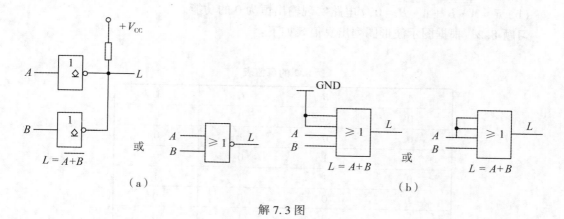

解 7.3 图

习题 7.4　都可以。"与非"门和"或非"门可以直接将其输入端接在一起构成一个输入端。对于"异或"门可以将变量从其中一个输入端接入，剩余输入端全部接高电平"1"。

习题 7.5　由题 7.5 图所示电路连接方式，得各输出表达式如下：

(1) $Y_1 = 1$;

(2) $Y_2 = 0$;

(3) 题 7.5 图所示低电平有效的使能端 EN 接高电平"1"，故输出 Y_3 为高阻态。

习题 7.6　当 $EN = 0$ 时，三态门非门 2 工作，能将总线上数据取反输出，而非门 1 输出高阻态；

当 $EN = 1$ 时，三态门非门 1 工作，能将外部输入数据传输到总线上，非门 2 输出高阻态。

习题 7.7　由三态门的逻辑功能和图题所示输入工作波形，得输出波形如下：

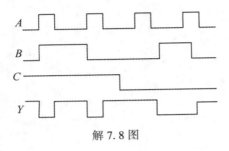

解 7.8 图

第八章　组合逻辑电路

习题 8.1　(a) $F = \overline{(\overline{A} + \overline{ABC}) \cdot (\overline{B} + \overline{ABC})} = \overline{\overline{A} + \overline{ABC}} + \overline{\overline{B} + \overline{ABC}} = \overline{ABC}$，
电路实现变量 A，B，C 与非的功能。

(b) $F = \overline{\overline{A \cdot B} + \overline{A \cdot B}} = 0$，电路实现输出恒为 0 的功能。

习题 8.2　根据图示波形图列出真值表如下：

题 8.2 的真值表

A	B	C	L
0	0	0	0
0	0	1	0
0	1	0	0
0	1	1	1
1	0	0	0
1	0	1	0
1	1	0	1
1	1	1	1

由真值表推导表达式得：$L = \overline{A}BC + AB\overline{C} + ABC$。

习题 8.3 设定输入变量 ABC 取值为 1 时，代表键按下，取值为 0 时，代表不按。输出 L 取值为 1 时，代表开锁。根据题意写出表达式 $L = ABC + AB\overline{C} = AB$，逻辑电路如解 8.3 图所示。

习题 8.4 先根据描述列出逻辑表达式，化简逻辑表达式，画出电路图。

设定输入变量 AB 分别代表正、副指挥员，取值为 1 时，代表发出命令，取值为 0 时，代表没发出命令。CD 代表操纵员，取值为 1 时，代表按下按钮，取值为 0 时，代表不按。输出变量 L 取值为 1 时，代表产生点火信号。取值为 0 时，代表不能产生点火信号。根据题意得表达式 $L = AB(C + D) = \overline{\overline{ABC} \cdot \overline{ABD}}$，逻辑电路如解 8.4 图所示。

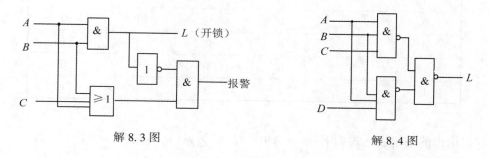

解 8.3 图   解 8.4 图

习题 8.5 用 3 线-8 线译码器实现组合逻辑函数，应现将逻辑表达式转换为最小项表达式。

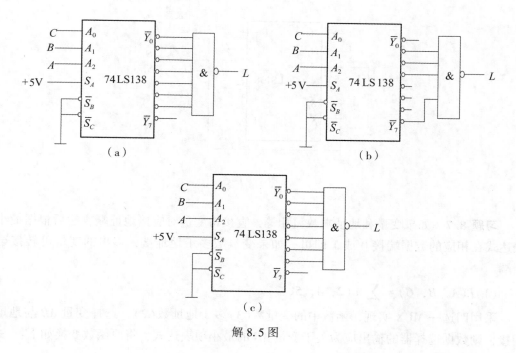

解 8.5 图

(1) $L_1 = AB + \overline{ABC} = \sum m(0, 1, 2, 3, 4, 5, 6)$，逻辑电路如解 8.5 图(a)所示。

(2) $L_1 = ABC + \overline{A}(B + C) = \sum m(1, 2, 3, 7)$，逻辑电路如解 8.5 图(b)所示。

(3) $L_1 = \overline{AB} + A\overline{C} + A\overline{BC} = \sum m(0, 1, 2, 3, 4, 5, 6)$，逻辑电路如解 8.5 图(c)所示。

习题 8.6 两位二进制数平方的结果应用四位输出表示，先列出真值表，然后根据真值表写出各路输出的逻辑表达式。

根据题意列真值表如下：

题 8.6 的真值表

A	B	S_3	S_2	S_1	S_0
0	0	0	0	0	0
0	1	0	0	0	1
1	0	0	1	0	0
1	1	1	0	0	1

四路输出的逻辑表达式如下：$S_0 = \overline{A}B + AB = \sum m(1, 3)$，$S_1 = 0$，

$S_2 = A\overline{B} = m_2$，$S_3 = AB = m_3$。根据表达式设计电路解 8.6 图所示。

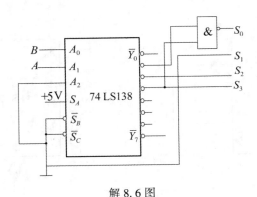

解 8.6 图

习题 8.7 如果变量和地址端数目相等，直接将变量对应接地址端，然后根据最小项表达式在相应的数据端接 0 或 1 即可。如果变量数多于地址端，多出的变量可转接至数据端。

(1)$L(A, B, C) = \sum m(2, 4, 5, 7)$。

采用四选一 MUX 实现，函数中的变量数(3)多于地址数(2)，选择变量 AB 与地址端相接，则数据选择器的输出应为关于变量 AB 的最小项表达式，将原函数变换如下：

$$L(A, B, C) = \sum m(2, 4, 5, 7) = \overline{A}B \cdot \overline{C} + A\overline{B} \cdot \overline{C} + A\overline{B} \cdot C + AB \cdot C = \overline{A}B \cdot \overline{C} + A\overline{B} + AB \cdot C,$$

由表达式可知 $D_0 = 0$，$D_1 = \overline{C}$，$D_2 = 1$，$D_3 = C$。逻辑电路设计如解 8.7(1)图所示。

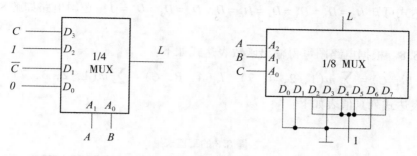

解 8.7(1)图

采用八选一 MUX 实现，函数中的变量数(3)等于地址数(3)，函数表达式无需变换，可得

$D_0 = D_1 = D_3 = D_6 = 0$，$D_2 = D_4 = D_5 = D_7 = 1$。逻辑电路设计如解 8.7(1)图所示。

(2) $L(A, B, C, D) = \sum m(1, 3, 7, 9, 13)$。

采用四选一 MUX 实现，函数中的变量数(4)多于地址数(2)，选择变量 AB 与地址端相接，则数据选择器的输出应为关于变量 AB 的最小项表达式，将原函数变换如下：

$$L(A, B, C) = \sum m(1, 3, 7, 9, 13)$$
$$= \overline{A}\,\overline{B} \cdot \overline{C}D + \overline{A}\,\overline{B} \cdot CD + \overline{A}B \cdot CD + A\overline{B} \cdot \overline{C}D + AB \cdot \overline{C}D$$
$$= \overline{A}\,\overline{B} \cdot (\overline{C}D + CD) + \overline{A}B \cdot CD + A\overline{B} \cdot \overline{C}D + AB \cdot \overline{C}D$$

由表达式可知 $D_0 = \overline{C}D + CD$，$D_1 = CD$，$D_2 = \overline{C}D$，$D_3 = \overline{C}D$。逻辑电路如解 8.7(2)图所示。

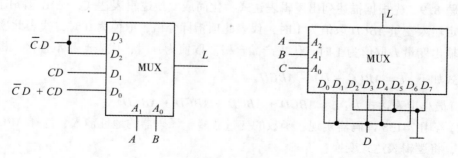

解 8.7(2)图

采用八选一 MUX 实现，函数中的变量数(4)多于地址数(3)，选择变量 ABC 与地址

端相接，则数据选择器的输出应为关于变量 ABC 的最小项表达式，将原函数变换如下：

$$L(A, B, C) = \sum m(1, 3, 7, 9, 13)$$

$$= \overline{A}\,\overline{B}\,\overline{C} \cdot D + \overline{A}\,\overline{B}C \cdot D + \overline{A}BC \cdot D + A\,\overline{B}\,\overline{C} \cdot D + AB\overline{C} \cdot D$$

由表达式可知 $D_0 = D_1 = D_3 = D_4 = D_6 = D$，$D_2 = D_5 = D_7 = 0$。逻辑电路如解 8.7(2) 图所示。

习题 8.8　根据电路图可得输出函数表达式如下：

$$L_1(A, B, C) = \sum m(1, 2, 4, 7)，L_2(A, B, C) = \sum m(1, 2, 3, 7)$$

根据表达式列真值表如下：

题 8.8 的真值表

A	B	C	L_1	L_2
0	0	0	0	0
0	0	1	1	1
0	1	0	1	1
0	1	1	0	1
1	0	0	1	0
1	0	1	0	0
1	1	0	0	0
1	1	1	1	1

电路实现的是全减器的功能，$A - B$，C 代表低位借位，L_1 表示本位差，L_2 表示向高位借位。

习题 8.9　先根据描述列出逻辑表达式，化简或变换逻辑表达式，画出电路图。

设定输入变量 ABCD 取值为 1 时，代表此项指标合格，取值为 0 时，代表此项指标不合格。输出变量 L 取值为 1 时，代表产品合格。取值为 0 时，代表产品不合格。根据题意列表达式如下：$L = AB(C + D) + \overline{A}BCD$。

(1) 最小项表达式为：$L = ABCD + ABC\overline{D} + AB\overline{C}D + \overline{A}BCD$。

(2) 若用 74138 译码器实现，函数的变量数多于译码器的地址输入，选择 ABC 与地址端相接，将逻辑表达式变换：

$$L = ABC + AB\overline{C} \cdot D + \overline{A}BC \cdot D = m_7 + (m_3 + m_6)D$$

$$= \overline{\overline{m_7 \cdot (m_3 + m_6)D}} = \overline{\overline{m_7} \cdot \overline{\overline{m_3} \cdot \overline{m_6} \cdot D}}$$

逻辑电路如解 8.9 图所示。

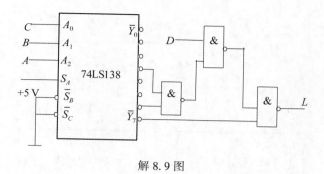

解 8.9 图

习题 8.10   在本题中，变量数为 4，可将两片 74138 级联扩展为 4/16 线译码器。扩展规律，低位仍作为地址输入，高位控制两片的使能端。

根据电路图可得真值表：

题 **8.10** 的真值表

A	B	C	D	F
0	0	0	0	0
0	0	0	1	0
0	0	1	0	1
0	0	1	1	1
0	1	0	0	0
0	1	0	1	0
0	1	1	0	1
0	1	1	1	0
1	0	0	0	1
1	0	0	1	1
1	0	1	0	1
1	0	1	1	1
1	1	0	0	1
1	1	0	1	1
1	1	1	0	1
1	1	1	1	0

输出函数表达式如下：

$$F(A,\ B,\ C,\ D) = \sum m(2,\ 3,\ 6,\ 8,\ 9,\ 10,\ 11,\ 12,\ 13,\ 14)$$

逻辑电路如解 8.10 图所示。

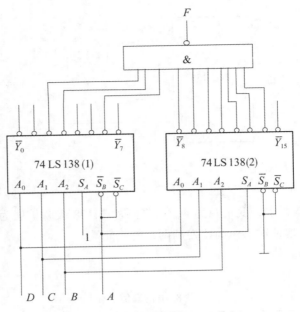

解 8.10 图

习题 8.11 如果变量和地址端数目相等，直接将变量对应接地址端，然后根据最小项表达式在相应的数据端接 0 或 1 即可。如果变量数多于地址端，多出的变量可转接至数据端。

采用八选一 MUX 实现，函数中的变量数（4）多于地址数（3），选择变量 BCD 与地址端相接，则数据选择器的输出应为关于变量 BCD 的最小项表达式，将原函数变换如下：

$$F(A, B, C, D) = \sum m(2, 3, 6, 8, 9, 10, 11, 12, 13, 14)$$

$$= A \cdot \overline{B}\,\overline{C}\,\overline{D} + A \cdot \overline{B}\,\overline{C}D + A \cdot B\,\overline{C}\,\overline{D} + A \cdot B\,\overline{C}D + B\,\overline{C}\,\overline{D} + \overline{B}\,CD + BC\,\overline{D}$$

$$= A \cdot \overline{BCD} + A \cdot \overline{BC}D + A \cdot B\,\overline{CD} + A \cdot \overline{BCD} + \overline{BCD} + \overline{B}CD + \overline{BCD}$$

由表达式可知 $D_0 = D_1 = D_4 = D_5 = A$，$D_2 = D_3 = D_6 = 1$，$D_7 = 0$。逻辑电路如解 8.11 图所示。

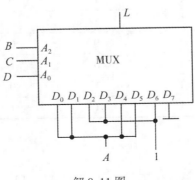

解 8.11 图

习题 8.12 根据电路图可得输出函数表达式如下：

$$F_1(A, B, C) = \overline{A}\,\overline{B}C + ABC + \overline{A}B\overline{C} + A\overline{B}\,\overline{C} = \sum m(1, 2, 4, 7),$$

$$F_2(A, B, C) = ABC + \overline{A}\,\overline{B}C + \overline{A}B\overline{C} + \overline{A}BC = \sum m(1, 2, 3, 7)$$

由表达式列真值表如下：

题 8.12 的真值表

A	B	C	F_1	F_2
0	0	0	0	0
0	0	1	1	1
0	1	0	1	1
0	1	1	0	1
1	0	0	1	0
1	0	1	0	0
1	1	0	0	0
1	1	1	1	1

电路实现的是全减器的功能，$A - B$，C 代表低位借位，F_1 表示本位差，F_2 表示向高位借位。

习题 8.13 根据电路图可得输出函数表达式如下：

$$Y(X, K_1, K_0) = (m_0 + m_3 + m_5 + m_6)Z + (m_1 + m_4)\overline{Z} + m_7$$
$$= \overline{K_1}\,\overline{K_0}(\overline{X}Z + X\overline{Z}) + \overline{K_1}K_0(XZ + \overline{XZ}) + K_1\overline{K_0}XZ + K_1K_0(X + Z),$$

$K_1K_0 = 00$ 时，实现 X，Z 异或；$K_1K_0 = 01$ 时，实现 X，Z 同或；
$K_1K_0 = 10$ 时，实现 X，Z 相与；$K_1K_0 = 11$ 时，实现 X，Z 相或。

习题 8.14 （1）用 74LS138 实现逻辑函数，函数中的变量数（4）大于地址数（3），选择变量 ABD 分别与地址端相接根据上述转换，表达式变换如下：

$$F = \overline{A}B + AD + \overline{B}\,\overline{C}\,\overline{D} = \overline{A}BD + \overline{A}B\overline{D} + ABD + A\overline{B}D + \overline{C}(\overline{A}\,\overline{B}D + A\overline{B}\,\overline{D})$$

$$= m_3 + m_2 + m_7 + m_5 + \overline{C}(m_0 + m_4) = \overline{\overline{m_3} \cdot \overline{m_2} \cdot \overline{m_7} \cdot \overline{m_5} \cdot \overline{\overline{C} \cdot \overline{m_0} \cdot \overline{m_4}}}$$

逻辑电路如解 8.14（1）图所示。

（2）用 74LS151 实现逻辑函数，函数中的变量数（4）大于地址数（3），选择变量 ABD 分别与地址端相接根据上述转换，表达式变换如下：

$$F = \overline{A}B + AD + \overline{B}\,\overline{C}\,\overline{D} = \overline{A}BD + \overline{A}B\overline{D} + ABD + A\overline{B}D + \overline{C}(\overline{A}\,\overline{B}D + A\overline{B}\,\overline{D})$$

$$= m_3 + m_2 + m_7 + m_5 + \overline{C}(m_0 + m_4)$$

由表达式可知，$D_0 = D_4 = \bar{C}$，$D_2 = D_3 = D_5 = D_7 = 1$，$D_1 = 0$ 逻辑电路如解 8.14(2)图所示。

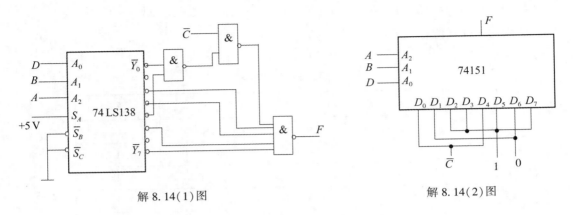

解 8.14(1)图   解 8.14(2)图

习题 8.15 如果 4 位二进制数码 $A_3A_2A_1A_0 < 1001$，则其对应的 8421BCD 码 $D_4 = 0$，如果 4 位二进制数码 $A_3A_2A_1A_0 > 1001$，则其对应的 8421BCD 码 $D_4D_3D_2D_1D_0 = D_3D_2D_1D_0 + 6$，具体电路实现如解 8.15 图所示。

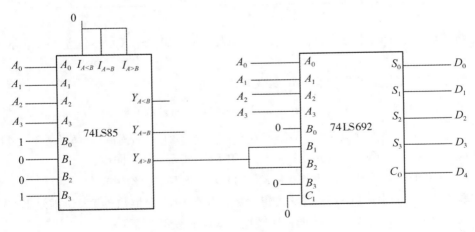

解 8.15 图

第九章　时序逻辑电路

习题 9.1 由非门构成的基本 RS 触发器的功能口诀：全 1 不变，全 0 避免，有 1 有 0，Q 与 R 相同，工作特点是低电平触发。Q 和 $\bar{Q}$ 端的波形如解 9.1 图所示。

习题 9.2 D 触发器的特性方程：$Q^{n+1} = D^n$，其逻辑功能可简记为 Q^{n+1} 与 D^n 相同，工作特点是上升沿触发。Q 和 $\bar{Q}$ 端的波形如解 9.2 图所示。

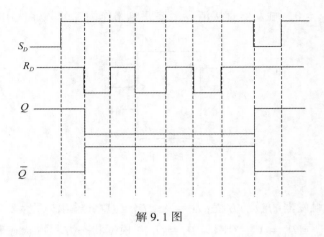

解 9.1 图

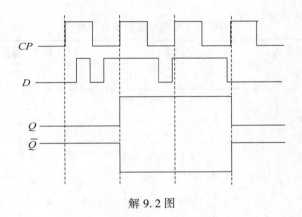

解 9.2 图

习题 9.3 D 触发器的特性方程：$Q^{n+1} = D^n$，其逻辑功能可简记为 Q^{n+1} 与 D^n 相同，工作特点是边沿触发。JK 触发器的特性方程：$Q^{n+1} = J\,\overline{Q^n} + \overline{K}Q^n$，其逻辑功能为全 1 必翻，全 0 不变，有 1 有 0，Q^{n+1} 与 J 相同，工作特点是边沿触发。Q 端的波形如解 9.3 图所示。

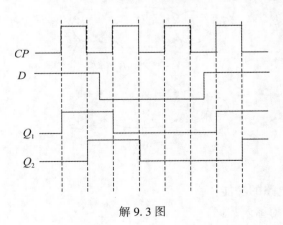

解 9.3 图

习题 9.4 $\overline{R_D} = 0$，触发器直接清零。要使电路作为二分频器使用，更改如下：

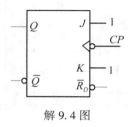

解 9.4 图

习题 9.5 各触发器的激励方程：$D_1 = X$，$D_2 = Q_1^n$；输出方程：$Z = \overline{\overline{Q_2^n}\ \overline{Q_1^n X}}$。
状态方程：$Q_1^{n+1} = D_1^n = X^n$，$Q_2^{n+1} = D_2^n = Q_1^n$，根据状态方程得状态表如下：

习题 9.5 电路状态转移真值表

输入/现态			次态/输出		
X	Q_2^n	Q_1^n	Q_2^{n+1}	Q_1^{n+1}	Z
0	0	0	0	0	1
0	0	1	1	0	1
0	1	0	0	0	1
0	1	1	1	0	1
1	0	0	0	1	1
1	0	1	1	1	1
1	1	0	0	1	0
1	1	1	1	1	1

状态图如解 9.5 图所示。

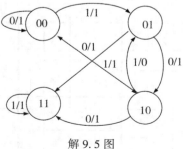

解 9.5 图

由状态表可知该电路的功能：
(1)左移功能，X 为移入数据。

（2）序列检测功能，当 $X = 1$，$Q_2Q_1 = 10$ 时，Z 输出 0，其余的状态下 Z 输出 1。

习题 9.6 分析或设计中规模集成计数器所构成的任意进制计数器，关键是找其反馈态，看电路在何种状态下回归至初始态，另外还要看清零（置数）信号的执行方式，若为异步，则该反馈态不属于有效的计数状态；若为同步，则反馈态则应是有效计数状态。

根据功能表，74LS293 是异步清零，高电平有效。

（1）反馈态：0110（6），所以该电路有效的计数状态为 0—5，六进制计数器。

（2）反馈态：1010（10），所以该电路有效的计数状态为 0—9，十进制计数器。

习题 9.7 分析或设计中规模集成计数器所构成的任意进制计数器，关键是找其反馈态，看电路在何种状态下回归至初始态，另外还要看清零（置数）信号的执行方式，若为异步，则该反馈态不属于有效的计数状态；若为同步，则反馈态则应是有效计数状态。

根据功能表，74LS161 是同步置数，异步清零，低电平有效。电路的反馈态：1010（10），预置态：0010（2），状态转移真值表如下：

习题 9.7 状态转移真值表

计数脉冲	输 出				对应十进制数
	Q_3	Q_2	Q_1	Q_0	
0	0	0	0	0	0
1	0	0	0	1	1
2	0	0	1	0	2
3	0	0	1	1	3
4	0	1	0	0	4
5	0	1	0	1	5
6	0	1	1	0	6
7	0	1	1	1	7
8	1	0	0	0	8
9	1	0	0	1	9
10	1	0	1	0	10

习题 9.8 分析或设计中规模集成计数器所构成的任意进制计数器，关键是找其反馈态，看电路在何种状态下回归至初始态，另外还要看清零（置数）信号的执行方式，若为异步，则该反馈态不属于有效的计数状态，若为同步，则反馈态则应是有效计数状态。

根据功能表，74LS161 是同步置数，异步清零，低电平有效。

根据电路图可知：$\overline{L_D} = \overline{Q_3 Q_1}$，电路的反馈态为 1010（10）。

当 $A = 1$ 时，电路的预置态为 0100（4），电路有效的计数状态为 4—10，七进制计数器。当 $A = 0$ 时，电路的预置态为 0011（3），电路有效的计数状态为 3—10，八进制计数器。综上所述，电路为 A 控制下的模可变计数器。

习题 9.9 两个计数器都利用的是进位信号置数，因此反馈态都是 1111，可根据预置态设定计数器的进制。

根据电路图可知：左边电路的预置态：1001(9)，电路有效的计数状态为9—15，七进制计数器。右边电路的预置态：0111(7)，电路有效的计数状态为7—15，九进制计数器。

习题 9.10 中规模集成加法计数器所构成任意进制计数器，关键是确定其反馈态，看电路在何种状态下回归至初始态，另外，还要看清零(置数)信号的执行方式；若为异步，则该反馈态不属于有效的计数状态；若为同步，则反馈态则应是有效计数状态。然后，利用反馈态中高电平所对应的输出端产生有效的清零或置数信号。

根据功能表，74LS161 是同步置数，异步清零，低电平有效。

要设计五进制的计数器，若采用反馈复位法，有效的计数状态为0—4，反馈态应为5(0101)，若采用反馈置数法，预置态为0，有效的计数状态为0—4，反馈态应为4(0100)，电路设计如解9.10图所示。

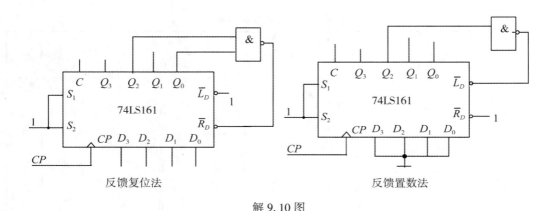

解 9.10 图

习题 9.11 设计十二进制，只需一片 74LS161，实现二十四进制计数，需两片 74LS161。

根据功能表，74LS161 是同步置数，异步清零，低电平有效。均选择反馈清零法，则12 进制的计数器中，反馈态为12(1100)，电路如解 9.11 图(a)所示。

24 进制的计数器中，反馈态为24(0001 1000)，注意两片级联时，若两片 74LS161 共用同一外部时钟，则应用低位片的进位端接高位片的计数控制端 S_1，S_2，当低位片溢出时 $C=1$，高位片的 $S_1 = S_2 = 1$，高位片计一个数。其他情况下，高位片的状态保持不变。电路如解 9.11 图(b)所示。

习题 9.12 根据 74LS194 功能表，当 $M_1 M_0 = 10$ 时，实现左移的功能。其状态转换图为：

$$0000 \rightarrow 0001 \rightarrow 0011 \rightarrow 0111$$
$$\uparrow \qquad\qquad\qquad \downarrow$$
$$1000 \leftarrow 1100 \leftarrow 1110 \leftarrow 1111$$

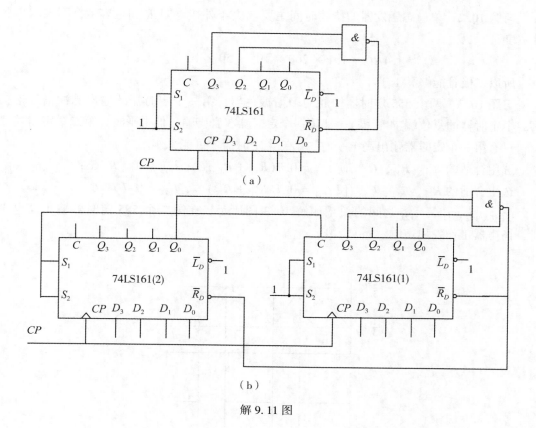

解 9.11 图

由此可见，该电路为八进制的环形计数器。

习题 9.13 根据 74LS194 的功能表，可得出：$Q_0 Q_1 Q_2 Q_3$ 状态转换图：

$$0001 \rightarrow 0001 \rightarrow 0011 \rightarrow 0111 \rightarrow 1110 \rightarrow 1100 \rightarrow 1000$$

第十章 555 集成定时器

习题 10.1 （1）在电容充电时，暂稳态持续时间为 $t_{P1} = 0.7(R_1 + R_2)C$。

在电容放电时，暂稳态持续时间为 $t_{P2} = 0.7R_2C$。

多谐振荡器的输出脉冲的周期是 $T = t_{P1} + t_{P2} = 0.7(R_1 + 2R_2)C$。

（2）输出脉冲的占空比为 $q = \dfrac{t_{P2}}{T} = \dfrac{R_1 + R_2}{R_1 + 2R_2} = 50\%$，

则 $R_1 = 0$。

习题 10.2 单稳态触发器的持续时间主要取决于外接电阻 R 和电容 C，不难求出脉冲宽度是

$$t_{\text{P}} \approx 1.1RC = 1.1 \times 200 \times 10^3 \times 50 \times 10^{-6}\text{s} = 1.1\text{s}。$$

所以二极管能够亮 1.1s。

习题 10.3 两个 555 定时器构成的多谐振荡器，第一个定时器的输出脉冲信号连接第二个定时器的复位端(4 管脚)，即第一个定时器 3 管脚输出低电平时，第二个定时器复位；只有第一个定时器输出高电平时，第二个定时器才可能工作。

选用合适的 R_{11}、R_{12}、C_1，使 $t_{\text{P11}} = 0.7(R_{11} + R_{12})C_1$，$t_{\text{P12}} = 0.7\,R_{12}C_1$；

选用合适的 R_{21}、R_{22}、C_2，使 $t_{\text{P21}} = 0.7(R_{21} + R_{22})C_2$，$t_{\text{P22}} = 0.7\,R_{22}C_2$。

t_{P11}，t_{P12}，t_{P21}，t_{P22} 之间的关系如解 10.3 图所示。在第二个 555 定时器输出高电平时，扬声器工作发出声响。

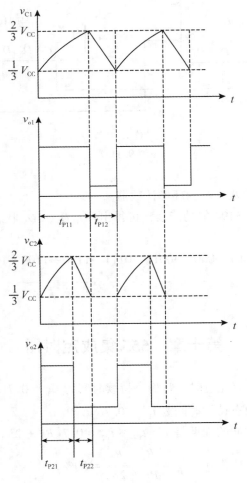

解 10.3 图

第十一章　模数和数模转换电路

习题 11.1　（1）D/A 转换器的转换精度是指满刻度数字输入（输入二进制数各位全为 1）情况下，输出模拟电压的实际值与理论值之差，常用最低有效位的倍数表示。

（2）D/A 转换器的分辨率是指最小输出电压与最大输出电压之比。可写出 n 位 D/A 转换器的分辨率为 $\dfrac{1}{2^n - 1}$。

习题 11.2　（1）10 位 DAC 的分辨率为 $\dfrac{1}{2^{10} - 1} = 9.8 \times 10^{-4}$。

（2）当输入数字量 $d_9 \sim d_0$ 分别为 3FFH 时，

$$
\begin{aligned}
v_o &= -\frac{V_{\text{REF}}}{2^n}(D_{n-1} \times 2^{n-1} + D_{n-2} \times 2^{n-2} + \cdots + D_0 \times 2^0) \\
&= -\frac{10}{2^{10}}(1 \times 2^9 + 1 \times 2^8 + 1 \times 2^7 + 1 \times 2^6 + 1 \times 2^5 + 1 \times 2^4 + 1 \times 2^3 \\
&\quad + 1 \times 2^2 + 1 \times 2^1 + 1 \times 2^0) \\
&= -9.990(\text{V})
\end{aligned}
$$

当输入数字量 $d_9 \sim d_0$ 分别为 200H 时，

$$
\begin{aligned}
v_o &= -\frac{V_{\text{REF}}}{2^n}(D_{n-1} \times 2^{n-1} + D_{n-2} \times 2^{n-2} + \cdots + D_0 \times 2^0) \\
&= -\frac{10}{2^{10}}(1 \times 2^9 + 0 \times 2^8 + 0 \times 2^7 + 0 \times 2^6 + 0 \times 2^5 + 0 \times 2^4 \\
&\quad + 0 \times 2^3 + 0 \times 2^2 + 0 \times 2^1 + 0 \times 2^0) \\
&= -5(\text{V})
\end{aligned}
$$

当输入数字量 $d_9 \sim d_0$ 分别为 001H 时，

$$
\begin{aligned}
v_o &= -\frac{V_{\text{REF}}}{2^n}(D_{n-1} \times 2^{n-1} + D_{n-2} \times 2^{n-2} + \cdots + D_0 \times 2^0) \\
&= -\frac{10}{2^{10}}(0 \times 2^9 + 0 \times 2^8 + 0 \times 2^7 + 0 \times 2^6 + 0 \times 2^5 + 0 \times 2^4 \\
&\quad + 0 \times 2^3 + 0 \times 2^2 + 0 \times 2^1 + 1 \times 2^0) \\
&= -0.0098(\text{V})
\end{aligned}
$$

当输入数字量 $d_9 \sim d_0$ 分别为 188H 时，

$$
\begin{aligned}
v_o &= -\frac{V_{\text{REF}}}{2^n}(D_{n-1} \times 2^{n-1} + D_{n-2} \times 2^{n-2} + \cdots + D_0 \times 2^0) \\
&= -\frac{10}{2^{10}}(0 \times 2^9 + 1 \times 2^8 + 1 \times 2^7 + 0 \times 2^6 + 0 \times 2^5 + 0 \times 2^4 \\
&\quad + 1 \times 2^3 + 0 \times 2^2 + 0 \times 2^1 + 0 \times 2^0) \\
&= -3.828(\text{V})
\end{aligned}
$$

习题 11.3 当 8 位 T 形电阻网络 DAC 中的反馈电阻 $R_F = R$,

$$v_o = -\frac{V_{REF}}{2^8}(D_7 \times 2^7 + D_6 \times 2^6 + \cdots + D_0 \times 2^0)$$

输出最小电压时, $\sum_{i=0}^{7} D^i \times 2^i = 1$, 故

$$v_o = -\frac{V_{REF}}{2^8} = -0.02$$

从而 $V_{REF} = 0.02 \times 2^8 = 5.12(V)$。

当输入数字量 $d_7 d_6 \cdots d_0 = 01001001$ 时,

$$v_o = -\frac{V_{REF}}{2^8}(D_7 \times 2^7 + D_6 \times 2^6 + \cdots + D_0 \times 2^0)$$

$$= -\frac{5.12}{2^8}(0 \times 2^7 + 1 \times 2^6 + 0 \times 2^5 + 0 \times 2^4 + 1 \times 2^3 + 0 \times 2^2 + 0 \times 2^1 + 1 \times 2^0)$$

$$= -1.46(V)$$

习题 11.4 根据 D/A 的转换原理, 四位 DAC 的输出的最小电压是

$$V_{omax} = \frac{1}{2^4} \times V_{REF} = \frac{1}{2^4} \times 10V = 0.625V$$

四位 DAC 的输出的最小电压是

$$V_{omax} = \frac{1}{2^8} \times V_{REF} = \frac{1}{2^4} \times 10V = 0.3125V$$

可见, D/A 转换器输入二进制数的位数越多, 最小输出电压数值就越小。

习题 11.5 (1) 当最小量化单位电压为 0.005V 时, $\sum_{i=0}^{9} (D^i \times 2^i) = 1$, 因此参考电压 V_{REF} 是

$$V_{REF} = \frac{0.005}{1} \times 2^{10} = 5.12(V)$$

(2) 当输出最大数字量 $\sum_{i=0}^{9} (D^i \times 2^i) = 1023$ 时, 可得到可转换的最大模拟电压。

$$\frac{1023}{2^{10}} \times V_{REF} = \frac{1023}{2^{10}} \times 5.12 = 5.115(V)$$

习题 11.6 这里以满刻度值作为参考电压 V_{REF}, 若计算机采样读得为 BCH, 输入的模拟电压是

$$i = \frac{v_i}{R} = \frac{3.340}{250}A = 13.36mA$$

$$v_i = \frac{BCH}{2^8} \times V_{REF} = \frac{171}{2^8} \times 5V = 3.340V$$

转换成相应的温度为 $T = \frac{13.36}{20-4} \times 100 = 83.5(\text{℃})$。

参 考 文 献

[1]康华光，张林. 电子技术基础模拟部分[M]. 第7版. 北京：高等教育出版社，2021.

[2]童诗白，华成英. 模拟电子技术基础[M]. 第5版. 北京：高等教育出版社，2015.

[3]阎石. 数字电子技术基础[M]. 第5版. 北京：高等教育出版社，2016.

[4]李小珉，等. 电子技术基础[M]. 北京：电子工业出版社，2013.

[5]Adel S S，Keneth C S. Microelectronic Circuits[M]. 7th ed. New York：Oxford University Press，2015.

[6]Donald A N. Microelectronics：Circuit Analysis and Design[M]. 4th ed. 影印版. 北京：清华大学出版社，2018.

[7]Sergio F. Analog Circuit Design：Discrete & Integrated[M]. New York：McGraw-Hill Education，2015.

[8]Sergio F. Design with Operational Amplifiers and Analog Integrated Circuits[M]. 4th ed. New York：McGraw-Hill Education，2015.

[9]西安交通大学电子学教研组，赵进全，杨拴科. 模拟电子技术基础[M]. 第3版. 北京：高等教育出版社，2019.

[10]李文渊. 数字电路与系统[M]. 北京：高等教育出版社，2017.

[11]罗杰. Verilog HDL 与 FPCA 数字系统设计[M]. 北京：机械工业出版社，2015.

[12]M Morris Mao. Digial Design[M]. 5th ed. 北京：电子工业出版社，2017.

[13]John F Wakerly. Digital Design：Principles and Practices[M]. 5th ed. 北京：机械工业出版社，2018.

[14]张林，陈大钦. 电子技术基础模拟部分(第7版)学习辅导与习题解答[M]. 北京：高等教育出版社，2021.

[15]罗杰，秦臻. 电子技术基础数字部分(第7版)学习辅导与习题解答[M]. 北京：高等教育出版社，2021.

[16]黄根春，周立青，张望先. 全国大学生电子设计竞赛教程——基于 TI 器件设计方法[M]. 北京：电子工业出版社，2012.

[17]汤全武，李春树. 课程思政电子信息类专业课程设计与实践[M]. 北京：清华大学出版社，2022.

[18]蔡惟铮. 基础电子技术[M]. 北京：高等教育出版社，2004.

[19]谢沅清，邓钢. 电子电路基础[M]. 北京：电子工业出版社，2006.